创新思维与案例

蒋亚萍 顾倩倩 孙艳艳 主编

图书在版编目(CIP)数据

创新思维与案例 / 蒋亚萍，顾倩倩，孙艳艳主编
. —上海：立信会计出版社，2023.12
ISBN 978-7-5429-7500-3

Ⅰ.①创… Ⅱ.①蒋…②顾…③孙… Ⅲ.①创造性思维-高等学校-教材 Ⅳ.①B804.4

中国国家版本馆 CIP 数据核字(2024)第 008103 号

策划编辑　　张忠秀
责任编辑　　张忠秀
美术编辑　　吴博闻

创新思维与案例
CHUANGXIN SIWEI YU ANLI

出版发行	立信会计出版社			
地　　址	上海市中山西路 2230 号	邮政编码	200235	
电　　话	(021)64411389	传　真	(021)64411325	
网　　址	www.lixinph.com	电子邮箱	lixinaph2019@126.com	
网上书店	http://lixin.jd.com		http://lxkjcbs.tmall.com	
经　　销	各地新华书店			
印　　刷	浙江临安曙光印务有限公司			
开　　本	787 毫米×1092 毫米　　1/16			
印　　张	16.75			
字　　数	397 千字			
版　　次	2023 年 12 月第 1 版			
印　　次	2023 年 12 月第 1 次			
书　　号	ISBN 978-7-5429-7500-3/B			
定　　价	49.00 元			

如有印订差错，请与本社联系调换

前　　言

在全球化和技术快速发展的大背景下，我们已经步入了一个充满挑战与机遇的时代。传统的工作模式和思维方式正在经受着前所未有的冲击，而新的机会和发展趋势要求我们具备更加开放和灵活的思维模式。这个变革的核心就是创新。创新已经不仅仅是一种选择，而是生存和发展的必要条件。从小型创业公司到全球500强企业，从教育机构到政府部门，无论在哪里，创新都是推动进步的关键力量。在这样的背景下，了解和掌握创新思维和方法显得尤为重要。

本书共分为基础篇、工具篇和实践篇三篇，内容包括创新概述、创新思维的基础、阻碍创新思维的因素、常见的创新思维工具、设计思维和商业模式及其创新。

本书特色如下：

（1）结构清晰，层次分明。本书从基础篇开始铺设创新思维的基石，逐步深入到工具篇为读者提供一系列的实用工具，再到实践篇展现创新思维在实际操作中的应用。这种分步骤、由浅入深的结构，使读者更容易理解和吸收创新思维知识。

（2）理论与实践相结合。本书在每一章开始都设有"案例"，将抽象的理论知识与真实的案例相结合，增强了实用性。通过对真实案例进行分析，帮助读者更好地理解创新思维的真正价值，并学会如何将其在实际工作中应用。

（3）前沿话题展示，突出新颖性。除了基础的创新思维工具和方法，本书还深入探讨了当下颇受关注的设计思维和商业模式创新等前沿话题，帮助读者紧跟创新的最新趋势。

（4）互动性强。本书设置"延伸阅读""课堂活动"和"课后思考"等模块，旨在鼓励读者主动学习，通过实践来加深对知识的理解，使学习过程既有趣又富有成效。

本书主要面向应用型本科院校学生，特别是商学院、管理学院、工程学院的学生。同时，对管理人员、企业家、创新团队成员也会有很大的帮助，对创新思维有兴趣者亦有所启发。

本书由蒋亚萍、顾倩倩、孙艳艳担任主编。在本书的写作过程中，编者受到了许多专家和同仁的帮助，他们提供了宝贵的意见和建议，使得本书的内容更为完善。在此，向有关人员表示由衷的感谢。

由于编者水平有限，书中如有疏漏之处，殷切期望能够得到读者与同行专家学者的批评和赐教，以便我们进一步修订和完善。

编者

2024年1月

目 录

一、基础篇

第一章 创新概述 3
【案例】创新奇兵 3
第一节 创新的内涵、概念、特征和要素 5
第二节 创新的作用 9
第三节 创新的分类 15
第四节 创新的来源 21
【案例与解析】 24
【延伸阅读】 26
【课堂活动】 30
【课后思考】 30

第二章 创新思维的基础 31
【案例】一辆对香草冰淇淋"过敏"的汽车 31
第一节 逻辑思维 32
第二节 发散思维与收敛思维 36
第三节 想象思维与联想思维 45
第四节 直觉思维、灵感思维与幻想思维 50
【案例与解析】 58
【延伸阅读】 60
【课堂活动】 63
【课后思考】 64

第三章 阻碍创新思维的因素 65
【案例】没有"无中生有"的好奇,就难有"另起一行"的创新 65
第一节 阻碍创新思维的客观因素 66
第二节 阻碍创新思维的主观因素 76
【案例与解析】 83

【延伸阅读】 ······ 84
【课堂活动】 ······ 90
【课后思考】 ······ 91

二、工具篇

第一章　创新思维工具：头脑风暴法 ······ 95
【案例】头脑风暴法应用 ······ 95
第一节　头脑风暴法概述 ······ 96
第二节　头脑风暴法的实施原则 ······ 99
第三节　头脑风暴法的类别 ······ 103
第四节　头脑风暴法的实施 ······ 111
【课堂活动】 ······ 117
【案例与解析】 ······ 117
【延伸阅读】 ······ 119
【课堂活动】 ······ 123
【课后思考】 ······ 124

第二章　创新思维工具：思维导图 ······ 125
【案例】Start a restaurant ······ 125
第一节　思维导图概述 ······ 126
第二节　思维导图的绘制 ······ 131
第三节　思维导图的应用 ······ 137
【延伸阅读】 ······ 141
【课堂活动】 ······ 143
【课后思考】 ······ 144

第三章　创新思维工具：TRIZ 法 ······ 145
【案例】InnoTech 公司引入 TRIZ 法 ······ 145
第一节　TRIZ 法概述 ······ 146
第二节　TRIZ 法的 40 条发明原理及应用 ······ 151
第三节　TRIZ 法的工具 ······ 173
【案例与解析】 ······ 180
【延伸阅读】 ······ 182
【课堂活动】 ······ 183
【课后思考】 ······ 183

三、实 践 篇

第一章　设计思维 ………………………………………………………………… 187
　【案例】基恩士的成功 …………………………………………………………… 187
　第一节　设计思维概述 …………………………………………………………… 188
　第二节　设计思维的基本步骤 …………………………………………………… 192
　【案例与解析】……………………………………………………………………… 206
　【延伸阅读】………………………………………………………………………… 211
　【课堂活动】………………………………………………………………………… 218
　【课后思考】………………………………………………………………………… 218

第二章　商业模式及其创新 …………………………………………………… 219
　【案例】咖啡DTC品牌三顿半 …………………………………………………… 219
　第一节　商业模式创新概述 ……………………………………………………… 221
　第二节　典型商业模式 …………………………………………………………… 224
　第三节　商业模式画布 …………………………………………………………… 238
　第四节　商业模式创新的类型 …………………………………………………… 248
　【案例与解析】……………………………………………………………………… 253
　【延伸阅读】………………………………………………………………………… 254
　【课堂活动】………………………………………………………………………… 257
　【课后思考】………………………………………………………………………… 258

参考文献 ……………………………………………………………………………… 259

一、基础篇

涸泽记

第一章 创新概述

 教学目标

1. 了解创新实践案例,理解创新的重要性和实践意义。
2. 掌握创新的内涵和作用,了解创新的分类和来源。
3. 培养学生的创新意识和创新思维,激发学生对创新的兴趣和热情。

 案　例

创新奇兵

著名的商业和科技媒体 Fast Company 每年都会评选出全球最具创新力的 50 家公司。2021 年榜单上出现了一系列与新型冠状病毒感染有关的公司,它们要么是为了满足新型冠状病毒感染时期的特殊需求而诞生,要么是由于新型冠状病毒感染而快速转型,在业务方向上完成了创新。下面列举的是具有代表性的三家创新企业。

1. 废水流行病学的"隐形英雄":Biobot Analytics

Biobot Analytics(以下简称 Biobot)是一家专注于"废水分析"的公司,主要业务是通过一系列科学方法对城市废水中的各种物质进行分析。

这种分析有什么价值呢？其实在创立之初,Biobot 的主业是检测市政污水系统中的阿片类药物,如鸦片和海洛因。通过追踪,他们可以帮助政府部门缩小侦查范围,从而打击毒品犯罪。

但是在新型冠状病毒感染袭来的时候,Biobot 意识到,同样的思路能被用到病毒预防当中。

Biobot 的创始人说,一个人在刚刚感染新型冠状病毒的时候,可能不会表现出任何症状,但是他们的粪便中会携带病毒,而这种病毒样本是能从废水中检测到的。于是 Biobot 开发了新的技术,客户把采集的废水样品送到实验室后,一天之内就能知道结果。

据《快公司》介绍,通过 Biobot 的技术,公共卫生机构可以提前一个星期预测到新型冠状病毒感染在当地的暴发,从而做好充分的准备。截至 2021 年 4 月,已有超过 400 个美国的城市、大学和企业园区都使用了 Biobot 的服务,这家公司检测的范围已经覆盖了美国 10% 以上的人口。

2. 疫苗玻璃瓶生产的"隐形英雄"：SiO_2（二氧化硅）

Biobot 这家公司的创新，主要切入的环节是新型冠状病毒感染的预防。欧美在疫苗推广时往往会关注疫苗的生产速度够不够快、疫苗运输条件能不能满足、人们愿不愿意接种疫苗等。事实上，疫苗推广还会遇到一个包装上的难题：由于疫苗需求量巨大，玻璃生产商的产能跟不上，造成疫苗玻璃瓶一瓶难求。

为了解决疫苗玻璃产能的问题，有一家二氧化硅材料公司发明了一个新方法：他们用等离子技术创造了一种特殊的瓶子，瓶子的外壁是塑料的，而内壁上附着一层薄薄的玻璃。

这种瓶子不仅减少了对玻璃的使用，而且还提升了产能。因为在传统的玻璃瓶生产线上，如果一个玻璃瓶出现了破损，那么整条生产线都必须全部关闭，需要花很长时间进行检查、清理。而二氧化硅公司生产的瓶子的主要材料是塑料，更加坚实耐用，也减少了生产事故发生的概率。

这家公司的生产效率非常惊人。为了应对新型冠状病毒感染，它只花了3个月就实现了疫苗小瓶的规模化生产。如果是一家普通的玻璃公司，需要18至24个月才能达到规模化生产。如今二氧化硅公司每个月可以生产1 000万只小瓶，一年可生产1亿多只。

而且，这家公司还因为自己的发明，成为疫苗公司 BioNTech 的合作商。由辉瑞和 BioNTech 合作生产的 mRNA 疫苗非常脆弱，需要在 −70℃ 的条件下进行运输才能保证疫苗有效。但是传统的玻璃瓶，最低只能在 −40℃ 的条件保持稳定，确保不与疫苗发生化学反应。二氧化硅公司生产的玻璃瓶，可以兼容 −196℃ 的低温。

3. 家长的"治兽神器"：Outschool

在新型冠状病毒感染期间，几乎全球各地的学校都出现了停课、在家上网课的情况。如何管好这群"熊孩子"是家长们特别头疼的难题。很多地区因为新型冠状病毒感染长时间内没得到有效控制，家长与孩子的矛盾就更突出了。

这时候，一家名为 Outschool 的线上教育公司给家长们提供了一个解决方案。

这家公司具体是怎么做的呢？Outschool 的战略很清晰，在新型冠状病毒感染期间，家长的真正痛点不是孩子的学习，毕竟学校会提供网课。家长们真正的痛点，其实是孩子的课外时间怎么处理。因为小孩子白天窝在家上网课，没法和同学打打闹闹发泄情绪，晚上大概率会把家长吵得焦头烂额。

Outschool 专门为3岁至18岁的学生提供虚拟的课外活动，你可以把它理解为一个在线的兴趣班，老师会在线上的教室和学生见面，然后进行远程指导。例如，如果一个小孩对《哈利·波特》特别感兴趣，那么他可以报名"哈利·波特"主题的兴趣班，如哈利·波特烹饪班、写作班或者即兴表演课。

Outschool 这个定位其实是满足了家长和孩子两方面的需求。对于孩子来说，Outschool 的课轻松、有趣，能抓住他们的注意力，让他们在课外时间还能安心参与。对于家长来说，Outschool 教的东西其实和学校传授的知识相关，家长也不用担心孩子学不到有用的东西。

也正是因为解决了家长和孩子两方面的需求，Outschool 在很多地区受到了热烈欢迎，在2020年3月，这个网站只有8万名注册用户，但是到了10月，其注册用户数量就超过了160万。

资料来源:邵恒头条.快公司:谁是疫情期间的"创新奇兵"[EB/OL].(2021-04-14)[2023-07-12].得到app《邵恒头条》第408期。

思考:
1. 你身边有哪些创新的人和事?
2. 你最希望未来人类可以拥有哪些高科技?

第一节　创新的内涵、概念、特征和要素

在商业创新中,创新是指企业在已有条件下,通过引入新的思想、技术、方法或制度等,以创造新的产品、服务、流程或组织形式,满足人们的需求,并达到增加收入、降低成本、提高质量、扩大市场、促进社会进步的目的。创新是商业成功的关键,是企业赖以生存和发展的重要手段。

创新是一个综合性的概念,包括以下五方面的内涵。

一、创新的内涵

(1) 创新是一种新思想。创新是在原有的基础上,通过发掘新的思想、理念、观念,推动企业进入新的领域,开拓新的市场。

(2) 创新是一种新技术。随着科技的发展,新的技术手段不断出现,它们为企业提供了更广阔的创新空间,从而使企业更加具有竞争力。

(3) 创新是一种新方法。创新方法是企业在解决问题或实现目标时,采用新的方法或思路,从而得到更好的结果。

(4) 创新是一种新制度。制度创新是企业在规章制度、管理体制、人员激励等方面进行创新,从而提高企业的效率和竞争力。

(5) 创新是一种新产品。新产品是企业通过技术、设计、材料等方面的创新,为市场提供了更具竞争力的产品。

商业创新中的创新是一种不断挑战传统和现有模式的思维和行动过程,只有不断推陈出新,企业才能在日益激烈的竞争中立于不败之地。

二、与创新相关的概念辨析

(一) 创新与发明

在日常生活中,创新和发明是两个常常被提到的概念。虽然它们有着一定的联系,但是在实际应用中,它们存在一定的区别。

发明是指在原有的基础上,通过发掘新的知识、技术和方法等,创造出一种全新的产品、工艺、技术或理论,从而具有了独特的创新性和实用性。发明强调的是创造性的思维和创造性的成果,是一种原创性的成果。

而创新则是指在已有的基础上，通过引入新的思想、技术、方法或制度等，创造新的产品、服务、流程或组织形式，从而满足人们的需求，并达到增加收入、降低成本、提高质量、扩大市场、促进社会进步的目的。创新强调的是对已有的东西进行改进和创新，是在现有基础上的创新。

可以说，发明是一种更加突破性的创新，而创新则更加注重在现有的基础上进行改进和变革，实现更好的效果。

在商业创新中，虽然发明和创新有所区别，但是它们都具有非常重要的意义。发明对于企业来说，是开拓新的市场、满足不同的消费需求，提高企业核心竞争力的关键因素。而创新则是企业保持竞争优势、提高企业效率、降低成本、开发新的营销策略等的重要手段。因此，在商业创新中，发明和创新都具有不可替代的重要作用。

（二）创新与创造

创新和创造是两个非常重要的概念，在商业创新中都扮演着重要的角色。虽然这两个概念有相似之处，但它们的本质和意义是不同的。

创新是在已有的知识、技术或产品基础上进行改进和变革，从而提供更好的用户体验和价值。创新通常是为了解决某种问题或满足某种需求而进行的，它不一定要求全新的技术或产品，可以在现有的基础上进行改进。创新可能包括新的功能、设计、工艺、流程、模式等等，都是通过提高效率、降低成本、提高用户体验等方式来增加企业的价值和竞争力。

一个典型的创新例子是苹果公司的 iPod 音乐播放器。在 iPod 推出之前，MP3 音乐播放器已经存在了一段时间，但是大多数用户都认为 MP3 操作不便，外观也不够时尚。苹果公司在这个基础上进行创新，推出了更小、更轻便、更时尚、更易用的 iPod，赢得了用户的青睐和市场的认可。

相比之下，创造是指通过创造性思维和想象力产生全新的想法或产物。创造通常是从空白开始的，而不是在已有的基础上进行改进。创造可能包括新的理念、概念、技术、产品等，都是通过不断的尝试和探索来寻找全新的解决方案。

一个典型的创造例子是亚马逊公司的无人机配送服务。亚马逊公司不仅在已有的在线零售市场上进行了创新，同时还在无人机技术方面进行了创造。其无人机配送服务将传统的物流模式彻底颠覆，可以实现更快、更高效、更灵活的送货方式。这种创造性的想法和技术不仅是一种创造，而且也成了企业竞争力的重要来源。

虽然创新和创造是不同的概念，但在商业创新中它们经常是相辅相成的。创新可以帮助企业提高效率、降低成本、提高用户体验；创造则可以帮助企业寻找全新的解决方案、拓展市场空间、提高品牌影响力。因此，创新和创造都是商业创新中不可或缺的元素。在商业竞争日趋激烈的今天，企业需要不断寻求创新和创造的机会，充分发挥两者的优势，不断改进自身的产品和服务，从而获得更大的市场份额和商业成功。

值得注意的是，创新和创造都需要创新精神的支持。创新精神是一种积极的态度和思维方式，它可以鼓舞人们寻求新的解决方案，从而推动企业和社会不断向前发展。创新精神可以从不同的角度和方法培养，如推崇创新、鼓励创新、奖励创新、支持创新等。

（三）创新与改革

创新和改革是两个相关但不同的概念。创新强调的是引入新的思想、技术或方法，以满足市场需求、提高效率或创造新价值。它通常与科技、产品开发和市场竞争密切相关,着重于实际应用和新颖性。改革的概念更加宽泛,它是指对整个制度、政策、体制或组织的有计划、系统性变革,以实现某种社会、政治或经济目标。改革可能涉及法律、政策、组织结构等多个领域,着眼于整体性的体系变化。

尽管创新和改革在范围和重点上有差异,它们相互联系、相互影响。创新可以在某些情况下推动改革,从而引发了政策和制度的调整,因为新的思维和技术可能改变整个体系的运作方式。反之,改革可以为创新创造更有利的环境,通过改进法规或政策来鼓励创新活动。因此,创新和改革通常是社会发展进程中相互交织、互相促进的重要因素。

(四) 创新与创业

创新和创业紧密相关,共同推动着商业世界的发展和进步。它们在企业和商业环境中扮演着不同的角色。创新是指引入新的思想、概念、产品、服务、技术或方法,以满足市场需求或创造新价值的过程。创新侧重于思维和技术方面的变革,可以涵盖广泛的领域,包括科学、技术、设计、工程等。创新的目标是改进现有产品或服务,提高效率,增强竞争力,或者创造全新的市场机会。创新可以在大型企业中发生,也可以在初创企业中发生,但它通常强调的是解决问题、提供独特价值、实际应用和市场导向。创业则更侧重于将创新变成商业机会的过程。创业者是那些积极寻找并利用创新的个人或团队,以创建新的企业或开发新的业务。创业涉及筹集资金、制订业务计划、建立组织结构、市场推广、风险管理等一系列与商业运营相关的活动。创业者通常是企业的创始人,他们的目标是将创新转化为可持续的商业模式,实现盈利和增长。创业强调的是创业家的能力,包括创意、领导、决策、管理和市场洞察力。

三、创新的特征和要素

(一) 创新的特征

1. 新颖性

新颖性(novelty)是创新的核心,它强调的是创新的独特性和与以前的情况不同之处。新颖性可以表现为新的思维方式、新的技术、新的产品或新的服务。这种独特性使创新成为吸引市场关注和竞争的关键因素。

2. 实际应用价值

创新必须具备实际应用价值(practical application value),这意味着它能够解决现实问题、满足市场需求或创造商业机会。创新不仅仅是理论上的构思,还要能够在实际生活中产生积极的影响。实际应用价值使创新更具可持续性,因为它满足了人们的需求,具有持续的市场吸引力。

3. 风险与不确定性

创新伴随着一定程度的风险(risk)和不确定性(uncertainty),因为尝试新的思维或技术可能会失败。而正是这种风险和不确定性激发了创新的动力,因为成功的创新通常伴随着更大的回报和竞争优势。创新者需要勇于承担风险,并善于应对不确定性。

4. 持续性

创新不仅仅是一时的突破,还要具备持续改进的能力,以适应不断变化的环境和需求。

持续性(sustainability)意味着创新者需要不断迭代和改善他们的创新,以保持竞争力并满足不断演化的市场需求。

5. 跨学科性

创新通常涉及不同领域的知识和方法的交叉应用。跨学科性(interdisciplinarity)有助于产生更全面和复杂的解决方案,汇集不同领域的专业知识和视角。这种综合性可以推动创新的发展,产生更深远的影响。

6. 市场导向

创新通常是为了满足市场需求或获得竞争优势而进行的。了解市场趋势和顾客需求对于创新的成功至关重要。市场导向(market-driven)的创新能够更好地满足市场的需求,更有可能取得商业成功。

(二) 创新的要素

创新的要素是创新过程中的关键组成部分,它们共同推动着创新的发展和成功。

1. 创新文化

创新开始于个体和组织的思维方式。创新文化(innovation culture)鼓励员工多角度思考、勇于尝试新想法,并将失败视为学习的机会。在创新文化中,创新被视为一种持续的价值观,而不仅仅是一次性的活动。这种文化促进了创新的蓬勃发展。

2. 研发和技术能力

具备强大的研发和技术能力(R&D and technological capabilities)是创新的基础。组织需要投资于研究与开发,培养和吸引具有专业知识的人才,以及持续提升技术水平。这些能力支持了新产品、新技术和新方法的开发。

3. 市场洞察力

了解市场需求、竞争环境和未来趋势对于确定创新方向至关重要。市场洞察力(market insight)帮助组织确定哪些创新项目具有最大的商业潜力。通过市场分析和客户反馈,组织可以更好地定位自己的创新产品或服务。

4. 资源和资金

创新需要适当的资源和资金(resources and funding)支持,包括人力资源、财务投入和设施设备等。资源和资金的充足性确保了创新项目的顺利开展,尤其是在研发和实验阶段。

5. 合作和联盟

与其他组织、企业或研究机构建立合作和联盟(collaboration and alliances)可以促进创新。合作可以提供额外的资源、知识和市场准入。合作伙伴关系还可以促进跨领域的知识共享和创新合作,加速创新的推进。

6. 法规和知识产权

合适的法规和知识产权(regulations and intellectual property)保护对于鼓励创新和保护创新成果至关重要。知识产权确保了创新成果的合法性和独特性,同时法规需要提供一定的自由度和激励,以支持创新活动的进行。

7. 市场推广和商业化

创新不仅仅是创造新产品或服务,还要成功将其向市场推广并实现商业化(marketing

promotion and commercialization）。有效的市场策略和商业模式是必不可少的。市场推广确保了创新产品的广泛传播和市场认可，而商业化则有助于实现经济回报和可持续发展。

第二节 创新的作用

视频 1-1
What is the difference between invention and innovation

一、创新对企业发展的作用

创新是企业发展的动力，它可以为企业带来很多好处，如增强企业竞争力、拓展市场份额、提高产品质量、降低生产成本、提升企业形象和品牌价值等。

1. 增强企业竞争力

创新可以为企业带来巨大的竞争优势。在市场竞争日益激烈的今天，企业需要不断推出新产品、新技术、新服务，才能在市场中获得竞争优势。创新可以让企业不断拓展产品和服务的边界，从而不断满足客户的需求，赢得市场份额。例如，苹果公司就是一个以创新为核心竞争力的企业。苹果公司不断推出新的产品和服务，如 iPhone、iPad、Apple Watch 等，以引领市场的潮流。这些产品不仅满足了消费者的需求，也赢得了消费者的信任和忠诚度。因此，苹果公司成了全球最有价值的品牌之一，其市值也不断攀升。

2. 拓展市场份额

创新可以为企业拓展市场份额，增加收入和利润。在创新的推动下，企业可以不断推出新的产品和服务，占领新的市场，提高企业的销售额和市场占有率。例如，我国的互联网公司腾讯就是一个以创新为核心竞争力的企业。腾讯不仅推出了 QQ、微信等畅销产品，还不断扩展自身的业务范围，如移动支付、云计算、游戏等。这些创新举措不仅增加了腾讯的市场份额，还为其带来了巨大的收入和利润。

3. 提高产品质量

创新可以为企业提高产品质量，满足消费者的需求。通过创新，企业可以不断改进产品和服务的设计、制造、营销等环节，从而提高产品的质量和品牌形象。例如，德国汽车制造商奔驰就是一个以创新为核心竞争力的企业。奔驰不断研发新的技术和产品，如安全系统、环保技术、自动驾驶等，提高了其汽车的品质和口碑。

4. 降低生产成本

通过创新，企业可以开发出更有效率、更经济的生产方法和工具，从而降低生产成本，使企业在价格上更具竞争力，吸引更多的消费者。例如，日本汽车制造商丰田公司采用的"丰田生产方式"就是一种创新的生产方法，其通过不断提高生产效率和质量，降低生产成本，从而获得了更高的市场份额。

5. 提升企业形象和品牌价值

通过创新，企业可以提升自己的企业形象和品牌价值，吸引更多的消费者和投资者。例如，苹果公司不断引入新的技术和设计，使得自己的企业形象和品牌价值在市场上得到了更高的认可，从而进一步增强了其在市场上的竞争力。

视频 1-2
What does Tencent CNBC explain

案例 1-1　　区块链技术促进创意产业

2021年3月，阿里采用区块链技术上线了一个叫IPmart的版权交易平台，帮助阿里平台上的IP创作者，如设计师、插画师，以及品牌方，更好地进行IP授权。在这项技术出现之前，传统的IP授权面临一个很大的难题。例如，一家T恤生产商要想获得奥特曼的授权，把奥特曼印在T恤上，但是，奥特曼的版权方不知道T恤生产商究竟会生产多少件奥特曼的T恤，也不太相信T恤生产商报上来的数字，所以会一次性收取一个高额的保底费，这样就让中小生产厂商望而却步。所以IP授权往往只限于大品牌之间的合作，也就是所谓的"联名款"。

那么，中小生产厂商是否可以选择和小IP、不知名的设计师合作呢？其实双方同样存在信任问题，生产商不知道这个IP对消费者有多大吸引力，不愿意给预付款；而设计师也怕作品的授权被滥用，法律维权又很困难。所以，大量的中小生产商和不知名的设计师基本被排除在了IP交易市场之外，不利于原创IP的生长与传播。

使用IPmart版权交易平台后，生产商就不用再预先支付一大笔版权费，而是在平台每卖出一件授权T恤，系统就自动给版权方结算一件的授权费。等于是把IP授权从批发模式改成了零售模式，计件收费。在此模式下，中小生产商也能低成本使用优质IP；同时，也能让更多新锐设计师的作品被看见、被使用、获得更多收益，这样就打通了创意产业的商业闭环。

资料来源：得到头条.区块链技术怎样促进创意产业[EB/OL].(2021-09-17)[2023-07-18].得到app《得到头条》第一季第64期.

案例 1-2　　AI技术提升服装产业生产效率

谷歌高级工程师郑泽宇于2018年回国做人工智能方面的创业，创办了知衣科技公司（以下简称知衣）。知衣是做服装设计SaaS软件的，即通过"海量数据+AI算法"，帮助服装设计师极大提升工作效率。例如，设计师想要设计一件"小雏菊元素"的连衣裙，他需要参考1 000件市面上已有的小雏菊连衣裙款式。到哪儿去找呢？以往可能得去线下实体店，逛官网，看小红书。这些工作非常繁琐，花费设计师一半以上的工作时间。而现在，知衣的数据库里有超过10亿张款式图片，再加上知衣的核心技术，也就是针对服装的图像识别算法，可以从几十个维度设置1 000多个设计元素标签。设计师只需要输入相应的设计元素，就可以调取海量的款式图片，并且还可以获得服装款式流行趋势的分析。这样一来，设计师的工作效率可以提高3~4倍。

知衣实现的是服装设计环节的智能化，而著名的阿里"犀牛工厂"则是服装生产环节的智能化。传统的服装代工厂，至少是1 000件起订，15天交货；而犀牛工厂可以实现100件起订，7天交货，促进了服装行业从大订单到"小单快反"的升级。犀牛工厂是世界经济论坛评选出的全球69家"灯塔工厂"之一，代表了智能制造和工业4.0的未来趋势。

资料来源：得到头条.AI技术怎样改变服装产业[EB/OL].(2021-09-24)[2023-07-18].得到app《得到头条》第69期.

二、创新对社会的影响

创新不仅对企业有着重要的作用,也对社会有着广泛的影响。

1. 促进经济增长

党的十九届五中全会强调,创新是我国现代化布局的核心,是现代产业体系建设的关键,是现代经济体系升级的重要引擎。创新为经济增长提供了强大的引擎。党的十九届六中全会通过的《中共中央关于党的百年奋斗重大成就和历史经验的决议》,对中国共产党带领全国各族人民百年来依靠科技创新取得经济建设成就和积累的奋斗经验做了回顾和总结,对中国持续走向繁荣富强和21世纪中叶全面建成社会主义现代化强国,实现中国第二个百年奋斗目标和国际组织普遍认可的"人类命运共同体"做出战略部署和展望。党的十九届五中、六中全会反复强调,科技自立自强是国家的战略支撑,是企业技术创新能力提升的支柱,必须要面向世界科技前沿、面向经济主战场、面向国家重大需求、面向人民的生命健康,持续不断地依靠科教兴国、人才强国和创新驱动发展战略,完善国家创新体系,加快建设科技强国。科技创新是中国百年奋斗的关键,也是实现社会主义现代化强国的战略支撑。这一点在中国不断崛起为世界第一制造业大国和经济增长极大国的过程中得到了充分体现。创新推动了中国在量子通信、人工智能等领域的领先地位,从而促进经济的增长和现代产业体系的建设。

在实践中,各个国家和地区采取了不同的创新政策和战略,取得了显著的经济成就。例如,新加坡是一个国土面积小而没有自然资源的国家,但通过积极的科技创新政策,成功地转变为一个全球科技和创新中心。新加坡的科技园区如"科学城"和"创新岛"吸引了众多国际科技公司和初创企业,在高科技产业领域取得了巨大成功。这些举措使新加坡的经济得以持续增长,从而提高了其国际竞争力。又如,以色列也是一个创新驱动型经济体的典范。尽管面临地缘政治挑战和资源有限的局限,以色列通过鼓励创新、投资研发、支持初创企业和高等教育改革等手段,打造了一个强大的创新生态系统。这使得以色列成为全球创新和高科技领域的重要玩家,对国家的经济增长产生了积极影响。中国更是一个"创新驱动发展"的典型例子,中国政府积极支持科技研发、知识产权保护和高新技术产业的发展。这些政策在国内推动了创新企业的崛起,加速了高科技领域的经济增长,推动了国家整体经济的发展。

2. 创造就业机会

尽管技术进步可能导致一些传统工作的减少,创新也催生了新兴产业和新岗位的增长。这一点在世界范围内的研究和实践中都有所体现。马克思在1867年出版的《资本论》中指出,虽然机器在应用它的劳动部门必然排挤工人,但是它能引起其他部门就业的增加。

著名的熊彼特创新理论认为包括就业在内的从经济体内部产生的"创造性毁灭过程"中的"毁灭"属于暂时性的,孕育的将是下一个就业、社会福利更加繁荣的复苏。希克斯提出了技术进步下资本与劳动力之间的替代关系,认为只要资本与劳动要素的比值大于1,认为存在替代,反之则是互补关系。有学者根据2000—2008年美国制造业的数据研究分析,认为随着机器人使用率的提升,美国制造业每个细分行业的劳动就业量不降反升。有学者运用OECD中15个国家的动态面板专利数据,评估机器人技术进步对劳动力市场的影响,发现机器人技术进步对就业有温和的正向影响。有学者提出自动化在减少就业的同时会通过创造新的工作任务，衍生出新的就业机会：一种是业务量上升的就业机会；另一种是新岗位的就业机会。

创新创造就业机会这一命题在实践经验中得到了很好的体现。互联网的崛起和信息技术的创新推动了互联网行业的蓬勃发展。从软件开发、网络安全到电子商务和数字营销，这些领域出现了大量的新岗位。互联网公司的兴起，如谷歌、亚马逊和阿里巴巴，不仅改变了商业模式，还创造了数以百万计的工作机会，包括工程师、数据分析师、数字营销专家等。面对环境问题，绿色能源和环保技术的创新成为解决方案。太阳能和风能行业的迅速发展创造了大量的工作机会，包括太阳能安装师、风力工程师和能源分析师。此外，废物管理、水资源管理和环境监测等领域也催生了新的岗位，如环保工程师、环保顾问等。生物技术的快速发展改善了医疗保健领域。新的治疗方法、基因编辑技术和生物制药带来了更多的就业机会，如医学研究员、生物工程师和临床试验专家等。自动化和机器人技术的应用在制造业、物流和农业等领域创造了新的就业机会。自动化工程师、机器人操作员和维护技术员是新兴的职业。虽然自动化可能替代某些重复性工作，但它也催生了设计、监控和维护自动化系统的专业人才。创业和初创企业在全球范围内快速增长，创造了大量的工作机会。创业家、风险投资家、孵化器和加速器等新型角色在创新生态系统中崭露头角。

3. 提高人民生活质量

医疗领域的创新提高了人们的生活质量。新的药物、治疗方法和医疗设备使各种疾病更容易治愈或管理。例如，新型药物可以有效控制慢性疾病，增加患者的寿命和生活质量。先进的医疗技术和手术方法也降低了手术风险，减少了康复时间。智能技术和自动化的发展，使人们的日常生活更加便捷和高效。智能家居设备可以自动化家庭管理，提高家庭生活的便捷性和安全性。自动驾驶技术和智能交通管理改善了交通流畅性，减少了交通事故，节省了时间和精力。可再生能源，如太阳能和风能正在逐渐替代传统的化石燃料，减少了环境污染和气候变化的影响。数字媒体和虚拟现实技术为人们提供了更多的娱乐选择，如在线游戏、流媒体视频和虚拟旅游，丰富了人们的生活，提高了娱乐和文化的参与度。高速铁路、航空技术和智能手机使人们能够更快速地到达目的地、与亲朋好友保持联系，提高了社交互动和生活的便捷性。社交媒体和互联网的发展方便人们与朋友和家人保持联系，获取最新的新闻和信息，丰富了人们的社交生活和知识储备。

案例 1-3　　科技让生活更美好

1. 北京有一个老旧小区改造，物业公司在每个楼道的一楼装了一个智能摄像头，可以进行人脸识别。这个摄像头不是防贼，而是追踪楼栋里老人的上下楼情况。如果哪位老人一天没有下楼，晚上8点物业人员就会上门询问他今天为什么没下楼。一个简单的智能摄像头，就让社区里的老人获得了很大的安全感。

2. 在杭州东新街道的新天地街区，酒吧噪声扰民是常见的问题，但是又很难治理。执法人员说，"音响设备噪声属于城管部门管理，人员聚集噪声又属于公安部门管理，两种噪声交织在一起，如果居民投诉，那执法人员怎么判断是哪个超标了？该由谁来管？这些在过去都是非常棘手的问题"。现在，通过智能监测数据分析，就可以解决这个问题。

3. 上海某个街道上线了一个广场舞噪声扰民自动感知系统,系统设置的夜间标准值为55分贝,当超过标准值持续10秒以上,该系统会自动触发预警;如果在5分钟内音量没有调低,便会通过人工喊话再次提醒;如果还不起作用,工作人员会立即到现场劝说。

4. 总有遛狗的人不给狗狗清理粪便,弄得街道上到处都是,这是社区治理的一大难以解决的问题。现在美国的几千个社区,都用上了DNA技术来追踪粪便。具体做法是,社区的每个狗主人必须上报狗狗的DNA信息,只要在路上发现了粪便,清洁人员就会对粪便做"DNA取证",狗狗的主人不但会收到高额罚单,而且还必须支付DNA测试的费用。据说采取了这项措施的社区,街道上的粪便比之前减少了95%。

资料来源:得到头条.为什么广告的寿命越来越短[EB/OL].(2021-08-12)[2023-07-19].得到app《得到头条》第一季第38期.

4. 提高教育和人才水平

新的教育方式和技术工具使学习更加便捷和有效,全球知识资源的可访问性扩大了学习的广度和深度。科技教育的创新培养了未来的科技人才,而创新文化和社会参与强化了学生的综合素质。具体表现在以下几个方面:

(1) 创新使教育变得更加灵活和个性化。在线学习平台、远程教育和电子教材等工具提供了更多的学习途径。个性化学习平台利用数据分析和人工智能帮助教育者更好地满足人们的需求。

(2) 互联网和数字化技术改变了知识的获取方式。互联网和在线学习平台使学生能够访问来自世界各地的知识资源。大规模在线开放课程和数字图书馆提供了丰富的课程和学习材料,扩大了学习的广度和深度,人们可以轻松学习国际领域的最新知识。

(3) 编程和计算机科学教育的推广使学生更早地接触到关键的科技概念,培养未来科技领域的人才。同时,STEM(科学、技术、工程和数学)教育也受到了关注,培养具备创新思维和问题解决能力的人才。

(4) 在线认证课程和职业培训课程使人们能够获取特定领域的技能认证。这些课程通常与行业需求相匹配,有助于提高就业竞争力。人们可以灵活地选择需要的培训课程,不断提高自己的技能水平。

(5) 学校鼓励学生参与创新项目和实践活动,培养学生的创新思维、问题解决能力和团队合作能力。创新文化有助于将学生培养成未来的创新者和领导者。

5. 提升国家安全

技术创新对国家安全和国际关系产生重要影响。现代技术的快速发展已经改变了国际政治格局和国际关系的动态,对国家安全提出了新的挑战和机遇。具体表现为以下几个方面:

(1) 数字技术的发展已经使网络成为国际政治和军事竞争的重要战场。国家之间的信息战愈演愈烈,包括网络攻击、信息操作和网络间谍活动。技术创新在网络防御和攻击方面都发挥了重要作用,国家必须不断改进网络安全技术以保护国家信息基础设施。

(2) 先进的军事技术创新对国家的军事实力至关重要。国际社会对军事技术的竞争越来越激烈,包括导弹防御系统、高超声速武器和无人机等领域。技术创新可以改善国家的军事能力,对国际关系产生重大影响。

(3) 新技术对环境和资源的利用产生了深远影响。国际社会在气候变化、能源安全和资源管理等问题上存在合作和竞争,技术创新可以推动解决这些全球性挑战的努力。

案例 1-4　　中国超高速风洞的最新进展

风洞被称为飞行器的摇篮,它的建设水平和技术指标,预示着国家下一代飞行器的发展方向。风洞装置对飞行器的研发这么重要主要是因为,飞行器和空气会相互作用,这是人类迄今为止面临的最复杂的物理现象之一,目前人类对于很多空气动力学问题,都没法精确计算,而只有近似的答案。

所以,飞行器的设计过程,与很多其他的机械设计不同,需要经过特别多的实验研究。其中最重要的实验装置就是风洞。一款飞行器从设计到投入使用,通常都要经过上万次的风洞实验。

随着气流速度的提升,风洞的技术难度也逐步提高。低于音速的风洞,简单来说就是一个大的电风扇;接近或者超过音速的风洞,它的技术难度就大了,其中很多的技术环节跟航空和火箭发动机的技术类似;而超过 5 倍音速的超高速风洞,产生高速气流本身就非常困难。

我国正在建设的超高速风洞,采用的是爆轰驱动的原理。简单来说,就是在一根长度上百米、直径几米的管道的一头制造爆炸,让爆炸产生的气流从管子里面吹过去,来制造高速气流。这种爆轰式超高速风洞,是中国科研人员在钱学森、郭永怀等老一辈科学家的思路上,自主开发的一条技术路径。

为什么要花大力气建造超高速风洞呢?目前,在飞行器领域,一个最为前沿的方向就是"高超音速飞行器",可以以 5~20 倍音速飞行。其中最典型的应用就是天地往返飞机,这是一种可以在地球大气层和太空之间进行多次往返飞行的设备。它和我们熟知的可回收火箭,如美国的猎鹰九号火箭不一样,这种天地往返飞机更加灵活,可以在大气层中停留更长的时间,可以在发射之后临时调整目的地,可以在 1 小时内实现全球部署,等等。这些特点,支持天地往返飞机在地球和太空之间进行快速物资交换,对于未来的空间站,甚至太空基础设施的建设,都有重要的实用价值。

令人自豪的是,不论是高超音速飞行器还是天地往返飞机,目前我国的技术都是处于世界领先的水平。等超高速风洞建成之后,我们会在星辰大海的探索中走得更远。

资料来源:得到头条.怎样做好一个乙方[EB/OL].(2021-08-30)[2023-07-24].得到 app《得到头条》第一季第 50 期.

上述案例中提到的超高速风洞技术对国家安全具有重要意义。它可以用于测试和研发高速飞行器、导弹、弹道导弹等军事装备,对太空探索和卫星发射也具有关键作用。在高速离地大气进入太空时,飞行器需要经受极端的气动力和热力环境,超高速风洞可以模拟这些条件,确保太空探测器和卫星的安全和可靠性。

第三节 创新的分类

一、根本性创新、适度创新和渐进式创新

根据创新性的大小,创新可以分为根本性创新、适度创新和渐进式创新。

1. 根本性创新

根本性创新(radical innovation)是指引入一项新技术,从而产生了一个新的市场基础,它包括宏观和微观层面上的不连续性。一个引起世界、产业和市场层面不连续性的创新,必然引起一个企业或顾客层面的不连续性创新。如果一个产业是由一项根本性创新引起的,如万维网,那么这种创新必然会产生新企业和新顾客。

根本性创新并不是为了满足已知的需求,而是创造一种尚未被消费者认知的需求。这种新需求会产生一系列的新产业、新竞争者、新企业、新的分销渠道和新的市场活动。在20世纪70年代,很多家庭都很难想象为什么他们需要家用电脑,而如今有上千亿美元的市场是面对这些顾客的。根本性技术创新就像是一种促使新市场或新产业产生的催化剂。

技术市场S形曲线可以用来识别根本性创新。S形曲线可以用来描述不延续或根本性技术创新的起源和演变。技术产品的绩效沿着S形曲线移动,直到遇到技术瓶颈,研究努力、时间和资源才会显得无效,从而导致回报的减少。一旦新的创新取代老的技术后,就会产生新的S形曲线,如图1-1所示。

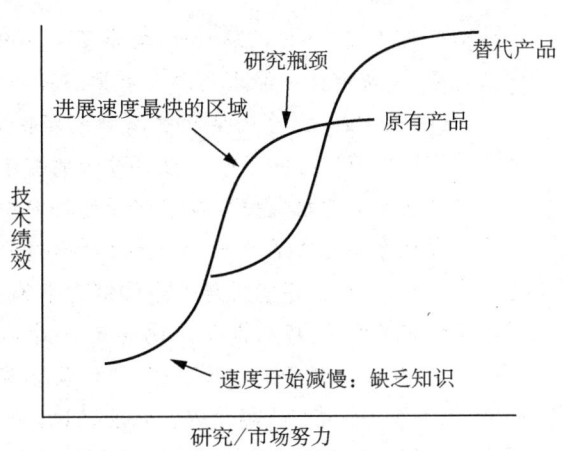

图1-1 技术市场S形曲线

2. 适度创新

适度创新(moderate innovation)是由公司的原有产品线组成,但产品并不是创新性的,即市场对于它并不陌生,它只是企业当前产品线上的新产品。从宏观层面上看,一个适度产品将带来市场或技术的中断,但并不会同时带来两者的中断。如果两者同时发生,这将成为一种根本性创新,而如果两者都没发生,那将是一种渐进型创新。从微观层面上看,市场中断和技术中断的任何组合都会发生在企业中。适度创新很容易识别,它的标准是在市场或技术宏观层面上发生中断,并且这个中断是轻微程度上的。它可能是基于新技术扩张原有的产品线(如佳能的激光打印机)或现有技术的新市场(如早期的空调)。

通常情况下,适度创新和根本型创新很容易混淆,但可以通过评估创新的技术和市场S形曲线来进行分类。适度创新是一个适度的产品种类或生产或传输系统。一个适度的产品是指:①依赖于产业中从未使用过的技术;②引起了整个产业重大变革,或对产业重大变

革有影响;③是该类产品的首创产品,对市场而言是新的。

3. 渐进式创新

渐进式创新(incremental innovation)可以定义为,为当前市场和当前技术提供新特色、收益或升级的产品。一项渐进型新产品涉及对现有产品的生产或传输系统的改善和提高。渐进式创新只会在微观层面上影响市场或技术 S 形曲线,并不会带来巨大中断,巨大中断一般只有在根本性创新和适度创新中才会出现。渐进式创新很重要,因为它可以作为技术成熟市场的竞争武器。因此,对于很多企业来说,渐进式创新是组织的血液。渐进式创新可以发生在新产品发展过程中的任何阶段。在概念化阶段,研发会运用现有技术来改善现有产品设计。在产品生命周期的成熟阶段,生产的扩张会带来渐进式创新。从其他产业"借来"的技术对现有市场而言也可能是适度的。如果这项技术没有使技术或市场 S 形曲线产生重大变化,或没有对这两条曲线产生微小变革,则这项"借来"的技术可以看作是一项渐进式创新。

案例 1-5　脑机接口技术的新应用——意念写字

2021 年 5 月 13 日,《Nature》发表了一项研究:来自美国斯坦福大学、布朗大学等机构的研究人员,成功地让一位瘫痪病人用意念写字的速度提高到了每分钟 90 个字母,并且准确率可以达到 99%。这个速度和准确率已经比较接近健康人的手写水平。《Nature》对它的评价是:"这项研究拓宽了脑机接口技术的应用潜力,具有里程碑式的意义。"

在以往类似的脑机接口输出字母的研究中,一般是需要患者想象比较简单的动作,比如上下左右这样平直的运动方向。然后利用这些收集到的脑电波动作信号去移动一个电脑屏幕上的光标,利用光标电机屏幕上的键盘来输出字母。这种方法就跟用鼠标打字一样,可想而知是比较慢的,一般来说每分钟也就 40 个字母。

但是《Nature》发表的这项研究,却可以直接做到意念写字,而且速度翻了 1 倍以上,每分钟 90 个字母。这是什么概念呢? 一般来说,一位 65 岁的老年人操作电脑,打字的平均速度也就 1 分钟 114 个字母。所以说这次的意念写字,已经能接近正常人的打字速度了。

事实上,这项听起来如此厉害的研究并没有使用前所未见的新技术,而是把来自人工智能、信号处理及芯片加工等领域现有技术组合起来。具体步骤如下:

第一步,想办法把人的脑电波高精度地测量出来。

这个原始测量信号非常重要,因为它在本质上决定了意念写字最终效果的上限,后续所有的识别过程都是对它的特征提取。但是,我们大脑中有上百亿个神经元细胞,每个细胞都有自己的电信号,是不可能全部提取出来的。于是,研究人员就采用了目前工艺比较成熟,而且精度最高的测量手段:一种植入大脑皮层的微电极阵列。这种微电极阵列的样子像我们日常用的一种梳子,只不过大小只有 4 毫米,上面有 96 根像汗毛一样细小的探针。这些探针在跟大脑皮层接触的时候,能够不断地回传它周围感受到的平均电信号强度。这个信号采集原理就跟给大脑拍摄视频一样,只不过只有 96 像素(跟探针的数量一样)。

虽然听起来还比较粗糙,但这已经是人类目前能够实现脑电波信号测量分辨率最高的技术之一了。值得一提的是,微电极阵列的加工技术,和芯片的加工技术是一脉相承的,都需要在一块微小的材料上做出精细的立体结构。

第二步，需要知道病人什么时候开始写字。

这一步，在真实的写字过程中是很容易实现的。因为当人把笔尖放到纸上的瞬间，就可以认为他在写字了，而抬起笔尖的时候，就代表一段手写动作结束了。但是，对于意念写字来讲，这个开始和结束的分隔点就没有这么直观了。因为脑机接口每时每刻都会测量到看起来杂乱无章的电信号，很难直观地判断出患者想象的手写动作开始和结束在哪里，后续的识别更是无从下手。

解决这个问题的关键，是研究人员切换了一种看待脑电波图像的视角。提到手写的数据，我们一般会把它理解成图像，也就是通过画面的间断和空白区域来划分不同的字符。但是对于脑电波来说，由于接收到手写动作的是连续的电信号，动作起始和终止的划分，其实更接近传统的语音数据识别的过程。具体来说，我们现在的语音识别算法，其实就是在麦克风收到的一连串声音的数据中划分出一个个的音节的。研究人员正是借用了这个差不多十年前在语音识别技术中就提出的数据处理方法，对接收到的脑电波数据进行了有效的划分。这又是一个技术跨界组合的过程。

第三步，对这些脑电波数据进行识别和分类。

研究人员选择使用了循环神经网络（RNN）的算法模型，这是一种特别适合识别带有时间先后顺序的数据的算法模型。研究人员让参与研究的志愿患者，对着一些事先准备好的文字，在大脑中想象自己用一支笔手写这些文字的手部动作，最后总共收集了572个句子里面包含的31472个英文字符对应的脑电波数据。研究人员利用这个循环神经网络，就可以找到这些收集到的脑电波数据对应到26个英文字母之间的规律。

有了这个规律之后，患者只要再去想象自己手写1个英文字母，这个时候收集到的脑电波数据就可以通过算法自动被分类到某1个对应的英文字母，这个分类的准确度可以高达94%，而在经过研究人员的一些修正算法之后，最终高达99.1%，而且识别的速度还相当快，大概每0.6秒就可以识别一个字母，最终的意念写字速度就达到了90字/分钟。不论是识别的准确率，还是输出的速度上都比以往有了显著的提高。

意念写字技术的跨界组合创新的过程，让我们发现这项"黑科技"其实也不过是一些已有技术的巧妙组合。

资料来源：邵恒头条. 意念写字是什么黑科技[EB/OL].（2021-5-21）[2023-07-24]. 得到app《邵恒头条》第429期.

二、产品创新、流程创新、营销创新和制度创新

根据创新的表现形式，创新可以分为产品创新、流程创新、营销创新和制度创新四类。

1. 产品创新

产品创新（product innovation）是指性能和特征上全新的或显著改进的产品，包括全新产品和性能显著改进的产品。例如，特斯拉公司在电动汽车市场上开展了一系列产品创新。其首款车型Roadster在2008年推出，成为市场上第一款完全电动汽车。特斯拉公司随后推出了Model S、Model X和Model 3等新车型，这些车型在电动汽车市场上都取得了巨大的成功。又如，著名的运动品牌耐克公司推出的Flyknit系列鞋子，采用了一种无缝编织的

工艺,减少了材料的浪费,使得鞋子更轻便、透气性更好,从而取得了市场上的成功。

2. 流程创新

流程创新(process innovation)是指通过改善和创新现有的流程、方法和技术,提高企业的生产效率和质量。流程创新是为了降低成本和提高效率而进行的改进,通常会使用新技术和新的组织方法。例如,亚马逊公司在物流方面实现了一系列流程创新,包括使用无人机和机器人进行配送、开展 Prime 会员计划、实现物流全链条的数字化管理等,这些创新大大提高了亚马逊的物流效率和客户体验。又如,沃尔玛的"交叉式对接"(cross-docking)模式,将不同供应商送来的货物在中转站快速配载并及时发往各个门店。这种模式有效减少了存储和管理成本,缩短了供应链的时间和成本,也降低了过期和损耗的风险。

3. 营销创新

营销创新(marketing innovation)是指新的营销方式,包括营销理念、产品设计或包装、分销渠道、促销方式等方面的显著改进。例如,中国的短视频平台抖音在市场推广方面采用了以明星为代言人的方式,结合大数据和算法技术,来打造个性化、精准的营销方式,取得了巨大的市场成功。又如,可口可乐公司的"分享可乐"(Share a Coke)活动,在瓶子上印上常见的英文名字,鼓励消费者购买带有自己或朋友名字的可乐瓶子,并将其分享给朋友或家人。这种创新的营销策略创造了一种新的消费体验和社交方式,吸引了年轻消费者的注意力,并在社交媒体上引起了广泛的关注和互动。

4. 制度创新

制度创新(institutional innovation)是指通过重新设计或改进现有制度或者创造新的制度来提高效率、优化资源配置、推动发展的一种创新方式。例如,中国政府在推进"放管服"改革中,通过简化审批流程、缩短审批时间、降低办事成本等方式,推进了一系列制度创新,企业和个人在创业、投资、就业等方面获得了更多的便利和支持。又如,"医联体"制度创新,即将一些相邻的医疗机构(如大医院、社区卫生服务中心、诊所等)组成医疗联合体,实现资源共享、信息互通、协同发展,从而提高基层医疗水平,使得患者不再需要到大城市去看病,从而在一定程度上解决了医疗资源不足的问题。

案例 1-6　　产品创新的两种思路:咖啡界的创新

产品创新有两种思路:

一种是把新产品卖给新客户。这种方式的本质是把业务做宽,用不同产品线,覆盖不同的人群,它需要你去拼营销资源。在这个强调精准营销的时代,要覆盖的人群越广,你消耗的营销资源就会呈几何级增长。

另一种是把新产品卖给老客户。这种方式的本质是把业务做深,用不同的产品线,来满足同一批消费者在不同场景下的需求,这种创新方式,拼的是洞察能力。也就是你能不能深入到老用户的具体场景中,挖掘出他们还没被满足的深层需求。

换句话说,前一种创新方式是以产品为中心,后一种创新方式是以人为中心。

假设你是一个咖啡创业者,想通过一个新产品来杀入这个赛道。你有两种选择:一是把新产品卖给一直喝咖啡的老用户;二是把新产品卖给以前不喝咖啡的新用户。选择不同,产品创新的思路就不同。

如果你想把新产品卖给以前不喝咖啡的新用户,那么你就得去想,原来那群人为什么不喝咖啡?可能有很多原因,如觉得味道太苦、怕喝了睡不着、对牛奶过敏等。所以你的产品创新方向就是,推出不苦的新口味、降低咖啡因、改用植物奶冲调等,把原来不喝咖啡的人群卷入进来。

如果你想把新产品卖给一直喝咖啡的老用户,他们就喜欢喝原汁原味的咖啡,那你产品的创新点应该在哪儿呢?答案是场景。说到喝咖啡,你可能想到的一个经典场景,就是三两个朋友,坐在咖啡店的"第三空间"里,悠闲地喝咖啡聊天,这是一个典型的"慢场景"。但如果现在是工作日,你工作累了,想喝一杯好咖啡怎么办?于是,一批主打"快场景"的咖啡品牌就诞生了,如瑞幸咖啡、Manner咖啡等。

如果你是在出差,或者宅在家里,也想喝上一杯好咖啡怎么办?这时,一批主打"便携场景"的精品咖啡品牌又出现了,如三顿半的冻干咖啡粉、永璞的闪萃咖啡液等。它们在方便程度上碾压星巴克和瑞幸,在咖啡的口感上又碾压传统的雀巢速溶包,打开了一个新的咖啡品类空间。

我们发现,咖啡新品牌都是在"快场景"和"便携场景"里面发力,避开了和星巴克"慢场景"的正面竞争。例如,永璞的定位非常清楚,就是要把"便携场景"做到极致:旅途中你都不需要带杯子,把便携咖啡液直接倒入一瓶矿泉水或者一瓶牛奶中,就能喝到口感还不错的咖啡。

资料来源:得到头条.咖啡创业赛道最近有多火[EB/OL].(2021-08-06)[2023-07-25].得到 app《得到头条》第一季第 34 期.

三、技术创新和非技术创新

随着创新内容的不断丰富,社会发展中的非技术创新作用日益显著,有将创新分为技术创新与非技术创新的趋势。

1. 技术创新

技术创新(technology innovation)是指基于技术的创新,如生产工艺、生产产品、生产流程、生产模式等。技术创新的核心是将生产要素新组合应用在商业经济活动中。

2. 非技术创新

非技术创新(non-technology innovation)是指创新自身的性质是非技术性的,如组织管理、市场营销、制度体制、社会经济结构、管理模式等,大量发生在发达国家的服务业。

除上述分类外,创新分类的参考指标还有很多,不同分类指标得出不同的分类。

根据创新的领域进行分类,如教育创新、金融创新、工业创新、农业创新、国防创新、社会创新、文化创新等。

根据创新的行为主体进行分类,如政府创新、企业创新、团体创新、大学创新、科研机构创新、个人创新等。

根据创新的方式进行分类,如独立创新、合作创新等。

根据创新的效果进行分类,如有价值的创新(如电脑发明等)、无价值的创新(如没有市场需求的新产品等)、负效应创新(如污染环境的新产品等)。

根据创新的层次进行分类,如首创型创新、改进型创新、应用型创新。

 **案例 1-7**　　　　　　　　　**佳能是如何打败施乐的**

在复印机随处可见的今天,人们很难理解施乐当年向市场推出静电复印机时引起的轰动。20世纪50年代,最好的复印设备是一种采用名为蓝图的复印技术的复印机。它复印出来的东西味道很重,而且湿乎乎的。就在这时,施乐公司发明的静电复印机迅速、洁净、清晰,可以直接使用普通纸。靠着领先的复印技术,施乐征服了整个世界。

施乐当时推出的复印机,因为使用9×14英寸的纸张而被命名为914复印机。914复印机为施乐赢来了滚滚财富。靠它,施乐于1968年的收入突破10亿美元。

施乐用大量的专利和越来越复杂的技术,先后为其研发的复印机申请了500多项专利,几乎囊括了复印机的全部部件和所有关键技术。在不断丰富复印机技术的同时,最大利润率定价原则使施乐的复印机价格也在不断上涨。施乐认为,如果竞争者想要推出同样的复印机,就要购买施乐的专利使用权,由此他们的复印机价格就会远远超过施乐的价格。

导致施乐复印机最终失败的原因,其实正蕴含在当初建立这个壁垒的过程中。施乐的复印机由于价格昂贵,购买者基本上都是企业,它们对价格不特别敏感。施乐终日和这些财大气粗的顾客打交道,沉迷于"贵族式消费""高级使用者""专业人员设备"等自我构造的情境之中,不愿意抬头看看世界的变化,更不关注无力购买复印机的"潜在消费者"。

佳能原来是一个只生产照相机的企业,在20世纪60年代打算把自己的产品线延伸到利润丰厚的办公设备领域。佳能首先面临施乐的专利壁垒,佳能研究了施乐拥有的所有专利,力求在已有的技术基础上进行创新和突破。同时,佳能对复印机市场进行了深入细致的研究,走访了施乐的用户,了解他们对现有产品不满意的地方。此外,他们还走访了没有买过施乐复印机的企业,询问他们没有购买的原因,由此发现了巨大的市场机会。

施乐出售的复印机价格昂贵,动辄几十万元、上百万元一台。虽然速度和性能都非常好,但即使是大型企业,往往也只能买得起一台。而且这些复印机都是大型的,只能放在公司的某个固定地点,工作方式被称为"集中复印"。由于操作复杂,需要安排专人进行管理和操作。这样一来,如果有人想要复印,就要不辞辛苦地前往复印机前才行。这种工作方式不仅麻烦,而且保密性不好,即使老板想要复印某个机密文件,也不可避免地要经过复印操作人员。

佳能意识到,要想从施乐手中分得复印机市场,就要反其道而行之,推出体积小、简单、无须专人操作、价格便宜的小型复印机。为此,针对施乐的"集中复印",佳能创造了"分散复印"的概念,开发出了自己的复印技术,率先造出了第一款小型办公和家用复印机产品。

有了可行的产品,佳能没有马上向市场推出。它还需要解决一个重要的问题,那就是如果佳能推出新的复印机产品,得到市场认可,以施乐的资金和技术优势,它可以迅速推出类似产品,立斩佳能于马下。

佳能意识到,要设法改变自己和施乐之间的力量对比。要想做到这一点,就要"有钱大家赚"。于是,佳能去找其他日本厂商,如东芝、美能达、理光等,商谈合作的可能。佳能把自己造出来的产品拿给这些企业看,提出联合生产这种复印机,并设计了一个其他企业难以拒绝的合作方案。如果其他企业从佳能这里购买生产许可,相比于它们自己研究开发,投产时间要快1年多,而开发费用只需1/10。

> 经过佳能的努力,十余家日本企业结成一个联盟。它们都从佳能那里购买生产许可证,强力推广"分散复印",大举向小型化复印机市场发动集体进攻。于是,施乐的对手从佳能一家一下子变成了十几家。这样一来,在佳能领导的企业联盟的全力攻击之下,施乐遭遇到了全方位的挑战和严重的挫折。1976—1981年,施乐在复印机市场的份额从82%直线下降到35%。在其后的市场份额争夺当中,施乐已经不可挽回地从一个市场垄断者、领导者变成了追赶者,而且这种追赶很吃力。
>
> 资料来源:昔日巨人施乐如何被佳能打败[EB/OL].[2023-07-25]. http://news.ppzw.com/Article_Print_103061.html.

第四节 创新的来源

1997年,重回苹果担任CEO的乔布斯,推出了由他本人亲自撰写和配音的一则广告,题为"Think Different"。以下是广告文案:

向那些疯狂的家伙们致敬,

他们特立独行,

他们桀骜不驯,

他们惹是生非,

他们格格不入,

他们用与众不同的眼光看待事物,

他们不喜欢墨守成规,

他们也不愿安于现状。

你可以支持他们,反对他们,

赞美他们,或是诋毁他们,

但唯独不能漠视他们。

因为他们改变了世界,

他们推动了人类发展。

或许他们是别人眼里的疯子,

但他们却是我们眼中的天才。

因为只有那些疯狂到以为自己能够改变世界的人,

才能真正地改变世界。

创新的来源往往来自那些"疯狂的家伙",他们有着与众不同的眼光,不墨守成规,敢于挑战常规,有强烈的改变世界的愿望。他们并不满足于现状,而是追求着更好、更先进的东西。

视频1-3
Think Different

一、产业内的创新来源

(一) 意外事件

意外事件能冲击人的固有观念,因此是创新的主要来源。这一来源是所有创新机遇中最容易获得和可预测的,而且所需的创新时间最短。

要把握这一创新来源,先要解决一个问题,即如何对待意外事件。

通常,意外事件并不引起管理者注意,往往被看作"难以持续"的事情,甚至是威胁,因为它们让管理者感到"失控"。因此,先要改变的就是态度。

面对意外事件,要让有目的的分析和调查,代替简单的"贴标签",如顾客都是不理性之类的。需要跳出框架看问题,没有事情是"理所应当"的,要分析事件发生背后的原因。当然,将意外事件纳入报告体系,是管理层获得该类信息的必要途径。

对于意外的成功,德鲁克提供了几个供管理者加以讨论的问题:如果我们对它加以利用,它对我们会有什么意义?它会带领我们走向何方?我们要如何做才能将它转换成机会?我们如何着手进行?

至于意外的失败,特别是经过精心设计和执行后仍然失败,常常预示着根本的变化,以及随之而来的机遇。管理者可以问:现实中是否发生了某些事情,让我们对消费者行为的假设不再成立?需要注意的是,若想发现意外事件带来的机遇,仅停留在研究和分析上是不够的。更有效的方法是做调查,走进人群,观察用户,了解他们的期望、价值观和需求。

(二) 不协调的事件

不协调的事件往往是"感受"出来的,而不是分析出来的。因此,这一创新来源,具有较高的可检验性。不协调的事件包括以下几种:

第一种是经济现状之间的不协调,表现往往是在需求增长下,产业却普遍赚不到钱。这种创新来源比较适合小型且资源高度集中的新企业,因为传统企业仍然在试图"改善"现状。

第二种是现实与假设之间存在的不协调,表现多为产业参与者努力工作,非但没能使情况好转,反而使其更加恶化,那么努力的方向就很可能搞错了。

第三种是认知与实际的客户价值和期望之间的不协调。例如,你以为用户要的是钻头,其实他要的是钻孔。在所有不协调中,这一不协调最普遍。

(三) 程序需要

程序需要,与其他创新来源不同,它并不始于环境内部或外部的某一事件,而是始于有待完成的某项工作,往往通过发现程序中的不协调来获得,或者是对人口统计数据的研究等。

基于程序需要的创新,是一种系统上的创新,通常有两种方式:①改善现有程序的"薄弱环节",如爱尔康给眼科医生在手术中提供溶解眼角韧带的酶;②补上"欠缺环节",使得某个程序成为可能,如生鲜电商,因为冷链而使配送成为可能。

在这里,"项目研究"较为重要,能够界定清楚潜在的程序需要具体是什么,以及需要怎样的新知识。但要特别注意的是,解决方案必须符合用户的习惯和价值观,否则可能难以被采用。例如,当前一些试图"替代"医生做决定的人工智能方案,往往会被医生排斥,因为医生以自身经验而自豪。反而是对医生能力进行"增强"而非"替代"的应用,会更有市场。

(四)产业和市场结构变化

产业和市场结构变化是创新的重要来源之一。随着产业和市场结构的不断变化,原有的产品、服务、生产方式等会变得过时,需要不断进行创新来适应新的市场环境和需求。

产业和市场结构的变化可能来自技术的进步、消费者的需求变化、竞争格局的变化等多种因素。例如,智能手机的兴起导致了移动应用的兴起,改变了传统的电脑软件市场;共享经济的兴起改变了传统的出租车和住宿市场;人工智能技术的应用正在改变很多传统行业的生产方式和业务模式。

在这样的背景下,企业需要不断进行创新,以开发新的产品和服务,满足市场的需求,以及改变生产方式和业务模式,以适应新的市场环境和竞争格局。同时,政府也需要积极引导和支持企业开展创新活动,以促进经济的持续发展和创新的不断推进。

二、产业外的创新来源

(一)人口统计数据

人口统计数据可以作为创新的重要来源之一。人口统计数据涉及人口的年龄、性别、教育程度、收入、消费习惯等信息,这些数据可以帮助企业更好地了解市场需求和消费者行为,进而开发出更适应市场需求的产品和服务。

例如,一些企业可以通过分析人口统计数据来了解不同年龄段、性别、教育程度等人群的消费习惯和需求,从而开发出更符合这些人群需求的产品和服务。另外,人口统计数据也可以用于预测未来市场趋势,帮助企业做出更为准确的决策,以及在人才招聘和培养方面提供指导。除了企业,政府也可以利用人口统计数据来制定社会政策和公共服务,以更好地满足人民的需求和提升社会福利水平。总之,人口统计数据是企业和政府进行创新的重要基础,通过充分利用人口统计数据,可以更好地了解市场需求和社会变化,从而更好地满足人民的需求。

(二)认知的变化

事实本身没有变,但认知变了,意义就变了。资源也是如此,青霉素曾经被认为是一种细菌时,只是一种物质,当被发现可以作为抗生素时,它变成了资源。认知的变化,其实非常具体,可以被界定、被检验、被利用。例如,曾经的废物或副产品,如工业废气,现在被视为可再生能源的潜在来源。通过碳捕获和转化技术,这些废气可以转化为有用的化学品,甚至可以作为能源再利用,这种转变正是基于对资源价值的重新认知。

如果要利用认知变化进行创新,需要特别关注时机。在认知确实发生变化的前提下,需要及早占领用户心智,如果太晚,市场将拱手让人。

(三)新知识

新知识是创新的重要来源之一。随着科学技术的不断发展和社会变革的不断推进,人们不断地获得新的知识和信息,这些新知识可以为企业和社会带来新的发展机遇。企业可以通过不断学习和研究新知识来开发新产品、新技术、新服务等,以满足不断变化的市场需求。例如,新材料、新能源、人工智能、区块链等新兴技术的发展,为企业带来了新的商机和市场空间。

同时,新知识也可以促进企业和社会的创新能力提升。企业通过不断学习新知识,可以增强自身的技术和管理能力,提高自身的核心竞争力。社会通过不断积累新知识,可以促进经济发展、社会进步和文化创新。

政府也可以通过推动科技创新和知识产权保护等措施,促进新知识的产生和应用。例如,政府可以提供资金支持和税收优惠等措施,鼓励企业加强科技研发和技术创新。

案例与解析

一、案例材料

年逾半百也要创业:工业升级4.0里潜藏的机遇

极清慧视是一家创新型高科技企业,它只做一件事:极清图像获取、处理和应用,属于机器视觉。机器视觉又称基于成像的自动检测和分析,当涉及准确和可靠的产品检测时,拥有超越人类视觉的全面优势。与计算机视觉不一样,机器视觉对于识别的精度比较高,并且需要快速反馈,相应地,其识别的场景比较固定。基于以上特征,极清慧视的技术主要被应用在工业高精密制造视觉检测、高铁列车及轨道视觉检测等方面,这些行业对图像的清晰度和拍摄的速度有很高的要求。

极清慧视创始人赵伟时解释道,"极"代表道家文化——太极;"清"代表儒家文化——清心寡欲;"慧"代表佛家根本——慧根;"视"即看清楚。当一个人把道、儒、佛看清楚的时候,差不多就到"知天命"的阶段了。在选择这个名字的时候,他便清楚地知道"我是谁""我到哪里去""我可以做什么"。

与其他创业者不同,赵伟时创业时已经年过半百,选择在这个年纪创业,一方面是他看到了国内国际机器视觉技术的光明前途,另一方面是他那个年代出生的人特有的"责任感"。赵伟时表示,人生的最后阶段,希望能把经验化作国家的资源,为国家做点事。也许是赵伟时对创业意义的理解不一样,使得这家公司更加专注于产品的打磨,并在阿里巴巴诸神之战创业大赛中赢得了一席之地。那么,极清慧视的产品到底抓住了什么机遇呢?

1. 行业痛点即机遇

眼下行业的痛点在于:国内机器视觉系统对于高端检测清晰度达不到要求,甚至找不出瑕疵,检测速度也跟不上生产线的速度。赵伟时表示,"高像素、高速CMOS面阵工业相机大部分由国外厂商垄断,且国外机器视觉系统成本高。国内大多为二次开发商和系统集成商,自主研发能力弱"。

美国、德国等国家的机器视觉技术处于世界领先地位,全球绝大部分市场也被美、德、日占据。根据国际自动成像协会发布的统计数据,2015年全球机器视觉市场规模约42亿美元,增长105%,美国约占50%,日本紧随其后。

区别于国外机器视觉技术,极清慧视研发的核心算法——极清工业摄影机的核心算法,基于物理层面,使用硬件描述语言进行汇编。而国外的技术则从计算机图像处理出发,核心算法采用计算机语言,工程师习惯使用,但要达到工业机器适合运行的效率及精度还需要一个较长的过程。如此一来,极清慧视的产品拍摄的图像在清晰度和处理速度方面都比较高。

目前,极清慧视研发出了 UHDVISION 智能极清数字摄影机,能拍摄 4K 分辨率、75 帧秒的 2 436 位原始图像。同时满足保证视频高速远距离传输的需求,采用的是光纤直接传输。

这台摄影机采用硬件逻辑阵列构成,辅以并发功能的 ISP、VP 和无损图像传输算法,能取代传统工控机与图像采集卡构成的工业图像检测系统。同时这套系统还具有 4K 分辨率、高速、低功耗、实时在线处理等特点。

"我们都是 20 世纪五六十年代的人,学习的工业自动化测控,都是最底层工业机器语言,所以我们了解工业机器语言,在核心算法的研发视角上便朝着工业机器视觉出发,"赵伟时告诉记者,"这是我们能研发出核心算法的原因。"

2. 应用前景广阔,仍在更新产品线

极清慧视的设备针对高精密制造中部件和产品的表面极微瑕疵微结构缺陷、大范围一致性、高速高效等问题能够形成一整套有效的解决方案。极清慧视的核心技术还获得了国家发明专利授权,科技查新和水平检索报告结论表明产品达到国际先进水平。在医疗行业病理切片检测的目标应用上,极清 4K 显微系统的检测效果甚至优于日本的滨松扫描仪。

极清慧视现在的商业模式是采取定制化产品、渠道销售的策略。据悉,该公司与富士康的合作领域就包括手机表面瑕疵检测、高精密边缘工件检测等。

极清慧视所专注的视频处理领域是当下"云创业"的最佳落地行业。这一类行业往往涉及巨大的数据处理量,尤其是视频方面。大公司的云服务为初创公司提供了可观的存储空间和计算力,同时初创公司也无须保有服务器等重资产。然而,赵伟时却认为"云"只是一项基本服务,现阶段大家对于云的作用有一些夸大,目前他们的主要精力还是放在硬件开发和算法研发上——从"看清楚"提升到"看精准",极清慧视的发展规划十分透彻。现阶段极清慧视正在规划研发 5 000 万像素极清工业摄影机、高速 400 帧/秒极清工业摄影机、多目阵列 3D 极清工业摄影机等系列产品。

与所有的初创公司面临的问题一样,极清慧视没有足够的名气吸引来足够的资金和人才。在这一方面,赵伟时表示,他们不盲目地求大,而是在大公司覆盖不到的领域谋求发展,并且力争在技术领域寻求突破。在我们所在的领域里,获取极清视频的需求是客观存在的,只不过很多客户都还没意识到现在的技术能更好地满足他们的需求。

资料来源:胡勇,刘湘明,田丰,王岳.云巅创新:阿里巴巴全球创业者洞察[M].北京:人民邮电出版社,2019.

二、案例解析

创新在当今的时代被看作是成功的关键,不仅仅是技术的创新,还有企业模式、管理和文化等各个方面的创新。极清慧视的案例为我们提供了一个关于如何在高科技领域实现创新,并进一步为企业和行业带来颠覆性变革的生动故事。新技术的出现及应用改变了市场格局,极清慧视研发的新技术不仅能服务于既有的需求,同时还打破了传统的价值链,研发、市场、销售等诸多环境的新变量使其有了更多的机会去击败传统的优势企业。

极清慧视的发展历程充分展现了技术创新对企业发展的积极作用。我们可以看到，技术的积累发展和商业的互动呈现给企业创造了更多的机遇，新技术从理论到应用再到大规模商业化的过程不断更替，正以空前的姿态改变着我们的世界。

第一，创新的内涵是指在某一领域中提出新的、与现有不同的思想、方法或物品。极清慧视就是一个创新的象征。它专注于一件事——极清图像的获取、处理和应用，凭借其专有的技术，在机器视觉领域达到了前所未有的高度。此外，极清慧视的产品是基于物理层面研发的，与国外计算机图像处理的方法有所不同，这种技术的差异为极清慧视提供了显著的市场优势，其产品在清晰度和处理速度上都有显著的优势。

第二，创新可以根据其性质进行分类，例如技术创新、管理创新、产品创新、模式创新等。在这个案例中，极清慧视在技术和产品上的创新尤为明显。极清慧视研发的 UHDVISION 智能极清数字摄影机及后续的产品线如 5 000 万像素极清工业摄影机都是对产品创新的体现。而其定制化产品和渠道销售的商业模式，则体现了模式创新。

第三，创新的作用在于为企业带来差异化的优势，帮助其在竞争中脱颖而出，同时还可以推动行业的发展和进步。极清慧视针对当前行业的痛点——机器视觉系统的高端检测清晰度和检测速度不足，提出了自己的解决方案。其产品不仅可以满足当前的市场需求，还为行业树立了新的技术标准。

第四，创新的来源可以是内部的，如企业自主研发；也可以是外部的，如技术引进或合作研发。极清慧视的创新主要来源于其创始人赵伟时及团队的自主研发。赵伟时的背景和对技术的深入理解为公司的研发提供了坚实的基础。他将自己的道、儒、佛三教的理解与技术相结合，形成了独特的企业文化和研发理念。

总结而言，极清慧视是一家典型的技术驱动型企业，其成功背后的关键在于对创新的持续追求和深入实践。该公司不仅在产品和技术上进行了创新，还在商业模式上寻求突破，这为其在竞争激烈的市场中脱颖而出提供了关键的优势。这一案例为我们提供了宝贵的启示，即只有持续创新，才能在日益变化的市场环境中生存和发展。

延伸阅读1-1
发明和创新的差异

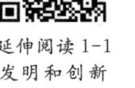

 延伸阅读

Difference Between Invention and Innovation

Surbhi on October 28, 2017

We all are aware of the fact that nothing is permanent in this world, neither products nor technology. As day by day, improvements and updations are made in technology, leading to new inventions and innovation in every sphere of life. Invention refers to the creation of a brand-new product or device. Conversely, innovation is an act of making changes to the existing product or the process by introducing new ways or ideas.

At first sight, the two terms sound alike, but if you dig deeper, you will find that there is a clear boundary of difference between invention and innovation that lies in their connotations. While invention is all about creating or designing something, innovation is the process of turning a creative idea into reality.

Invention Vs Innovation

BASIS FOR COMPARISON	INVENTION	INNOVATION
Meaning	Invention refers to the occurrence of an idea for a product or process that has never been made before	Innovation implies the implementation of idea for product or process for the very first time
What is it	Creation of a new product	Adding value to something already existing
Concept	An original idea and its working in theory	Practical implementation of new ideas
Skills required	Scientific skills	Set of marketing, technical and strategic skills
When occurs	A new idea strikes a scientist	A need is felt for a product or improvement in existing products
Concerned with	Single product or process	Combination of various products and process
Activity	Limit to R&D department	Spread across the organization

Definition of Invention

The term "invention", is defined as the act of creating, designing or discovering a device, method, process, that has not existed before. In finer terms, it is a novel scientific idea conceived through research and experimentation that turns into a tangible object. It can be a new process of producing a product or may be an improvement upon a product or a new product.

Inventions can be patented, as it provides security to the inventor, for intellectual property rights, and also identifies it as an actual invention. Further, different countries have different rules for obtaining the patent and the process is also costly. To be patented, the invention must be novel, has value and non-obvious.

Definition of Innovation

The word "innovation" itself signifies its meaning, as the transformation of an idea into reality. In the purest sense, innovation can be described as a change that adds value to the products or services; that fulfills the needs of the customers. It is when something new and effective is introduced to the market, that fulfills the needs of the customers by delivering better products and services.

Innovation can be an introduction or development of a new product, process, technology, service or improving/redesigning the existing ones that provides solutions to the current market requirements. All the process that helps in the generation of the new idea and translating it into the products demanded by the customers are covered under innovation.

Key Differences Between Invention and Innovation

The significant differences between invention and innovation are classified as below:

1. The occurrence of an idea for a product or process that has never been made before is called invention. The implementation of the idea for product or process for the very first time is called innovation.

2. The invention is related to the creation of a new product. On the other hand, innovation means adding value to or making a change in the existing product.

3. The invention is coming up with a fresh idea and how it works in theory. As opposed to innovation, invention is all about practical implementation of the new idea.

4. The invention requires scientific skills, while the innovation requires a broad set of marketing, technical and strategic skills.

5. The invention occurs when a new idea strikes a scientist. Conversely, innovation arises when a need is realized for a new product or improvisation in the existing product.

6. The invention is concerned with a single product or process. In opposite, innovation focuses on the combination of various products and process.

7. While the invention is limited to research and development department of the organization, the innovation is spread all over the organization.

Conclusion

So, innovation is not the same thing as invention, as these are two different concepts. Both of the activities require huge capital investment in the research process. Further, the invention is when something new or novel to the world is discovered, while the innovation is about introducing an effective way of using, producing or distributing something.

One important difference between invention and innovation is, an idea when proved workable, it is called as the invention. On the other hand, an innovation is when the idea not only be proved workable but also required to be economically feasible and fulfill a specific need.

延伸阅读1-2
创新者的窘境

The Innovator's Dilemma

by Clayton M. Christensen

"The Innovator's Dilemma" by Clayton M. Christensen is a groundbreaking book that explores the challenges faced by established companies when disruptive technologies emerge in their industries. The book, first published in 1997, presents a framework for understanding disruptive innovation and provides valuable insights into how companies can navigate these challenges.

Christensen argues that successful companies often fail to respond effectively to disruptive technologies because they are focused on sustaining their existing business models and technologies. They tend to listen to their best customers, who demand incremental improvements and are resistant to change. However, disruptive technologies initially serve niche markets and offer lower performance compared to existing technologies. As a result, established companies overlook or dismiss these technologies, allowing new entrants to gain a foothold and eventually disrupt the market.

The book introduces the concept of "disruptive innovation", which refers to the process by which new technologies or business models disrupt existing markets and create new ones. Christensen identifies two types of technologies: sustaining technologies and disruptive technologies. Sustaining technologies improve the performance of existing products or services, while disruptive technologies initially have lower performance but offer other advantages such as affordability, simplicity, or convenience.

Christensen provides numerous examples to illustrate the dilemma faced by established companies. He examines industries such as disk drives, steel mills, excavators, and more, showcasing how disruptive technologies have disrupted incumbents and reshaped entire industries. Through these case studies, he highlights the importance of recognizing and responding to disruptive technologies early on, even if they may seem inferior initially.

To overcome the innovator's dilemma, Christensen suggests that companies should create separate units or spin-off ventures to develop and commercialize disruptive technologies. These units should have autonomy and be shielded from the traditional company's process and mindset. By doing so, companies can explore and invest in disruptive technologies without being constrained by the existing business's demands and expectations.

Christensen also emphasizes the need for companies to foster a culture of experimentation and risk-taking. He suggests that companies should allocate resources and provide incentives for employees to explore disruptive technologies and business models. This includes allowing employees to work on innovation projects without the fear of failure and encouraging a mindset that embraces uncertainty and learning from setbacks.

In conclusion, "The Innovator's Dilemma" provides a compelling framework for understanding disruptive innovation and the challenges it poses to established companies. Through insightful analysis and real-world examples, Christensen demonstrates the importance of recognizing and responding to disruptive technologies. The book serves as a guide for managers and executives, offering practical strategies for embracing disruptive innovation and navigating the ever-changing business landscape. By doing so, companies can avoid the pitfalls of the innovator's dilemma and position themselves for long-term success in an era of rapid technological advancements.

课堂活动

活动名称: 创新物品设计

参与人数: 每组2~3人

时间: 15分钟

材料: 纸、笔

活动步骤:

（1）教师向学生解释创新的概念，并简要介绍创新的重要性以及企业创新的实践方法。

（2）教师将学生分成若干小组，每组要求每个学生思考一个物品，可以是日常生活中常见的物品，也可以是抽象的概念，然后将小组内每个成员的物品汇总到一起。

（3）小组成员一起头脑风暴，尝试将这些物品进行创新融合，设计出一种新的物品。要求小组成员充分发挥想象力，尽可能地将不同的元素融合到一起。

（4）小组成员讨论和描述他们所设计的新物品的用途、材料和颜色等细节。鼓励小组成员彼此交流、互相补充。

（5）要求小组成员用纸和笔画出他们所设计的新物品的图样，并简要介绍该物品的特点和用途。

（6）教师邀请每个小组介绍他们所设计的新物品，以及他们的创新思维和团队协作过程。

通过这个活动，可以帮助学生锻炼创新思维、提高团队合作能力，同时激发学生对创新的兴趣和热情。

课后思考

1. 有人说发明就是创新，你同意这种说法吗？请具体说明。

2. 请举例说明创新的来源有哪些。

3. 请在根本性创新、适度创新和渐进式创新三种类型中各找一个创新的实例，并分析其中的创新点、解决的问题及创新的价值。

4. 请具体说明创造与创新的联系与区别。

第二章　创新思维的基础

 **学习目标**

1. 探索和理解逻辑思维、发散思维与收敛思维的区别和联系。
2. 学习运用想象思维和联想思维来创造新的想法。
3. 掌握如何借助直觉思维、灵感思维与幻想思维促进创新。

 **案　例**

一辆对香草冰淇淋"过敏"的汽车

2000年某天,通用汽车庞蒂亚克分部收到了一封客户投诉的信件,内容如下:

这是我第二次给你写信,我不怪你没有回我,因为这确实很不可思议但真的是事实。我们家有一个传统,每天晚餐之后都会吃冰淇淋,但冰淇淋有很多种,于是我们每天需要投票决定去买哪一种冰淇淋。另一个事实是我最近买了一辆庞蒂亚克的汽车,自从我买了这辆车之后我的购买冰淇淋之旅就出了问题。每次我买香草味冰淇淋,从商店出来的时候我的汽车就无法发动。如果我买其他种类的冰激淋,汽车就能正常发动。我想让你知道,我的车子对香草味冰淇淋"过敏"!我是认真的,不管它听起来有多离奇!否则为什么一买香草冰淇淋,汽车就无法发动,而买其他的就没有这个问题?

庞蒂亚克分部的老大对这封信深表怀疑,派了一位工程师去检查这个问题,结果工程师反馈,写信的人受到过良好的教育,不是捣乱的。

工程师和车主见了面,约定一起去买香草冰淇淋,他们到了商店,买完冰淇淋,发现车真的不会启动了。

工程师尽量还原场景,连着三个晚上,开车去买冰淇淋:

第一晚,买巧克力味的,车启动了。

第二晚,买草莓味的,车启动了。

第三晚,买香草味的,车不启动。

作为一位工程师,有着清晰的逻辑判断能力,对于汽车会因香草冰淇淋"过敏"是绝不相信的。而他又是个固执的人,不解决这个问题就不罢休。

为此,他开始记录各种数据,包括汽车使用时间,各种气体排放指标,来回开车的时间等。

在短时间内,他抓住一个线索:车主买香草味冰淇淋所用的时间更少。

为什么? 答案是在商店的布局。

香草味是最受欢迎的口味,冰淇淋店把香草味的冰淇淋放在前台,客人取得更快,而其他口味都放在后厨,客人取得慢,所以拿到冰淇淋的时间是不同的。

现在,工程师的问题是,为什么汽车从停车到启动的时间短,会导致汽车无法启动。但可以确定的一点是,不是汽车对香草味冰淇淋"过敏",而是启动间歇时间的问题。工程师很快就得出了答案——蒸汽锁。获得其他口味冰淇淋所需的额外时间有助于让发动机充分冷却以便启动,然而购买香草味冰淇淋太方便了,以至于当车主买完回到车上时,发动机仍然太热,蒸汽锁阻止了汽车再次启动。

资料来源:一辆对香草冰淇淋过敏的汽车[EB/OL]. (2022-05-03)[2023-07-12]. https://www.hfyili.cn/a/167399.

思考:

1. 为什么商店会把香草味冰淇淋放在前端易取的位置?
2. 工程师如何获得线索?推理过程又是怎样的?
3. 你在生活中有没有遇到过类似的情况?

第一节 逻辑思维

一、逻辑思维概述

逻辑思维(logical thinking)又称抽象思维,是思维的一种高级形式,是以理论为依据,运用科学的概念、原理、定律、公式、常识等进行判断和推理。它是一种基于逻辑推理和推断能力的思考方式,可以帮助人们更准确地分析问题和得出结论。逻辑思维是人们进行科学研究、进行决策和解决问题的基础,也是在日常生活中处理信息和思考的基本能力。

逻辑思维的核心是"逻辑推理",这是一种从前提到结论的推导过程,它可以帮助我们通过分析、推理和归纳来得出正确的结论。在实际应用中,逻辑思维通常需要遵循以下步骤:

(1) 确定问题,收集必要信息。

(2) 分析信息,找出问题的本质。

(3) 提出假设,进行推理。

(4) 验证假设,寻找证据支持或反驳。

(5) 得出结论。

通过以上步骤,人们可以更准确地理解问题,并得出科学的结论。在商业创新中,逻辑思维能够帮助人们理解市场、顾客需求和商业机会,从而进行正确的决策和创新。

例如,在新产品开发过程中,公司可以通过逻辑思维来分析市场需求、产品定位、竞争对手和市场趋势等信息,制定适当的产品开发策略,并根据市场反馈进行不断调整和改进,最终成功地推出市场受欢迎的产品。因此,逻辑思维对商业创新的成功至关重要。

尽管逻辑思维可以帮助人们在推理和分析方面做出准确的决策，但它也有局限性。首先，逻辑思维可能会忽略情感、文化和道德因素，这些因素可以影响人们做出决策的方式。其次，逻辑思维也可能会限制创新和创造力，因为创新和创造力需要超越已知的事实和逻辑。逻辑思维还可能会陷入"分析麻烦"的问题，即只专注于分析问题的各个方面，而忽略了解决问题所需的整体视角。最后，逻辑思维也可能受到先入为主的观点和偏见的影响，这可能导致人们在分析和推理时偏离事实。

因此，逻辑思维只是帮助人们做出决策和分析问题的工具之一，人们还需要综合考虑其他因素，如情感、文化和道德因素等。在创新和创造方面，人们需要超越逻辑思维，拥有创意和想象力，以及勇于冒险和尝试新的方法和想法的能力。

二、逻辑思维的形式

逻辑思维的形式包括形式逻辑、数理逻辑、辩证逻辑。

（一）形式逻辑

形式逻辑（formal logic）是逻辑学的一个分支，主要研究命题和谓词等符号语言的形式结构和推理规则，而不考虑它们的语义内容。形式逻辑的目标是建立一种严格、精确的逻辑体系，以便进行有效的逻辑推理和证明。形式逻辑主要涉及以下几个方面：

（1）命题逻辑。命题逻辑研究命题的逻辑关系和推理规则，其中命题是具有真假值的陈述句，如"今天是星期五"和"$1+1=2$"。

（2）谓词逻辑。谓词逻辑研究谓词的逻辑关系和推理规则，其中谓词是一个含有变量的陈述句，如"x 是偶数"和"y 大于 3"。

（3）模态逻辑。模态逻辑研究带有语气词或情态词的命题或谓词的逻辑关系和推理规则，如"可能是真的""必然是真的"和"应该是真的"。

（4）公理集合论。公理集合论研究集合的逻辑结构和推理规则，其中集合是一组元素的集合，如自然数集合和实数集合。

（5）形式语言理论。形式语言理论研究语言的形式结构和语法规则，如正则语言和上下文无关语言。

（6）元语言和对象语言。元语言是指用于描述对象语言的语言，而对象语言是指要被描述的语言，元语言和对象语言的关系类似于"描述者"和"被描述者"的关系。在形式逻辑中，通常使用元语言来描述对象语言的形式结构和推理规则。

（7）推理系统。推理系统是一种形式化的、计算机可执行的推理规则集合，用于判断一个命题或谓词是否成立。在形式逻辑中，推理系统通常由一组公理和一组推理规则组成。

（8）形式证明。形式证明是指在形式逻辑体系中，使用推理规则和公理来证明一个命题或谓词的正确性。形式证明不依赖于语义，只依赖于逻辑结构和推理规则。

形式逻辑是一种非常抽象和理论化的学科，它的应用需要具有一定的数学和逻辑基础。但是，它在人工智能、计算机科学、哲学、语言学等领域中都有着广泛的应用，是这些领域中的基础和核心。

（二）数理逻辑

数理逻辑（mathematical logic）是在普通逻辑（形式逻辑）基础上发展起来的新的逻辑分

支学科。数理逻辑在深度和广度上推进了传统逻辑，使之更加精确和严密。由于数理逻辑使用了数学的语言和符号，揭示了事物和事物之间的数量关系，其不仅深化了对传统自然科学学科的研究，而且对计算机科学、控制技术、信息科学、生物科学等学科的发展有重要的意义。

（三）辩证逻辑

辩证逻辑（dialectical logic）就是按照辩证唯物主义哲学对客观世界的一种认识方法和思维方式。它的思维原则主要有全面性原则、动态性原则、实践性原则、具体性原则。列宁认为，辩证逻辑不是关于思维的外在形式的学说，而是关于一切物质的、自然的和精神的事物的发展规律的学说，即关于世界的全部具体内容及对它的认识的发展规律的学说。

三、逻辑思维的方法

逻辑思维的方法包括以下几个方面。

（一）分析与综合

分析是在思维中把对象分解为各个部分或因素，分别加以考察的逻辑方法。综合则是在思维中把对象的各个部分或因素结合成为一个统一体加以考察的逻辑方法。

（二）分类与比较

分类与比较是指根据事物的共同性与差异性就可以把事物进行分类，即具有相同属性的事物归入一类。比较是比较两个或两类事物的共同点和差异点，通过比较就能更好地认识事物的本质。

（三）归纳与演绎

归纳是从个别性的前提推出一般性的结论，前提与结论之间的联系是或然性的。演绎是从一般性的前提推出个别性的结论，前提与结论之间的联系是必然性的。

（四）抽象与概括

抽象就是运用思维的力量，从对象中抽取它本质的属性，抛开其他非本质的东西。概括是在思维中从单独对象的属性推广到这一类事物的全体的思维方法。

四、逻辑思维的训练方法

逻辑思维能力是可以通过训练和实践来提高的。只要不断地学习、思考、讨论，加上不断地练习和实践，逻辑思维能力会不断得到提高。下面介绍几种常见的逻辑思维训练方法：

（1）阅读。通过阅读各种不同领域的书籍，可以学习到不同的思考方式和解决问题的方法，帮助培养逻辑思维能力。

（2）练习逻辑推理题。逻辑推理题是一种很好的训练逻辑思维能力的方法，通过练习可以提高逻辑思维的准确性和速度。

（3）讨论。参与讨论是培养逻辑思维能力的有效途径，通过与他人交流可以学习到不同的思考方式和角度，有助于拓展思维。

（4）思维导图。思维导图是一种可视化的思维工具，可以帮助整理思路、分类、概括和总结信息。通过练习制作思维导图，可以提高逻辑思维的能力。

（5）竞赛。参加逻辑思维类的竞赛可以锻炼逻辑思维的能力，激发自己的竞争意识，推动自己在逻辑思维方面不断地进步。

训练 2-1

在 8 个同样大小的杯中，有 7 杯盛的是凉开水，1 杯盛的是白糖水。你能否只尝 3 次，就找出盛白糖水的杯子？

训练 2-2

某药店收到 10 瓶药，每瓶中装有重 100 毫克的药丸 1 000 粒。后被告知其中一瓶药发错了，错药的形状、颜色及包装均与其他 9 瓶药完全相同，只是每丸药重 110 毫克，你能用天平一次称出错药吗？

训练 2-3

人在哪些场合下会哭？请列举尽可能多的不互相重复的答案。

案例 2-1　逻辑思维（分析与综合）

有一个商场，总是收到客户的投诉：
- 咖啡店人太多，等不到座位；
- 卫生间数量太少；
- 自动售货机的热饮都卖光了；
- 室内的门把手很凉，还容易起静电。

如果你是这家商场的管理者，看到这些投诉会不会很苦恼，到处是漏洞，怎么堵？而且，像咖啡店拥挤、卫生间不够用这些问题，一时半会儿好像也解决不了。

这时就需要系统思维：有没有可能在这些表面现象背后，都是由同一个系统原因引起的呢？来商场的人并没有变多，为什么咖啡店和卫生间会同时变得很拥挤？商场里一般是冷饮卖得快，为什么自动售货机的热饮先卖光？为什么门把手会凉？

其实，把这些问题联系起来思考，就不难发现背后的共同原因：商场太冷了！顾客觉得冷，就会去咖啡店和自动售货机买热饮，而且人一冷就容易想上厕所。解决方案也非常简单，就是把商场里的空调温度调高一点，让顾客感觉更加舒适，一系列的投诉问题也随之解决了。

这就是用"系统思维"解决问题。它要求我们超越单个要素，看到系统层面。难点在于，看到要素问题很容易，看到系统问题很难。因为我们生活在系统当中，或者我们本身就是系统的一部分，我们感觉不到系统，就好像鱼儿感觉不到水一样。

资料来源：得到头条．创意机器人有多厉害[EB/OL]．(2021-09-16)[2023-07-22]．得到app《得到头条》第一季第 63 期。

第二节　发散思维与收敛思维

除逻辑思维外,发散思维和收敛思维也是很重要的思维方式。发散思维是指一种从一个点到多个点的思考方式,这种思维方式能够促进创造性思维和创新。而收敛思维是指从多个点到一个点的思考方式,这种思维方式能够促进分析和决策。

一、发散思维

(一) 发散思维的定义

发散思维(divergent thinking)又称扩散思维、多向思维,就是思维的广度。它是指人在思维过程中,无拘束地将思路由一点向四面八方展开,从而获得众多解题设想、方案和方法的思维过程。它是一种开放的、非线性的思维方式,通常用于创意、想象、创新和解决问题。与逻辑思维相比,它更加自由,不拘泥于既定的框架或规则。发散思维的重点是通过创造性地提出各种可能的想法和解决方案,寻找新的角度和方法。

(二) 发散思维的基本要素

发散思维是一种有助于创造性问题解决和创新的思考方式,它的基本要素包括以下几个方面。

1. 创意联想

创意联想是指通过自由联想和无序思考,跳出传统的思维模式,发掘各种可能的想法和解决方案。这包括将看似不相关的概念、观点或经验联系起来,以产生新的见解和创新性的思考。

2. 多样性思考

多样性思考是发散思维的关键要素之一。它要求人们尝试从不同的角度、视角和经验中寻找新的灵感和启发。通过多样性思考,可以获得更广泛的信息和观点,从而提供更多可能的解决途径。

3. 面向未来

发散思维鼓励人们从未来的角度出发,尝试预测未来的发展趋势和需求,提前为未来做准备。这意味着不仅要关注当前问题的解决,还要考虑长期影响和可持续性。

4. 自由表达

发散思维需要放松思维的限制,鼓励自由表达和创造性的想法。这意味着不害怕犯错,不拘泥于传统规则,允许思维的自由流动,以产生新的、不受拘束的思考方式。

(三) 发散思维的应用领域

发散思维可以应用于多个领域,包括创意设计、教育培训、科学研究、社会变革和政策制定等领域。

1. 创意设计领域

发散思维在创意设计领域具有重要作用。设计师常常需要超越传统的界限,提出创新的设计概念和方案。发散思维帮助设计师突破常规思维,寻找新的灵感来源,创造出独特的产品、图形、建筑和艺术品。通过自由联想和多样性思考,设计师能够将不同领域的元素融合在一起,产生令人惊喜的设计作品。这种思维方式有助于满足不同客户的需求,提供具有创新性和美感的解决方案。例如,在时尚设计领域,发散思维可以激发设计师创造出独特的时装款式和材料组合,设计师可以从自然界、不同文化和历史时期等来源汲取灵感,创作出独具特色的时尚作品。

2. 教育培训领域

发散思维在教育培训领域有着广泛的应用。首先,发散思维鼓励学生独立思考和自主学习。传统的教育往往强调传授知识和信息,而发散思维则注重培养学生的思维灵活性和创造力。通过自由联想、多样性思考和开放性问题解决,学生被激发去主动提出问题、寻找答案,并从中获得深刻的理解。这种主动学习的过程培养了他们的问题解决和创新能力,使他们更好地适应不断变化的知识社会。其次,发散思维有助于打破传统学科界限,促进跨学科学习。在现实生活和职业中,问题往往不会局限在一个学科领域,而是需要多学科的综合思考和解决。发散思维鼓励学生从不同的角度和知识领域来探讨问题,这有助于培养跨学科思维和综合分析的能力。例如,一个环保问题既涉及科学和技术,又涉及政策和社会影响,发散思维使学生能够更全面地考虑这些因素,找到更综合的解决方案。最后,发散思维有助于培养学生的创新意识和创业精神。现代社会对创新的需求日益增加,创新已成为推动社会进步和经济增长的关键因素。通过发散思维,学生学会挑战传统思维,寻找新的商业机会,提出创新的产品和服务,这有助于培养未来创业者和创新领袖,推动社会创新和发展。

3. 科学研究领域

发散思维在科学研究领域具有重要的应用价值。科学研究的本质是不断探索未知领域,提出新的假设和理论,解决复杂的科学问题。首先,发散思维有助于提出创新性的研究问题。科学家经常需要从已有的研究中汲取灵感,但也需要跳出传统思维框架,提出新颖的研究问题。发散思维可以帮助科研人员自由联想,从不同的角度思考问题,挖掘潜在的研究领域,促使他们提出具有挑战性和创新性的问题。其次,发散思维有助于探索多种研究方法和途径。科学研究通常需要采用多种方法来解决复杂的问题,而发散思维鼓励科研人员尝试不同的方法和技术,探索多样性思考,从而找到最适合的解决问题方法,这有助于提高研究的全面性和深度。再次,发散思维有助于促进跨学科研究。许多重大科学问题涉及多个学科领域,需要跨学科的合作和思考,发散思维可以帮助科研人员跳出各自学科的界限,积极寻找合作伙伴,将不同领域的知识和方法融合在一起,以解决复杂问题。最后,发散思维有助于创新性的实验设计和数据解释。在科学实验中,发散思维可以引导科研人员设计创新性的实验方案,以测试新的假设和理论。同时,发散思维也有助于解释复杂的实验数据,寻找不寻常的趋势和关联,从而推动科研工作向前发展。

4. 社会变革和政策制定领域

发散思维在社会变革和政策制定领域也具有重要的应用价值。首先,发散思维有助于发现潜在的社会问题和挑战。社会变革和政策制定需要对社会现象进行深入分析,而发散思维可以帮助政策制定者和社会科学家从多个角度审视社会问题,识别可能被忽视的因素。通过自由联想和多样性思考,可以更全面地理解社会挑战的本质。其次,发散思维有助于提出创新的政策解决方案。传统的政策制定往往依赖于传统思维模式和常规方法,但社会问题常常需要创新性的解决方案。发散思维鼓励政策制定者和社会科学家跳出传统框架,寻找新的政策途径。通过面向未来思考和自由表达,可以推动政策创新,更好地满足社会需求。再次,发散思维有助于促进社会参与和民主决策。社会变革和政策制定应该是公众参与的过程,而不仅仅是少数专家的决策。发散思维鼓励多元化的观点和声音,使更多的人能够参与政策制定过程。通过多样性思考和自由表达,可以吸纳来自不同社会群体的意见,提高政策的代表性和可行性。最后,发散思维有助于应对复杂性和不确定性。社会问题常常伴随着复杂性和不确定性,而传统的线性思维往往难以解决这些问题。发散思维鼓励从多个角度思考问题,灵活应对不确定性,寻找多元化的解决方案。这有助于政策制定者更好地应对复杂的社会挑战。

(四)发散思维的形式

发散思维的形式包括逆向思维、旁通思维、横向思维、多路思维和组合思维。

1. 逆向思维

逆向思维又称求异思维,是相对于顺向思维(正向思维)而言的,就是人们从相反的角度去思考问题,从而解决问题。例如,司马光砸缸的故事正是逆向思维应用的典型案例。有人落水,常规的思维模式是"救人离水",而司马光面对紧急险情,运用了逆向思维,果断地用石头把缸砸破,"让水离人",救了小伙伴性命。又如,1820年丹麦哥本哈根大学物理教授奥斯特,通过多次实验证明存在电流的磁效应。这一发现传到欧洲大陆后,吸引了许多人参加电磁学的研究。英国物理学家法拉第怀着极大的兴趣重复了奥斯特的实验。果然,只要导线通上电流,导线附近的磁针立即会发生偏转,他深深地被这种奇异现象所吸引。当时,德国古典哲学中的辩证思想已传入英国,法拉第受其影响,认为电和磁之间必然存在联系并且能相互转化,既然电能产生磁场,那么磁场也能产生电。为了使这种设想能够实现,他从1821年开始做磁产生电的实验,无数次实验都失败了,但他坚信,反向思考问题的方法是正确的,并继续坚持这一思维方式。10年后,法拉第设计了一种新的实验,他把一块条形磁铁插入一只缠着导线的空心圆筒里,结果导线两端连接的电流计上的指针发生了微弱的转动!电流产生了!随后,他又设计了各种各样的实验,如两个线圈相对运动,磁作用力的变化同样也能产生电流。法拉第十年的不懈努力并没有白费,他于1831年提出了著名的电磁感应定律,并根据这一定律发明了世界上第一台发电装置。如今,电磁感应定律正深刻地改变着我们的生活。法拉第成功地发现电磁感应定律,是运用逆向思维方法的一次重大胜利。

与常规思维不同,逆向思维是反过来思考问题,是用绝大多数人没有想到的思维方式去思考问题。运用逆向思维去思考和处理问题,实际上就是以"出奇"达到"制胜"。因此,逆向思维的结果常常会令人大吃一惊,喜出望外,别有所得。

案例 2-2　　　　　　　　　**怎样用"逆向思维"解决问题**

"睡眠经济"正在快速崛起,市场规模以每年超过10%的速度在增长。2020年,"睡眠经济"总规模超过了4 000亿元,预计到2030年就会突破万亿元。"睡眠经济"就是人们为了解决失眠问题而产生的市场需求。当下,大约有3亿人存在失眠的困扰,于是,一系列助眠产品应运而生,如各种枕头床垫、助眠灯、香薰精油、褪黑素,以及各种助眠App等。

睡眠产品五花八门,但其背后解决问题的思路是一样的,就是想尽各种办法,如器械的、药物的、环境的办法,帮你放松,尽快入睡。这是典型的通过"正向思维"来解决问题。但是有时候,你越是想去解决一个问题,这个问题就越解决不了,你解决问题的方法可能会反过来恶化问题。例如,有些人在尝试各种助眠方法的时候,会无形中给自己一个心理暗示,万一做了这些还是睡不着怎么办?他越用力地去解决失眠,就越焦虑,也就越睡不着。

那么,有没有可能换个思路,采用"逆向思维"来解决问题呢?以下是一位心理咨询师采用"逆向思维"解决问题的真实案例。

有一位自由职业者,他特别希望能够独立做出有建树的研究成果。但是,他有严重的拖延症。他一打开书本开始工作,就忍不住想去做其他事情,如看看有没有邮件、处理一下其他杂务等。于是,他的研究工作根本无法真正启动,每天都在焦虑地自责。没办法,只好去找心理咨询师求助。

心理咨询师告诉他说:"接下来一个星期,你什么都可以做,但就是不可以做你手头的研究工作,这是被禁止的。如果你实在忍不住的话,最多只能工作15分钟,多了绝对不行。"

第二周,这位自由职业者告诉心理咨询师,"我按照你说的去做了,但是我心里很急,15分钟太短了,可不可以稍微给我延长一点工作时间,我想增加到半个小时。"心理咨询师说:"不行,下周你还是最多只能工作15分钟。"

第三周,这位自由职业者告诉心理咨询师,"我虽然只工作了15分钟,但我找到了作弊的方法,就是我没有工作的时候,其实也在脑子里面打腹稿。这样的话,15分钟的工作时间就特别高效。"

这样几周之后,这位自由职业者就成功启动了他的研究工作,从拖延症的恶性循环里面解脱出来了。

当"正向思维"无法解决问题的时候,我们不妨试试"逆向思维"。心理学界有一句金句:问题本身不是问题,问题叠加上一个无效的解决方案,才会成为问题。

资料来源:得到头条.怎样用"逆向思维"解决问题[EB/OL].(2021-08-11)[2023-07-22].得到app《得到头条》第一季第37期.

2. 旁通思维

旁通思维是指当思考主路受阻时,从与问题相距较远的事物中受到启示,从而解决问题的思维方式。在科技创造活动中,旁通思维往往能帮助创造者从濒临绝境中找到一条充满希望之路,获得意想不到的创造成果。

美国工程师杜里埃根据妻子喷洒香水的化妆器的原理,发明了发动机的汽化器;发明家莫尔斯从邮车每到一个驿站就要换马匹受到启发,产生了在电报线路沿途设置放大站,不断放大信号的想法,解决了电报远距离传输的问题。莫尔斯发明的电报,可以用电传输信号,事后有人设想能否用电磁波传输声音,马可尼循此而发明了无线电。此后,人们又设想,能否用无线电传播图像,不久,电视问世,并得到迅速发展。从电报到无线电,从无线电到电视,思维的变化,导致了发明成果的产生。在伦琴发现X射线之前,早已有人遇到某种东西使照相底片感光的情形。有一次,牧师史密斯发现放在克鲁克斯管附近,封在盒子里的照相底片,被某种东西感光。但他没有深究,只是气恼而已。当伦琴遇到同样情况时,他换个角度去思考,这里是否有某种射线在起作用?他不知道这是一种什么射线,于是称之为 X 射线。他深入研究,终于发现了 X 射线,轰动了当时的科学界。X 射线的发现,也使伦琴获得了诺贝尔物理学奖。

旁通思维,实际上是"换个角度想一想"的思维方法。无数创造发明的事例证明,"换一个角度想一想",是进行创造性活动的一种重要的方法和武器。

案例 2-3　　　　　　　18 元 8 角 8 分

在中国甚至是在国际上都非常受到尊敬的人就是周总理了,周总理的一生都奉献给了我们国家的革命事业,他在工作方面勤勤恳恳,得到了全中国乃至全世界的尊重,在他去世的时候联合国降半旗来怀念他。

周总理在任职期间,对我们国家的外交事业做出了非常卓越的贡献。他第一次提出的和平共处五项原则的外交政策到现在还被我们国家甚至其他国家学习和借鉴,可以说他这一理念的提出彻底改变了中国外交事业的局面,也使我们的外交领域越来越明朗和顺利。

但同样大家也知道,那个时候的中国并没有如今的中国这样强大,所以那个时候我们国家的外交也非常的艰难。

在周总理受到外国记者不怀好意的提问和冷嘲热讽的话语时,周总理总是非常镇定淡然地凭借自己的博学及自己的语言功底,回答各路外国记者的无理取闹的提问,甚至每一次都怼得他们哑口无言。例如,有一次,周总理在接见外国记者的时候,有名记者向周总理提问说道:"请问,中国人民银行有多少资金?"周总理听后,马上意识到这名记者来者不善,因为大家都知道中国处于刚刚起步的阶段,自然是没有很多存款的。这样的问题无非就是想让周总理在众多外国记者面前表示中国的贫穷以此来使总理出丑。面对这样的问题,周总理并没有慌张和紧张,只缓缓回答道,中国人民银行的货币资金嘛,一共有 18 元 8 角 8 分。这句话一说完,全场的记者都愣住了,这显然说的不是中国的真实余额,所以对此非常不解,周总理慢慢解释道,中国人民银行发行的人民币面额分别为 10 元、5 元、2 元、1 元、5 角、2 角、1 角、5 分、2 分、1 分的,一共 10 种人民币,所以合计下来为 18 元 8 角 8 分。

资料来源:乐乐侃历史. 18 元 8 角 8 分[EB/OL]. (2021-10-11)[2023-07-27]. https://baijiahao. baidu. com/s?id=17133135952 68124918&wfr=spider&for=pc.

3. 横向思维

横向思维是指接收和利用其他事物的功能、特征和性质的启发而产生新思想的思维方式。横向思维的主要方法包括以下几点:

(1) 将事物立体化:进行多个角度审视,不急于判断它是什么,而是思考它可能是什么。

(2) 从终点返回起点:先设定抵达终点的目标,然后返回,就可以发现从未走过的新路。

(3) 逃离逻辑:从原先思考的事物中脱离出来,不再纠缠于传统的逻辑。

(4) 偶然触发:通过随机诞生的概念和各种事物、词汇来触发新的思路。

(5) 创意提取:从随机诞生的各种概念中发现并提取具有价值的创意点。

(6) 概念交叉:将新诞生的各种新想法新观点与终点目标进行创意交叉。

历史上有这样一则故事:两个妇女被带到所罗门王面前,她们都自称是一个婴儿的母亲。所罗门王下令拟将那个婴儿切成两半,给两个妇女一人一半。所罗门王的本意是要公正处理,将婴儿救下,但这条命令乍听起来显然与此背道而驰。最终的结果是发现了真正的母亲,她宁愿让另一个母亲占有自己的孩子也不愿让他死去。纵向思维是需要步步正确,但横向思维可能绕个弯,甚至可能是逆向而行,却能有效地解决棘手的难题。战国时代齐将田忌与齐王赛马,孙膑所出主意"今以君之下驷与彼之上驷,取君上驷与彼中驷,取君中驷与彼下驷",终使田忌三盘两胜,得金五千。这也是横向思维所生妙想之实例。

训练 2-4

某个城市地铁里的灯泡经常被偷。假设你是接手此事的工程师,在不能改变灯泡的位置,也没有多少预算可使用的情况下,你会提出什么解决方案呢?

案例 2-4　　　　　　　厕纸是何人何时发明的

20世纪初,美国史古脱纸业(Scott Paper)公司买下一大批纸,因运送过程中的疏忽,造成纸面潮湿产生皱褶而无法使用。面对一仓库的无用的纸,大家都不知如何是好,在主管会议中,有人建议将纸退回供应商以减少损失,这个建议获得所有人的附议。该公司负责人亚瑟·史古脱却不这么想,他想到在卷纸上打洞,变成容易撕下成一小张一小张的。史古脱将这种纸命名为"桑尼"卫生纸巾,卖给火车站、饭店、学校等放置于厕所中,这种卫生纸巾因为相当好用而大受欢迎,并慢慢普及到一般家庭中,为公司创下了许多利润。如今,卫生纸给我们生活带来了极大的便利,它已经成为人们生活中不可或缺的物品。

4. 多路思维

解决问题时不是一条路走到黑,而是要从多角度、多方面思考,即多路思维,这是发散思维最一般的形式。

案例 2-5　　　　　　　奥运会商业运作之父

现在,各国都争着承办奥运会,可是,在1978年,只有洛杉矶一座城市申请承办第23届奥运会。因为在当时,奥运会是一个"赔本赚吆喝"的买卖。例如,1976年,加拿大的蒙特利尔市承办第21届奥运会,花费了近35亿美元,亏损达10亿美元。其后,蒙特利尔市的市民一直交纳"奥运特别税"。

1978年,获得奥运会举办权的洛杉矶面临着巨大的挑战,一位名叫尤伯罗斯的美国企业家站了出来,出任洛杉矶奥运会组委会(以下简称奥组委)主席。他上任之初,就遇到了麻烦,没有人愿意租办公室给奥组委,因为担心他们付不起房租。政府既禁止动用公共基金,又不准发行彩票,这两项都是奥运会传统的筹款模式。可以说,当时洛杉矶的奥组委举步维艰。

但是,头脑灵活的尤伯罗斯没有被困难吓倒,经过深思熟虑,他决定使用他所熟悉的种种商业手段来经营奥运会。

首先,他要出售奥运会的电视转播权。他认为,奥运会上参赛的国家越多,竞争就会越激烈,比赛也就越精彩,电视转播就越好看,越能赚钱。为了争取更多的国家参加奥运会,使电视转播权更加值钱,尤伯罗斯做了大量的工作,他耐心地游说各个国家的领导人不要抵制这一届奥运会。尤伯罗斯派出他的两名得力助手分别访问东德和中国。很快,助手从北京打电话告诉尤伯罗斯,说中国已决定参加奥运会,这个消息让尤伯罗斯无比兴奋。接着,尤伯罗斯通过自己的努力让包括罗马尼亚在内的140多个国家和地区参加了比赛。

其次,尤伯罗斯在各大电视机构之间游说,引起他们的竞争,规定在招标期间,有意转播奥运会的电视公司须先支付75万美元作为招标定金。美国五家电视机构交付了定金,这些定金每天能产生100美元的利息,帮助尤伯罗斯渡过了第一道难关。最终,他通过出售这次奥运会的电视转播权获得了3.6亿美元的资金。

最后,尤伯罗斯提高了这次奥运会的赞助门槛,把竞争机制引入了奥运会的赞助营销中。他将正式赞助商的总数严格限制为30个,规定每个行业通过竞标的方式只接受一家赞助商,利用商家争当行业龙头老大的心态,促使这30个行业内部进行激烈的竞争,进而最大限度地提高赞助价位。运用这一策略,尤伯罗斯与可口可乐等公司大打心理战,赢得了超出预计的860万美元的赞助费。在后面的企业招标中,尤伯罗斯依然巧妙运用竞争机制,他甩掉了只愿意出价200万美元的柯达公司,接受日本富士公司700万美元的赞助合同。尤伯罗斯的一系列措施,改变了奥运会赔钱的历史。

同时,尤伯罗斯也没有放过小细节,如奥运会的火炬接力,他以每千米3000美元的价格拍卖美国境内奥运火炬传递路线的所有里程,对参加者只要求两点:第一要身体好,第二要付3000美元。通过这一活动,尤伯罗斯又获得了1100万美元的资金,他用这笔资金在当地建设体育设施,推广体育活动,培养体育人才。此外,尤伯罗斯尽量压缩开支,充分利用已有设施,不盖新的奥林匹克村,大力招募志愿人员为大会义务工作。

凭借着自己卓越的智慧和巧妙的运作方式,尤伯罗斯使洛杉矶奥运会盈利2.25亿美元,成为近代奥运会恢复以来的第一届真正盈利的奥运会,从此,奥运会变成了每个国家都争抢着要举办的体育赛事。人们称尤伯罗斯是奥运会的"商业之父"。1984年,尤伯罗斯获得了国际奥委会颁发的杰出奥运组织奖,表彰他对现代奥运做出的突出贡献。

资料来源:淘历史. 奥运会商业运作之父[EB/OL]. (2019-01-23)[2023-07-30]. https://baijiahao. baidu. com/s?id=1623449042923444761&wfr=spider&for=pc.

5. 组合思维

组合思维是指从某一事物出发,以此为发散点,尽可能多地与另一(或一些)事物联结成具有新价值(或附加价值)的新事物的思维方式。

案例2-6 童涵春堂的升级改造

童涵春堂,是至今有200多年历史的上海国药老字号。它在上海豫园有一家三层楼的大店,装修看着很气派,豫园又是个旅游景点,往来客流量很大。按说这家店的生意应该很好,但实际情况是,人气不高,进店的消费者不多,就算进来了也几乎不买,而且多数游客只在一楼转转就走了。究其原因有三:第一,店铺的门脸、窗户都遮得严严实实,从外面看进去黑乎乎的,不知道里面有什么,没有想要进去的冲动;第二,店里的药品种类很多、很全,但是没有主题和推荐,消费者不知道该买什么;第三,有一些特别贵的药材放在显眼的玻璃柜台里,比如人参、鹿茸、虫草之类,动辄几万甚至几十万,游客肯定也不会买。

针对以上问题,童涵春堂的改造目标是:让消费者"想进店、会上楼、有得买、必拍照"。

第一,想进店。这就要把厚重的门窗改成通透的玻璃,一是让消费者一眼就看到里面各种好玩的元素;二是让消费者看到里面有很多人,大家都在这里逛,肯定有好东西。

第二,会上楼。一说到中药店,马上会联想到的东西可能是装中药材的抽屉柜,那个柜子叫"百眼橱"。童涵春堂把门店的中庭挖空,变成一个十来米高的巨型彩色百眼橱,把整个店铺变成了一个迷宫般的中药文化场景,类似"剧本杀"那种沉浸式空间,吸引游客忍不住想上楼进一步"探秘"。

第三,有得买。游客来了,也上楼了,但没病买什么呢?改造后的门店不卖高大上的人参鹿茸,而是主推针对几类亚健康问题的保健品:睡不着、掉头发、皮肤暗、生理期不适……总有一款适合你。

第四,必拍照。除了网红百眼橱,店铺还设有香囊区,摆着丁香、茉莉、桂花、薄荷等各种中医药香草,有身穿汉服的漂亮小姐姐在手工制作香囊。此外,店铺还保留了一个复古怀旧的老中药柜台,里面有穿着传统服饰的药工,现场演示药材切片。药材"切薄片"是传统药店里最关键的技术之一,片切得整不整齐、漂不漂亮,直接影响生意好坏。负责切片的师傅被尊称为"刀上",他是传统药店里除"管事"以外地位最高的人。从炫酷百眼橱,到汉服小姐姐做香囊,再到"刀上"现场演示切片绝活,你真的能忍住不拍照分享吗?

对照"想进店、会上楼、有的买、必拍照"的12字目标,童涵春堂店进行了全新改装,于2021年大年初一亮相,立马成了豫园景区最热的网红打卡地。

资料来源:得到头条.怎样给店铺"一键美颜"[EB/OL].(2021-07-09)[2023-07-22].得到app《得到头条》第一季第14期.

(五)发散思维的训练方法

发散思维的训练方法包括头脑风暴、观察和发现、挑战常规、思维导图和联想法等。这些方法可以帮助人们放松思维限制,创造更多的想法和解决方案。以下是一些常见的发散思维的训练方法。

1. 头脑风暴

头脑风暴是最常见的发散思维训练方法之一,也是最容易实施的。头脑风暴的基本原理是在一个小组中,大家自由发表观点,不受任何限制,尽可能多地提出想法和建议。这种方法可以帮助人们从多个角度看待问题,挖掘更多的解决方案。

2. 观察和发现

观察和发现适用于需要找到新的想法和创意的场景。观察和发现需要人们通过观察周围的环境,发现不同的元素和关系,以此启发创新想法。这种方法可以提高人们的观察力和创新能力。

3. 挑战常规

挑战常规是训练人们打破常规思维的有效方式。它要求人们从常规思维方式中脱离出来,思考新的、不同的方法,以此打破限制和局限,寻找新的思路和机会。

4. 思维导图

思维导图是一种可视化的方法,能够帮助人们在不同的关键词之间建立联系,梳理思路,挖掘问题的本质。思维导图可以帮助人们更清晰地思考,找到新的想法和解决方案。

5. 联想法

联想法是一种通过联想来找到新想法的方法。它要求人们将不同的元素进行联想,寻找它们之间的关联和联系,从而找到新的解决方案。联想法可以帮助人们打破常规思维,寻找新的思路和机会。

训练 2-5

请问"猫"与"冰箱"有何相似之处?答案越多越好。

训练 2-6

每位同学说出一个关于铅笔的提问。想法越新奇越好。

二、收敛思维

收敛思维(convergent thinking)是指思维向着特定的目标或解决问题的方向进行,其目的是达成特定目标或解决特定问题。相对于发散思维,它更加注重思维的准确性和条理性,需要对问题进行分析、归纳、概括和判断。

收敛思维包括推理、分析、归纳、综合等方法。其中,推理是指根据已有的知识和信息,通过逻辑推理得出结论的过程;分析是指对问题进行剖析、分解和研究,以便更好地了解问题的本质和特点;归纳是指从具体的实例或事实中总结出普遍规律或原则,以此来推断其他类似情况下的结论;综合是指将已知的信息或者结果整合起来,形成一个新的整体。

与发散思维类似,收敛思维也需要进行相应的训练。其训练的方法包括:

(1) 反复练习推理、分析、归纳和综合等思维技能,如通过解决逻辑题、数学题、案例分析等来提高思维能力。

(2) 学习相关的知识和技能,如通过学习科学、哲学、逻辑学等相关学科来提高思维的准确性和条理性。

(3) 多进行模拟实践和实际操作,如通过模拟商业运营、制订计划和制定策略等来锻炼收敛思维。

(4) 多进行交流和讨论,如和他人讨论和辩论一些问题,从不同的角度去思考问题,以此来锻炼思维的准确性和全面性。

三、发散思维和收敛思维的结合

发散思维和收敛思维通常是互相配合的,它们的结合可以帮助我们更加全面、深入地理解和解决问题。

在实际应用中，可以先运用发散思维尽可能地生成各种各样的想法和解决方案，再用收敛思维来筛选、评估和整合这些想法，最终选出最具可行性的解决方案。

例如，在企业创新过程中，可以先通过大量的头脑风暴和创意工具来收集尽可能多的想法，再运用收敛思维来评估和筛选这些想法，找出最有前途的几个方案并进一步深入研究和实践。

这种结合方式可以有效地促进创新和解决问题的能力，帮助人们从不同的角度来思考和理解问题，培养出更加全面和有创造性的思维方式。

第三节　想象思维与联想思维

一、想象思维

（一）想象思维的内涵及形式

想象思维（imaginative thinking）是人脑通过形象化的概括作用对脑内已有的记忆表象进行加工、改造或重组的思维活动。它是一种非常重要的思维方式，通过创造、组合和转换图像、形象和感受，创造出新的概念、观点和理念。这种思维方式强调的是创造性的直觉思维，相对于传统的逻辑思维和分析思维而言，它具有非线性和更加自由的特征。想象思维的核心特点是能够超越现实的束缚，勇敢地追求新颖、奇特的想法，并将其应用于创新和解决问题的过程中。在创新和创造中，想象思维具有至关重要的地位。它为人们提供了一种自由的思考方式，让他们能够跳出传统的思维框架，寻找新的思路和解决方案。通过想象，人们可以探索不同的角度和可能性，发现与现实世界完全不同的创新性解决方案。这种思维方式推动了技术和社会的进步，促进了文化和艺术的繁荣。

想象思维的形式多种多样，包括视觉想象、听觉想象、触觉想象等。视觉想象涉及在脑海中创造或再现图像和场景，听觉想象涉及创造声音和音乐的体验，触觉想象则涉及再现触觉和感官体验。这些想象方式可以用于各种不同的领域，包括文学、艺术、科学、工程和商业。在文学和艺术领域，想象思维是创作的核心，作家和艺术家依靠想象来创造新的世界、人物和情节。科幻小说、奇幻小说和电影就是典型的例子，它们通过想象创造出了充满奇思妙想的故事和场景。在科学和工程领域，想象思维用于推动创新，科学家和工程师通过想象设计新的机器、航空器、医疗设备等，从而提高人类的生活质量。例如，发明家通过想象和创造设计了许多改变世界的发明，如电灯、电话和互联网。在设计和商业领域，想象思维被用来创造新的产品、服务和市场。设计师通过想象创造出具有创新性和吸引力的产品，从而满足消费者的需求。创业家也依靠想象来创造新的商业模式和战略，开拓新的市场领域。

（二）想象思维的特点

想象思维的特点包括形象性、概括性和超越性。

1. 形象性

想象思维不同于纯粹的逻辑思维或符号思维，它不依赖于文字、数字或符号，而是基于我们头脑中的形象和图像。这种图像化的思考方式使得想象思维更为生动和直观，它不仅仅是抽象的思考，更是一种多感官的体验。例如，当我们想象一片沙滩，我们不仅可以看到金黄色的沙子和蔚蓝的海水，还可以听到海浪的声音，感受到微风的触摸和阳光的温暖。这种形象性使得想象思维更容易引发情感和情绪，也更容易被记住和传达。

2. 概括性

想象思维往往不是对现实的单一、局部的模仿，而是对多个信息、经验和知识的综合和概括。通过想象，我们可以将复杂的情境、物体或事件简化为一个形象或图像，从而更好地理解和记忆。这种概括性使得想象思维既具有创造性，又具有实用性。例如，艺术家在创作一幅画时，不会复制现实中的每一个细节，而是根据自己的感受和理解，概括地表现出主题和情感。

3. 超越性

虽然想象源于现实，但它并不受限于现实。想象思维具有超越性，它可以跨越时间、空间和物理规律，创造出与现实不同的，甚至是不可能的形象和场景。这种超越性是人类创新和进步的重要动力。正是因为我们能够想象出与现实不同的世界，我们才有动力去探索、发明和创造。例如，古人想象飞翔，最终促成了航空事业的诞生；科幻作家想象外星文明，推动了宇宙探索的进程。

（三）想象思维的类型

想象思维的类型包括有意想象和无意想象。

1. 有意想象

有意想象是一种有目的、有意识的受主观意志支配的想象。这种想象是为了解决特定的问题、达到某个目的或实现某种愿景而进行的。例如，设计师在设计新的产品时，会有意识地想象产品的外观、功能和用户体验；作家在创作小说时，会有目的地构思情节和角色。有意想象通常需要一定的知识、技能和经验，因为它是基于现实和逻辑的，而不仅仅是空想。此外，有意想象也需要一定的时间和努力，因为它是一个思考和创新的过程，需要反复试验和修正。

2. 无意想象

无意想象是指一种无目的、无计划的不受主观意志支配的想象。这种想象更接近于梦境和幻想，它是自由的、随机的、不受控制的。例如，当我们发呆、放空或即将入睡时，我们的大脑可能会自动产生各种奇怪的、与现实无关的形象和场景。这种想象可能源于我们的记忆、经验、情感或潜意识，但它并不受我们的意识和意志的控制。尽管无意想象往往被认为是无用的、离奇的，但它也是一种对现实的逃避和对自由的追求，可以帮助我们放松、减压和激发创意。

（四）想象思维的作用

众所周知，无论是绘画、音乐、文学还是电影，艺术的创作都离不开想象。想象力为艺术家提供了将内心情感、思想和观点转化为有形艺术作品的能力。想象思维不仅仅是艺术创作的必需品，它在科学研究和技术创新中也发挥着至关重要的作用。具体包括以下几个方面。

1. 打破思维桎梏

想象力使我们跳出常规，打破固有的思维模式。在遇到问题时，想象力提供了一种寻找非传统解决方案的方式。例如，爱因斯坦曾用到想象力去思考光作为粒子和波的双重性质，这种非正统的思考方式帮助其发现了相对论。

2. 提高创新能力

在科学和技术领域中，突破性的发现往往源于独特的想象。当传统方法不能提供答案时，想象力提供了新的视角和方法，从而导致新的发现和创新。

3. 深化对现实的理解

通过想象，我们可以从不同的角度看待问题，理解事物的本质。例如，在哲学中，多种可能性的思考有助于更深入地探索和理解存在的问题。

4. 培养同情心和共情

想象力还使我们有能力设身处地地理解他人的情感和经历。这种"步入他人的鞋子"式的思考有助于建立人与人之间的联系和理解。

（五）想象思维的训练方法

无论是在职业发展、学术研究，还是日常决策中，想象思维都是一种宝贵的财富。它不仅仅是艺术家、作家或设计师的专利，每个人都可以通过特定的方法和训练提高自己的想象力。想象思维使我们能够超越现实，探索无限的可能性，并创造出前所未有的解决方案。

想象思维并不是与生俱来的，它可以被训练。这与我们常听到的"天生的艺术家"或"与生俱来的创造者"相反。事实上，每个人的大脑都有潜在的创造力和想象力，关键在于如何激发和培养它。从孩子无拘无束的幻想到成年后的思考模式，想象力一直在我们身边，但由于教育、环境和日常压力，这种能力可能被忽视或遗忘。为了重新点燃这种潜在的火花，我们需要采取一系列的策略和行动。具体来说，想象思维的训练方法可以概括为以下几个方面。

1. 激发好奇心和探索欲

激发好奇心和探索欲是想象思维的基础。这一品质使人们对周围的世界保持敏感，不断提出问题，寻求答案，并勇于探索未知领域。通过观察、思考、提问、研究和实验，个体可以不断滋养好奇心，从而产生新的想法和见解。保持开放的心态也是关键，它鼓励人们接受新的观点和经验，愿意挑战传统思维方式，从不同角度思考问题。探索未知领域和尝试新的经验，如品尝陌生食物、学习新的技能或追求个人兴趣，都可以刺激探索欲，激发想象力。与充满好奇心和探索精神的人交流，分享发现和经验，也有助于保持这一品质的活跃。最重要的是，不怕失败，将失败视为学习的一部分，能够帮助个体更好地探索和创新。这些方法和策略有助于人们培养和发展好奇心和探索欲，从而更全面地理解世界，推动创新和想象思维的发展。在培养好奇心和探索欲的过程中，人们不断积累知识和经验，这些资源将成为想象思维的燃料，助力创造新的概念和观点。

2. 广泛阅读

阅读，被誉为心灵的食物，是培养想象力的最直接和有效的方法之一。每当我们翻开一本书，我们都被邀请进入一个不同的世界，与书中的人物共同经历他们的冒险和挑战，感受他们的情感和冲突。这种体验让我们的大脑不断地构建和重塑新的景象,从而激活和强化我们的想象力。

在日常生活中,我们常常被自己的经验和观点所局限,看世界也常带着有色眼镜。广泛的阅读能够打破这些局限,为我们提供无数种可能性和视角。无论是远古的历史,异国的文化,还是未来的设想,书籍都为我们打开了探索和想象的大门。因此,为了锻炼想象思维,广泛阅读是一个不可或缺的环节。

3. 冥想与内观

冥想与内观,通常被视为心灵修养和情绪管理的工具,其实也是锻炼想象思维的有效方法。当我们深入探索自己的内心世界时,我们通常会遇到各种想法和图像,这些经验有助于提高我们的想象力和创造性。

冥想鼓励我们将注意力集中于当下,通常是通过专注于呼吸、身体感觉或某个特定的声音或图像。随着时间的推移,我们可能会注意到各种思绪和情感浮现并消失。这不仅让我们学会如何不被分心,而且也为我们提供了一个平台,可以观察和探索这些浮现的图像和想法。通过冥想,我们可以更自由地让想象力流动,从而培养更丰富、更生动的思维和创意。

内观是一种更为主动的观察和探索自己内心世界的方法。它鼓励我们观察自己的思绪、情感和身体感觉,而不试图改变它们。这种自我观察的过程可以帮助我们识别和了解我们的内在动机和创意。例如,我们可能会意识到一个早已被遗忘的梦想或灵感。此外,内观也为我们提供了一个平台,用于探索和尝试各种不同的思维和想象方法。

4. 挑战常规思维方式

在日常生活和工作中,我们往往习惯于走固定的思维模式和路径,遵循既定的规则和流程。这样的思维方式,虽然在很多情况下能够保证效率,但可能会限制我们的创意和想象力。挑战常规思维方式并不意味着要摒弃所有的传统观点或经验,而是鼓励我们在熟悉的框架之外寻找新的观点和方法。

要真正挖掘潜藏在我们心灵深处的想象力,我们需要学会对已知的假设提出质疑、对常规的方法提出挑战。这意味着跳出舒适区,敢于与众不同,甚至敢于冒险。例如,逆向思考让我们尝试从完全相反的方向看待问题,从而可能找到新的解决方案。或者,我们可以尝试将自己放在一个完全不同的文化或背景下,想象如果我们生活在那里,会如何看待和处理同样的问题。这样的练习和实践不仅可以锻炼我们的想象力,还可以帮助我们开发出更多的创新方法和策略。

(六)想象思维的现实锚定

需要注意的是,想象思维允许我们跳出常规,探索无限的可能性,促进创新和创造性的解决方案。然而,当我们过度依赖想象,忽略现实的约束和实际情况时,可能会陷入空想的陷阱,从而导致不切实际的决策和做法。理想中的想象思维应当是与现实相结合的。这意味着,在我们大胆构想、勇敢创新的同时,也要有对现实的敬畏和了解。例如,一位设计师可能会构想出一个极为独特和前卫的设计,但如果这一设计在实际生产、成本或用户需求等方面遇到问题,则它可能只会停留在纸上,而不能转化为有价值的产品。

更重要的是,想象力如果没有与实践经验相结合,可能会导致盲目乐观或过度乐观,从而忽略潜在的风险和挑战。为了确保想象思维能够为我们带来实际的价值,我们需要培养批判性思维,学会从多个角度评估问题,并在创意过程中不断与现实对话。这样,我们既能保持创造力和开放性,又能确保我们的思考和决策是基于真实世界的情境和需求的。

☀ 训练 2-7

命题联故事:一人打头,每人加一段。要求:情节丰富多彩、稀奇古怪、荒诞不经或充满异国情调。

以下面句子打头:"地球上只剩下最后一个人,他坐在书桌前看书,突然响起了敲门声……"

二、联想思维

当你看到一朵花时,你会想到什么?是春天的气息,还是一首诗歌?或许是某个人或某个特定的回忆?这就是联想思维,一种常用来联系不同信息、情感和记忆的方式。

(一)联想思维的定义

联想思维(associative thinking)是指在人脑内记忆表象系统中由于某种诱因使不同表象发生联系的一种思维活动。它是一种将不同的事物或概念联系在一起的思考方式,它可以帮助人们更好地理解和记忆信息,发现新的思路和解决问题的方法。联想思维的核心是将不同的事物或概念联系在一起,形成新的思维模式和解决问题的方法。例如,我们可以将一个问题和类似的问题联系起来,寻找解决问题的方法;我们也可以将一个概念和另一个概念联系起来,形成新的理解和认识。

(二)联想思维的作用

在实际生活和工作中,联想思维可以发挥重要的作用。它可以帮助我们发现不同领域之间的联系,从而创造出新的想法和发明;可以让艺术家将不同的元素和概念联系起来,形成新的艺术作品;可以让我们将信息与已知的事物或概念联系起来,帮助我们更好地学习和记忆;可以帮助我们用不同的角度和思考方式来看待问题,从而更好地沟通和表达;可以帮助我们从不同的角度和思考方式来看待问题,发现新的解决方法和思路。

(三)联想思维的训练方法

联想思维的培养与强化是一个持续、系统的过程,需要在实践中不断加强。以下是一些常用的训练方法。

1. 多读书、多学习

广泛阅读书籍和学习多种学科知识,可以拓宽你的知识面和视野,帮助你建立更多的联系和联想。

2. 艺术创作

绘画、音乐、写作等艺术创作可以训练你的联想能力,让你通过创意表达和发现新的元素之间的联系。

3. 多思考

停下来思考一下你正在做的事情或面临的问题,多想一些不同的解决方法或切换思考角度,这样可以训练你的大脑创造更多的联想。

4. 词语关联游戏

通过快速地在不同的词语之间建立联系,可以锻炼大脑的迅速联想能力。它还可以帮助你发现不同概念之间意想不到的联系,这些联系在正常情况下可能被忽视。

5. 练习记忆法

记忆法可以帮助你将信息和概念联系起来,如联想记忆法、故事记忆法等,这些方法可以帮助你训练和提高联想能力。

6. 尝试新的体验

多尝试一些新的体验和事物,如旅游、尝试新食物等,这些经历可以给你带来新的感受和体验,从而刺激你的大脑,让你产生更多的联想。

采用上述方法不断练习和锻炼,可以帮助我们更好地发挥联想思维的优势,从而提高自己的创造力和解决问题的能力。

训练 2-8

请大家根据给出的第一个词在纸上快速写出联想到的词汇。

训练 2-9

在两个没有关联的信息间进行各种联想,将它们连接起来。

例如,粉笔-原子弹:粉笔-教师-科学知识-科学家-原子弹。

1. 足球-讲台
2. 月亮-咖啡机
3. 蜜蜂-火车
4. 书籍-冰淇淋

第四节 直觉思维、灵感思维与幻想思维

一、直觉思维

(一) 直觉思维的定义

直觉思维(intuitive thinking)是指人类脑部在不需要经过深思熟虑的情况下,即可做出反应和决策的能力,即依靠个人经验、知识和感觉做出即时决策。它与经过深思熟虑的决策不同,后者需要人们有意识地进行逻辑推理和分析。直觉思维通常是一种自然而然的反应,可能是基于感觉、情感或内在知识的。

(二) 直觉思维的特点

直觉思维的特点包括迅速性、自发性和非逻辑性。

1. 迅速性

直觉思维的一个显著特点是迅速性。当面对一个问题或决策时,直觉思维允许我们几乎立刻产生答案或反应,而不需要经过深入的、逐步的分析或推理。例如,当我们看到一个

熟悉的面孔时,我们几乎可以立即认出这个人,而不需要经过深思熟虑。在许多情境下,特别是在需要快速响应的紧急情况中,迅速性可以帮助我们节省宝贵的时间,提高我们的效率和生产力,允许我们完成更多的任务或达到更多的目标。

2. 自发性

自发性是指事物或行为在没有外部引导或刺激的情况下自然地产生或发生的特性。直觉思维的一个核心特征就是自发性。当遭遇某些情境或问题时,我们的脑海中往往自然而然地浮现出答案或感觉,而这并不需要我们有意识地思考或努力寻找答案。这种感觉就像某个灵感突然击中,而我们往往不能明确地解释为何会有这样的想法。由于不需要外部刺激或深度的分析,自发性使我们能够迅速地对信息或情境做出反应。

3. 非逻辑性

非逻辑性是指一种思考或决策方式,它不遵循传统的逻辑规则或推理过程,而是可能基于情感、直觉、经验或其他非逻辑因素。直觉思维往往与非逻辑性相伴随。面对某个问题或决策,我们可能会有一个感觉或想法,即使这些感觉在逻辑上看似没有明确的基础或理由。例如,某人可能对某个决策有"不好的预感",尽管在逻辑分析中没有明显的风险因素。非逻辑性的思考有时能够跨越常规逻辑的局限,发现新的解决方案或观点。

(三)直觉思维的作用

直觉思维是人类思考方式中的一种,它可以帮助我们快速准确地做出判断、做出决策、识别模式、探索创意和与他人建立联系。直觉思维在人类日常生活中发挥着重要作用,具体包括以下几个方面。

1. 做出准确的判断

在日常生活中,我们面临着各种各样的情况和信息,很多时候需要我们快速做出判断。直觉思维可以帮助我们快速准确地做出判断,特别是在信息量较大、复杂性较高的情况下,我们可以通过借助直觉来寻找相关的模式和关系,从而快速识别出信息中的重要部分。这对我们在日常生活中做出决策、评估风险等方面都有很大的帮助。

2. 处理和控制情绪

直觉思维可以帮助我们更好地处理和控制自己的情绪。通过学习如何倾听和理解我们自己的直觉,我们可以更好地理解和认识自己的情感和感受,从而更好地掌控自己的情绪。这对我们在应对压力、缓解焦虑等方面都有很大的帮助。

3. 做出决策

在某些情况下,直觉思维可以帮助我们做出更好的决策。当我们面对决策时,我们可以在经过适当的思考之后,借助直觉来做出更加精准的判断。例如,在面对复杂问题时,我们可以尝试通过冥想或放松来使自己更加敏锐地捕捉直觉。

4. 创造创意

直觉思维是创造性思维的重要组成部分。通过使用直觉思维,我们可以发现并探索新的思想和想法,从而帮助我们创造更有创意和创新的作品。在很多行业和领域,如设计、艺术、科学等,直觉思维都是非常重要的。

5. 与他人沟通

直觉思维可以帮助我们更好地与他人沟通。通过借助我们的直觉来理解他人的情感和感受,我们可以更好地与他人建立联系,从而更加深入地理解他们的需求和要求。这对我们在团队合作、人际交往等方面都有很大的作用。

6. 快速解决问题

直觉思维可以帮助我们快速解决问题。当我们面临一个问题时,直觉思维可以帮助我们迅速捕捉到问题的本质,找到最有效的解决方案。

7. 发现隐藏的模式

直觉思维可以帮助我们发现隐藏的模式。有时候,我们无法看到一些复杂信息中的规律和内在关系。但是通过借助直觉,我们可以发现并识别信息中的隐藏模式和相关性,从而更好地理解信息和找到相关的解决方案。

(四)直觉思维的训练方法

我们应该学会如何发掘和使用自己的直觉思维,从而更好地应对各种情况和挑战。以下概括了七种直觉思维的训练方法。

1. 倾听内在的感受

训练直觉思维的第一步是学会倾听自己的感受。当我们面对某些事情时,我们应该尝试感受自己的内心反应,理解自己的情感和感受。这可以通过冥想、放松和专注来实现。通过学习如何倾听和理解自己的直觉,我们可以更好地掌握和运用直觉思维。

2. 尝试新的体验

通过尝试新的体验和活动,我们可以帮助自己更好地训练直觉思维。这包括尝试新的餐厅、旅行、学习新的技能、绘画等活动。这些活动可以帮助我们学习如何理解和感受新的事物,从而更好地发展自己的直觉思维。

3. 良好的健康习惯

良好的健康习惯也可以帮助我们更好地训练直觉思维。这包括足够的睡眠、健康的饮食和适当的运动。这些习惯可以帮助我们保持身心健康,从而更好地发挥自己的直觉思维能力。

4. 练习观察和反思

观察和反思是训练直觉思维的重要方法。我们应该尝试观察周围的事物,理解他们的规律和关系。通过对观察的事物进行反思和总结,我们可以更好地发现隐藏的模式和规律,从而更好地发展自己的直觉思维能力。

5. 培养好奇心和探索精神

培养好奇心和探索精神也是训练直觉思维的重要方法。我们应该尝试探索和了解新的事物和领域,如阅读新书籍、学习新的技能、尝试新的活动等。这些活动可以帮助我们学习如何观察和理解事物,从而更好地发展自己的直觉思维能力。

6. 学会从错误中学习

在发展直觉思维的过程中,我们可能会犯错或者做出错误的决策。然而,这些错误也是我们学习的机会。我们应该学会从错误中学习,并且在未来的决策中思考这些教训。通过这种方式,我们可以不断提高自己的直觉思维能力。

7. 学会冷静思考

当我们遇到一些紧急或者紧张的情况时,我们的直觉思维往往会受到影响。因此,学会冷静思考也是发展直觉思维的重要方法。我们应该学会如何控制情绪,并且在冷静的状态下做出决策。这样可以帮助我们更好地运用直觉思维。

需要注意的是,虽然直觉思维有许多优点,但它也有其局限性。直觉思维往往是基于我们的经验和知识,它可能会受到我们对特定问题或情境的过度强调,从而导致我们做出不准确或不完整的判断。在某些情况下,直觉思维可能会被一些认知偏见和情感因素所影响,从而导致我们做出错误的决策。

训练 2-10

答"是"记 1 分,答"否"记 0 分,累计所得分数。

(1) 在猜谜语游戏中你是否成绩不错?
(2) 你是否喜欢和别人打赌,赌运是否很好?
(3) 你是否一看见一栋房子便感到合适与舒适?
(4) 你是否常感到你一见某个人,便感到十分了解他(她)?
(5) 你是否经常一拿起电话便知道对方是谁?
(6) 你是否常听到某些"启示"的声音,告诉你应该做些什么?
(7) 你是否相信命运?
(8) 你是否经常在别人说话之前,便知道其内容?
(9) 你是否做过噩梦,而其结果又变成事实?
(10) 你是否经常在拆信之前,便已知道其内容?
(11) 你是否经常为其他人接着说完话?
(12) 你是否常有这种经历:有段时间未能听到某一个人的消息了,正当你在思念之时,又忽然收到他(她)的信件、明信片或接到他(她)的电话?
(13) 你是否无缘无故地不信任别人?
(14) 你是否为自己对别人第一面印象的准确而感到骄傲?
(15) 你是否常有似曾相识的经历?
(16) 你是否经常在登机之前,因害怕该航班出事,而临时改变旅行计划?
(17) 你是否在半夜里因担心亲友的健康或安全而忽然惊醒?
(18) 你是否无缘无故地讨厌某些人?
(19) 你是否一见某件衣服,就感到非得到它不可?
(20) 你是否相信"一见钟情"?

按如下标准进行评价:

10~20 分,有很强的直觉能力。有着惊人的判断力,当你将它用于创造时一定会取得巨大成功。

1~9 分,你有一定的直觉能力。但常常不善于运用它,有时让它自生自灭,你应该加强对它的培养,让它成为你事业的好帮手。

0 分,你一点也没有发展自己的直觉能力。你应该试着按直觉办事,就会发现直觉

二、灵感思维

(一) 灵感思维的含义

灵感思维(inspiration thinking)即长期思考的问题,受到某些事物的启发,忽然得到解决的心理过程。灵感是人脑的机能,是人对客观现实的反映。它通过创造性的技巧和方法,激发人们的创造性思维,产生新的想法和创意的一种思维模式。它是一种与日常思维不同的思考方式,可以用来产生新的解决方案,推动创新和发展。灵感思维是创造力的核心。创造力是指创造新的思想、概念和方法的能力,而灵感思维则是产生这些新的想法和概念的过程。灵感思维是创造力的基础,是创造性思维的关键环节。

(二) 灵感思维的特征

灵感思维具有以下几点特征。

1. 突然性

突然性是灵感思维最显著的特征之一。当我们在解决问题或思考某个议题时,灵感往往出乎意料地出现,为我们带来一个意想不到的观点或答案。这种特点使灵感与日常的连续性思考形成鲜明对比。在许多情况下,人们可能在长时间的思考后陷入僵局或困境,而灵感的突然涌现可能会瞬间打破这种困境,带来新的方向或解决方案。

2. 瞬时性

瞬时性意味着灵感思维常常是短暂而迅速的。与长时间的深入思考不同,灵感往往在短时间内迅速涌现。这种瞬时性可能只是一个快速的思维闪现,但其影响和深度可能远远超出其持续时间。这也是为什么许多创意人士都随身携带笔记本,以确保可以迅速记录下那些瞬间的灵感。

3. 情感强烈性

当人们拥有灵感时,他们往往伴随着强烈的情感反应。这种情感可能是兴奋、惊喜、满足感或其他形式的情感高涨。这种情感强烈性是由于灵感通常带来了一个全新、突破性的观点或解决方案,使人们感到兴奋和满足。同时,这种情感上的高涨也会进一步加强人们对这个灵感的信念和决心,使他们更有动力将其付诸实践。

4. 独创性

独创性意味着灵感思维为我们带来了原创、独特的观点或方法。这种独创性不仅使得灵感本身具有价值,还确保其在特定领域或情境中的独特地位。独创性可能来源于对旧有信息的新颖组合,或对现有问题的全新视角和解决方法。这使得灵感成为推动创新、解决问题和探索未知的关键因素。

(三) 灵感思维的作用

灵感思维对于社会和个人的发展都具有非常重要的作用。

1. 社会发展

灵感思维在社会发展中扮演着重要的角色。在不同领域,包括科技、艺术、商业等,灵感思维都能够推动创新和发展。在科技领域,灵感思维可以帮助人们发现新的技术和发明,推进科技的发展,进而带动社会的进步和发展。例如,爱迪生发现电流的时候,就是通过灵感思维找到创新的方法。在艺术领域,灵感思维可以激发艺术家的创造力,使得艺术作品更加有价值和吸引力。例如,莫扎特在作曲的时候,就是通过灵感思维来找到优美的旋律。在商业领域,灵感思维可以帮助企业家发现新的商业机会,开拓新的市场,推进商业的发展。例如,乔布斯在创办苹果公司的时候,就是通过灵感思维发现了智能手机这个全新的市场。

2. 个人发展

灵感思维对于个人的发展也具有非常重要的意义,它可以激发个人的自我认知和发展,培养人们的创造性思维和解决问题的能力,提高个人的竞争力。在学习和工作中,灵感思维可以帮助个人发现新的解决问题的方法和途径,培养个人的创造力和独立思考能力。例如,在解决复杂的问题时,灵感思维可以帮助个人想出新的解决方案,从而更好地完成工作或学习任务。在个人发展中,灵感思维也可以帮助人们发现自己的潜力和兴趣,并在这些方面进一步发展。例如,一位具有灵感思维的音乐家可以创作出新的音乐作品,并在音乐领域取得更大的成就。

(四)灵感思维的训练方法

灵感思维的训练方法包括灵感的捕获和灵感的诱发。

1. 灵感的捕获

(1)长期的思想活动准备。要捕捉灵感,先需要在大脑中形成一个充足的思考基础。这就像耕作土地一样,必须先把土壤翻松,施足肥料,然后灌溉,为播种创造条件。长时间的思考,深入地挖掘和探索某一领域,都是为将来那突如其来的灵感做好准备。

(2)兴趣和知识的准备。兴趣是最好的老师。真正的兴趣可以驱动人们投入时间和精力,去积累知识、技能和经验。只有当一个人对某一领域有了深厚的兴趣和足够的知识储备,他才更可能在这个领域产生灵感。

(3)智力的准备。智力并不只是与生俱来的才智,还包括通过持续学习和实践所培养的能力。这意味着不断挑战自己、解决问题和适应新环境。高水平的思维训练和各种智力挑战都可以帮助大脑保持活跃,从而更容易捕捉到灵感。

(4)乐观镇静的情绪。一个积极、乐观的心态有助于大脑释放正向能量,而这种能量可以激发创造性思维。相反,负面情绪如焦虑、压力和恐惧可能会限制思维的宽度和深度。保持心态的平和,给大脑创造一个安宁的环境,更有可能捕获那意想不到的灵感。

(5)注意摆脱习惯性思维的束缚。人们往往容易陷入固定的思维模式,而这些习惯性的思考方式可能会限制我们的创意。为了更好地捕获灵感,我们需要学会跳出自己的思维舒适区,尝试新的视角,重新组织和连接信息。

(6)珍惜最佳时机和环境。灵感可能在任何时候、任何地方涌现,但为自己创造一个有利于思考的环境会大大增加灵感出现的机会。这可以是一个安静的书房、一个宁静的公园,或者任何可以让人放松、集中思考的地方。同时,有些人在清晨思维最为敏捷,有些人则在深夜;了解并利用自己的高效时间段,可以更容易捕获灵感。

(7)要有及时抓住灵感的精神准备和及时记录下灵感的物质准备。灵感是瞬时的,它可能很快就消失。因此,一旦灵感出现,就应该立即记录下来,随身携带的笔记本、手机的备忘录功能都是非常有用的工具。此外,培养一个随时准备捕获灵感的习惯,也是十分重要的。

2. 灵感的诱发

1）外部机遇诱发

外部环境和遭遇是诱发灵感的重要来源。当我们与外部世界互动时，很多意想不到的因素可能触发我们的思维，引发深入的思考或全新的创意。

（1）思想点化。通过与他人的交流和讨论，获得某些触动，从而激发自己的灵感。当我们听到他人的看法、故事或经验，可能会与自己的知识体系产生碰撞，从而诱发新的思考角度或创意火花。因此，广泛地阅读和与他人交流是很重要的。

（2）原型启发。观察、研究某些成功或失败的案例，从中提取经验和教训，然后将这些知识应用于自己的工作中，从而得到灵感。例如，一位设计师可能会从历史上的经典设计中获取灵感，或者从自然界中找到某些形态或功能的启示。

（3）形象发现。从日常生活中的物品、景观、事物中发现和提炼出有意义的形象或概念。例如，艺术家可能会从风景中获取创作的灵感，而发明家可能会从日常用品中得到新产品的构想。一个简单的形象或观察到的某个细节可能触发一连串的创意思维。

（4）情景激发。通过置身于特定的环境或场景中，体验和感受那个环境，从而产生与之相关的灵感。例如，一位作家可能会通过实地考察某个地点，来为其故事设定提供背景。音乐家可能会在特定的情境中得到音乐创作的灵感。情景的变化和体验往往能够激发出深藏的思维和情感。

2）内部积淀意识引发

我们的内心世界、经验和思考对于灵感的产生也起到了不可忽视的作用。内部的感受、思维和意识状态都可以成为灵感的来源。

（1）无意遐想。无意遐想通常发生在我们的大脑进入一种半放松的状态，比如散步、淋浴或临睡前的那一刻。这种状态下，大脑不再专注于具体的任务，而是自由流淌，使得原本不相关或看似不重要的思维突然闪现，产生全新的灵感或洞察。遐想给我们的思维提供了一个自由的空间，让思绪可以无拘无束地流动。

（2）潜意识。潜意识是我们大脑中那部分不容易觉察到的，却存储了大量信息和经验的区域。在我们的日常生活中，很多决策和行为其实都是由潜意识指导的。当我们遇到一个问题而长时间找不到答案时，潜意识可能会在我们不经意的瞬间为我们提供答案。例如，许多艺术家、科学家或作家在梦中获得了他们的灵感或解决方案。这是因为他们的潜意识在背后不断地加工和整理信息，直到找到一个合适的答案。

三、幻想思维

（一）幻想思维的定义

幻想思维（fantastic thinking）是指与人们的某种愿望相结合并指向未来的一种思维想象，它是创造主体在思维活动中根据与自己的主观愿望和心理情绪，对未来和情感所进行的一种创造性思维。往往不受现实的局限，它可以自由地遨游在宇宙的每一个角落，跨越时间和空间。这种思维模式给予人们无尽的创造力，启发我们构建那些在实际生活中很难或不能实现的情境、场景和物体。

（二）幻想思维的特点

幻想思维有以下三个特点：

（1）超越现实。幻想思维将想象和现实结合起来，创造出新的想法和可能性。

（2）非逻辑性。幻想思维不受逻辑和客观限制，可以通过随意联想、夸张、夸大等方式来发挥想象力，从而产生新的思维模式。

（3）非常规性。幻想思维常常打破常规思维的限制，从而创造出独特的想法和观点。

（三）幻想思维的作用

幻想思维是一种重要的创新思维方式，它能够帮助人们突破传统思维模式，创造出新的想法和创意，为社会和个人发展带来巨大的作用。

1. 推动科技创新

幻想思维可以帮助科学家和工程师们在研究和开发新技术时突破传统思维模式，产生更多的新想法和创新。例如，苹果公司的创始人史蒂夫·乔布斯就是一位具有幻想思维的人，他在设计和推出 iPod、iPhone 等划时代的产品时，运用了许多新颖的想法和创意，成为全球科技产业的领袖。

2. 促进文学艺术发展

幻想思维在文学和艺术创作中有着重要的作用，它可以帮助艺术家们创造出各种独特的艺术形式和表现方式，为人类文化的发展做出贡献。例如，毕加索就是一位具有幻想思维的人，他在绘画中突破了传统的绘画方式，运用了大量的抽象和立体的表现手法，开创了现代艺术的新局面。

3. 促进企业发展

幻想思维可以帮助企业家们制定出创新的商业策略和经营模式，创造出更多的商业价值。例如，亚马逊公司的创始人杰夫·贝佐斯就是一位具有幻想思维的人，他在设计和推出亚马逊的电子商务平台时，运用了大量的创新思维，不断地突破和创新，使得亚马逊成为全球最大的在线零售商之一。

4. 增强个人创造力

幻想思维可以帮助每个人在个人生活和工作中，发挥出自己的创造力和想象力，实现自我价值的提升。例如，奥普拉·温弗里是一位具有幻想思维的人，她在自己的事业和生活中，始终保持着对未来的幻想和期望，通过不断的努力和实践，成为美国著名的电视主持人、企业家和慈善家。

5. 帮助解决现实问题

幻想思维可以帮助人们在解决现实问题时，想出更多创新的解决方案。例如，亚历山大·贝尔发明电话的灵感来源于梦中的想象；埃尔默·史塔尔开发的洛杉矶城市公共交通系统，也是基于幻想思维的创新想法。在现代社会中，幻想思维在解决复杂的问题和寻求新的解决方案中，也发挥着重要作用。

幻想思维作为一种创新思维方式，对社会和个人的发展具有非常重要的作用。通过培养和运用幻想思维，可以帮助人们突破传统思维模式，产生更多的新想法和创意，为各行各业的发展带来新的机遇和挑战。

（四）幻想思维的训练方法

培养幻想思维需要多样化的方法和技巧，需要不断地锻炼和实践。通过多方面的学习、游戏、观察和探险，可以激发自己的幻想思维，从而在生活和工作中获得更多的灵感和创新。

以下介绍五种训练幻想思维的方法。

1. 自由写作

自由写作是一种通过自由写作和记录想法来训练幻想思维的方法。这可以选择一个主题，然后围绕它不停地写下自己脑海中的任何想法和幻想。不要担心写出的想法是否有用或者可行，只需尽情地想象和创造。这种练习可以帮助拓展思维的边界，激发幻想力和创造力。

2. 观察周围的环境和事物

观察周围的环境和事物，是通过想象和幻想来重新解释和创造新的场景和事物。例如，在公园里看到一棵树，可以想象它长出了奇怪的果实，或者树下有一只魔法生物。这种方法可以激发想象力和创造力，并且可以从日常生活中获得灵感。

3. 多元化学习

从不同的角度和学科学习，可以拓展思维的边界，激发幻想力和创造力。通过学习艺术、文学、科学、历史等不同学科，可以了解不同领域的创新和发展，从而激发自己的幻想思维。

4. 创造力游戏

创造力游戏可以帮助训练幻想思维。例如，想象自己是一位冒险家，在一座神秘的岛屿上寻宝。这可以通过角色扮演、画图、拼图等游戏方式，激发自己的想象力和创造力。

5. 旅行和探险

旅行和探险可以带来新的体验和视角，从而激发幻想思维。这可以去探索未知的地方，尝试新的事物，体验不同的文化和风土人情，从中获得灵感和想象力。例如，J.K. 罗琳在旅行途中想到了哈利·波特的故事情节，从而创造出这一经典的系列小说。

💡 案例与解析

一、案例材料

视频 2-1
Why Fantasy Matters

阿托搬家中心

寺田千代乃是两个孩子的母亲，原是一个只有 10 来名职工的夫妻运输公司的总务管，她自己也经常开车送货，并常常把孩子放在驾驶室里，凡是当母亲的在工作很忙时都会这样做。1973 年，世界性的石油危机爆发，运输行业日渐衰落，千代乃也不得不时刻考虑自己小公司的前途。有一次送货途中下起雨来，她看到一辆搬迁公司的车在冒雨行驶，车上的家具物件都被雨淋湿了。何其常见的场面，不怪天不怪地，就怪主人没选好搬家的黄道吉日。千代乃却不这么想，在这场雨中，她决定了要创新搬迁服务。她要摆脱以往搬家公司那种传统的、简单的业务范围，将"为用户提供以家为中心的综合性服务"作为辐射源，向"服务一切有关搬家的事务"转变。

名正则言顺，言顺则事成，她先想到要给她的搬家公司取一个好名字。所谓名字好，是便于顾客在电话簿上查找，而不一定是"好运""发财"之类的俗套。日本的电话号码按行业分类排列，在同一行业中，又以企业日语名称的第一个片假名字母的顺序排列。片假名的第一个字母是"ア"（读"阿"），于是她把自己的公司命名为"阿托搬家中心"（又译为"阿特乔迁服务中心"）。这样，她的公司便在同行业电话簿中轻松地居于首位。为了便于顾客记忆，她还从电话局的空白号码中选用了一个让人无须记忆就能过目不忘的号码"0123"。"首因效应"（第一印象效应）让这家公司轻松登顶。

　　常理中，作为一家搬家公司，能把桌椅板凳、锅碗瓢盆运到就行。规范的服务用语、合理的服务计费，只要有热忱、有良心，都不难做到。但几乎没人想过，搬迁服务中最需要的是和搬迁户心贴心，包括理解搬迁户对旧居的情感和对新居的期望，最需要的是帮助搬迁户把搬迁留作一段人生故事，因为人生每次搬迁都有复杂的情感。连搬迁户也不敢"奢想"的事，阿托想到了，千代乃的发散思维就体现在这里，阿托搬家中心成为最理解搬迁户的朋友和帮手。

　　第一，阿托搬家中心在搬家前几天就派人员上门跟户主充分沟通，了解有何特殊需求并研究商定新居的摆放方。阿托搬家中心还能帮助完成新居的室内设计和专项装修、室外环境的清扫和消毒等工作。

　　第二，搬家那天，阿托搬家中心提供纸箱、海绵、胶带等一切包装，完全对应这户人家的物品特点，甚至碗碟、鞋子等杂物，也各有专门盒子。打包前，搬迁工人还负责把所有要搬动的物品认真擦拭一遍，物品搬入新居时，所有工人都换上了新鞋新袜，目的都是不让最细小的尘灰带入新居。这些事情，阿托搬家中心都有作业技术标准，即便是钢琴、巨型鱼缸、古典灯具，都有打包和搬移的规范，确保无损。主人家的一切物件，对于阿托搬家中心来说，没有一件不是易碎的艺术品，没有一件不是心疼的珍爱物。

　　第三，阿托搬家中心设计制造了一款长12米、高3.8米的新型搬家专用车，车身前半部分的上层是一个可容纳6个人的客厅，里面可装载沙发、婴儿摇篮，还有电视机、组合立体音响设备、冰箱、电子游戏机等。车的后半部分是装运家具、行李的防雨车厢。车的载重量为7吨，一般家庭的器物都能够一次全部运完。千代乃还设计了与这种汽车配套的集装箱和吊车，如此，既保证了财物的安全可靠，又照顾到客户不愿被外人看见财物底细的"隐私"心理。这辆车有一个神秘诱人而又美妙动听的名字——"21世纪的梦"。"21世纪的梦"把令人劳累且头痛的搬家变成了令人轻松愉快、奔向新生活的旅行。

　　第四，阿托搬家中心业务还延伸到处理和丢弃废旧物品（在日本，丢弃垃圾有许多严格法条），以及迁移户籍、变更电话、接通网络、改变报刊投递、更改水电和燃气供应、中小学生转学等一大堆烦琐事情的代理服务，为新居主人省去大量生疏而又必须完成的手续。

　　第五，搬家的噪声和占道难免会给左邻右舍带来一些打扰和不便，为表示歉意和谢意，公司还负责给邻居送一些糕点或面条之类的小礼物。围绕"搬家"这一中心事务朝四面八方考虑，阿托搬家中心确定下来的有关搬家的服务项目竟多达300余项。难怪有人惊呼这种搬迁服务是"难以置信"的"逆天存在"。

　　1977年6月，正式成立的阿托搬家中心很快由一个地区性的小型企业，发展成为在全国拥有几十家分公司的中型企业。它先进卓越的搬家技术专利，还远销到了东南亚地区和美国。

资料来源:范太华.创新思维与创新方法[M].长沙:中南大学出版社,2018.

二、案例解析

美国科学家贝尔曾说,有时需要离开常走的大道,潜入森林,你就肯定会发现前所未见的东西。正如案例中的女企业家寺田千代乃,她经营的"阿托搬家中心"的创新实践,为我们提供了一个出色的发散思维的成功案例。

如果我们把拓展思维的趋势或思路形象地比喻成一束光、一匹马,那么就有了路和方向的形象。在看到搬迁公司车上被雨淋湿的家具物件时,千代乃不认为这是一种"常见的场面",而是调整了思考方式,开拓新的思路——"创新搬迁服务"。从她身上,我们看到了思维的多种可能性,更窥见了以发散思维引导的决策存在的更大惊喜。

阿托搬家中心的成就并非偶然。背后的推动力量是千代乃对思维的多维运用,结合了逻辑、发散、收敛、想象和联想等多种思维模式。

第一,从逻辑思维的角度,千代乃发现了搬家行业存在的问题,并寻求相应的解决方案。例如,当遇到下雨天搬家物品被淋湿的问题时,她看到了一个市场空白,决定进行创新。这是基于对事物因果关系的理解和利用的结果。

第二,通过发散思维,她扩展了搬家服务的边界。传统上,搬家只是简单的物品迁移。但在千代乃的眼中,搬家不仅仅是物品的迁移,还是与客户的情感、对新家的期望等的深度连接。这种扩展和深化的服务理念是基于发散思维的产物。

第三,在确立了新的服务理念后,千代乃又运用了收敛思维,将各种想法集中到一个核心概念——家。无论是物品的包装、户籍迁移,还是与邻居的关系维护,每一项服务都围绕"家"这一核心进行设计和提供。

第四,她设计的"21世纪的梦"搬家车正是想象思维的体现。这款车不仅满足了物品搬运的基本需求,还从客户的情感出发,为其提供了一个舒适的搬家体验。这种超越现实,对可能性的创新思考,正是想象力的重要体现。

第五,联想思维在阿托搬家中心的服务中也有所体现。例如,为了减少搬家给邻居带来的不便,公司会主动给邻居送礼,这种对于搬家过程中可能产生的社交问题的关注和解决,便是通过联想而来。

延伸阅读 2-1
为了更有创造力的大脑,请遵循这五个步骤

延伸阅读

For A More Creative Brain Follow These 5 Steps

written by James Clear on September 22, 2016

Nearly all great ideas follow a similar creative process and this article explains how this process works. Understanding this is important because creative thinking is one of the most useful skills you can possess. Nearly every problem you face in work and in life can benefit from innovative solutions, lateral thinking, and creative ideas.

Anyone can learn to be creative by using the following five steps. That is not to say being creative is easy. Uncovering your creative genius requires courage and tons of practice. However, this five-step approach should help demystify the creative process and illuminate the path to more innovative thinking.

To explain how this process works, let me tell you a short story.

A Problem in Need of A Creative Solution

In the 1870s, newspapers and printers faced a very specific and very costly problem. Photography was a new and exciting medium at the time. Readers wanted to see more pictures, but nobody could figure out how to print images quickly and cheaply.

For example, if a newspaper wanted to print an image in the 1870s, they had to commission an engraver to etch a copy of the photograph onto a steel plate by hand. These plates were used to press the image onto the page, but they often broke after just a few uses. This process of photoengraving, you can imagine, was remarkably time-consuming and expensive.

The man who invented a solution to this problem was named Frederic Eugene Ives. He went on to become a trailblazer in the field of photography and held over 70 patents by the end of his career. His story of creativity and innovation, which I will share now, is a useful case study for understanding the 5 key steps of the creative process.

A Flash of Insight

Ives got his start as a printer's apprentice in Ithaca, New York. After 2 years of learning the ins and outs of the printing process, he began managing the photographic laboratory nearby Cornell University. He spent the rest of the decade experimenting with new photography techniques and learning about cameras, printers, and optics.

In 1881, Ives had a flash of insight regarding a better printing technique.

"While operating my photostereotype process in Ithaca, I studied the problem of halftone process", Ives said, "I went to bed one night in a state of brain fog over the problem, and the instant I woke in the morning saw before me, apparently projected on the ceiling, the completely worked out process and equipment in operation".

Ives quickly translated his vision into reality and patented his printing approach in 1881. He spent the remainder of the decade improving upon it. By 1885, he had developed a simplified process that delivered even better results. The Ives Process, as it came to be known, reduced the cost of printing images by 15x and remained the standard printing technique for the next 80 years.

Alright, now let's discuss what lessons we can learn from Ives about the creative process.

The 5 Stages of The Creative Process

In 1940, an advertising executive named James Webb Young published a short guide titled, A Technique for Producing Ideas. In this guide, he made a simple, but profound statement about generating creative ideas.

According to Young, innovative ideas happen when you develop new combinations of old elements. In other words, creative thinking is not about generating something new from a blank slate, but rather about taking what is already present and combining those bits and pieces in a way that has not been done previously.

Most importantly, the ability to generate new combinations hinges upon your ability to see the relationships between concepts. If you can form a new link between two old ideas, you have done something creative.

Young believed this process of creative connection always occurred in five steps.

1. Gather new material. At first, you learn. During this stage you focus on 1) learning specific material directly related to your task, and 2) learning general material by becoming fascinated with a wide range of concepts.

2. Thoroughly work over the materials in your mind. During this stage, you examine what you have learned by looking at the facts from different angles and experimenting with fitting various ideas together.

3. Step away from the problem. Next, you put the problem completely out of your mind and go do something else that excites you and energizes you.

4. Let your idea return to you. At some point, but only after you have stopped thinking about it, your idea will come back to you with a flash of insight and renewed energy.

5. Shape and develop your idea based on feedback. For any ideas to succeed, you must release it out into the world, submit it to criticism, and adapt it as needed.

The Idea in Practice

The creative process used by Frederic Eugene Ives offers a perfect example of these five steps in action.

Firstly, Ives gathered new material. He spent two years working as a printer's apprentice and then four years running the photographic laboratory at Cornell University. These experiences gave him a lot of material to draw upon and make associations between photography and printing.

Secondly, Ives began to mentally work over everything he learned. By 1878, Ives was spending nearly all of his time experimenting with new techniques. He was constantly tinkering and experimenting with different ways of putting ideas together.

Thirdly, Ives stepped away from the problem. In this case, he went to sleep for a few hours before his flash of insight. Letting creative challenges sit for longer periods of time can work as well. Regardless of how long you step away, you need to do something that interests you and takes your mind off of the problem.

Fourthly, his idea returned to him. Ives awoke with the solution to his problem laid out before him. (On a personal note, I often find creative ideas hit me just as I am lying down for sleep. Once I give my brain permission to stop working for the day, the solution appears easily.)

Finally, Ives continued to revise his idea for years. In fact, he improved so many aspects of the process he filed a second patent. This is a critical point and is often overlooked. It can be easy to fall in love with the initial version of your idea, but great ideas always evolve.

The Creative Process in Short

"An idea is a feat of association, and the height of it is a good metaphor."

——Robert Frost

The creative process is the act of making new connections between old ideas. Thus, we can say creative thinking is the task of recognizing relationships between concepts.

One way to approach creative challenges is by following the five-step process of 1) gathering material, 2) intensely working over the material in your mind, 3) stepping away from the problem, 4) allowing the idea to come back to you naturally, and 5) testing your idea in the real world and adjusting it based on feedback.

Being creative is not about being the first (or only) person to think of an idea. More often, creativity is about connecting ideas.

课堂活动

"巅峰之塔"报纸游戏

活动目的：

让团队成员在执行团队任务中发挥创意,并且让每位组员都能扮演各自的角色,为完成团队任务做出贡献,让团队的成员们认识到参与的重要性。

活动要求：

(1) 材料:报纸3份,胶带1卷,剪刀1把,一次性筷子1双,一次性纸杯1个(每组)。

(2) 报纸不能粘到地板上,制作的报纸塔越高越好,最高组获胜。

活动步骤：

(1) 随机分组,建立小团队。每组12个人。

(2) 小团队讨论,不能动手。(10分钟)

(3) 小团队合作建塔,不能说话。(10分钟)

(4) 评价。(10分钟)

【教师提问】

(1) 通过报纸游戏,请谈谈你们的活动过程,你在活动中扮演的角色,活动感想、成功或失败的总结。(不少于200字)

(2) 你觉得在刚才的建塔游戏中,哪个环节最重要? 你从别人或自己小队成功或失败的过程中得出什么经验与结论? 你有什么想法?

（3）如何求稳，如何保持高度，如何让柔软的报纸变得坚硬，搭出理想的高塔？

课后思考

1. 逻辑思维在创新过程中的作用是什么？请举一个具体的例子说明逻辑思维如何帮助解决问题或改进产品。

2. 发散思维和收敛思维在创新过程中的相互作用如何？请解释两种思维方式在创新过程中的具体应用，并阐述它们之间的关系。

3. 想象思维和联想思维对于创新的重要性是什么？请提供一个例子，说明如何运用想象思维和联想思维来生成创新的点子或解决方案。

4. 直觉思维、灵感思维和幻想思维如何影响创新思维过程？请从个人经验出发，分享一个你曾经在创新过程中利用直觉、灵感或幻想思维得到的创新灵感或解决方案。

5. 在你的日常生活或工作中，哪种创新思维方式最常被使用？为什么？你认为如何培养和发展其他类型的创新思维能力？

第三章 阻碍创新思维的因素

 学习目标

1. 识别和理解影响创新思维的客观因素,如文化、政策、法律和资源限制。
2. 探究个人思维模式、固有观念、恐惧心理等主观因素如何限制创新思维。
3. 通过案例学习和批判性思考,培养面对这些挑战时的解决策略和创新思维。

 案 例

没有"无中生有"的好奇,就难有"另起一行"的创新

一年一度颁发的诺贝尔奖其实有两个,一个是正式的诺贝尔奖,还有一个是"搞笑诺贝尔奖"(Ig Nobel Prize)。它是对诺贝尔奖的有趣模仿。其名称来自 Ignoble(不名誉的)和 Nobel Prize(诺贝尔奖)的结合。主办方为科学幽默杂志(Annals of Improbable Research,AIR),评委中有些是真正的诺贝尔奖得主。其目的是选出那些"乍看之下令人发笑,之后发人深省"的研究。

你相信能在空气中测出紧张情绪吗?2021 年搞笑诺贝尔化学奖得主揭晓答案是能。这位大气化学家通过测量电影院的空气,发现电影中紧张的场景,会让电影院空气中的化学分子产生波动。这是因为,紧张的情绪令人呼吸加快、心跳加速、肌肉紧绷,呼出的代谢物含量就会变化。看来,文学作品里经常说,"空气中弥漫着紧张的气息",是有科学道理的。

怎样用最低的成本、最快的速度把 1 000 千克的犀牛转移到别处?这不是无厘头的提问,非洲的动物保护协会经常面临这个问题。为了防止野生犀牛被盗猎者发现,也为了防止犀牛近亲繁殖,他们要时不时地把犀牛从一个栖息地转移到另一处。以往,他们是把犀牛麻醉之后,整个搬运到飞机上。但是,这个搬运的过程很麻烦,而且,被麻醉的犀牛侧卧时间过长,会挤压胸骨,导致肌肉受损,呼吸受阻,进而发生危险。2021 年搞笑诺贝尔运输奖得主——康奈尔大学的一群野生动物学家发现,把被麻醉的犀牛倒吊起来,挂在直升机的下方进行运输,不但操作更简单,而且对犀牛的身体更好。倒吊的姿势能够使犀牛脊柱伸展,进而打开气道,让呼吸更通畅。想象一下,把一头头 1 000 千克的犀牛倒挂在直升机上运走,场面肯定相当壮观。

搞笑诺贝尔奖,乍一听挺无厘头,但它反映的是科学家们对这个世界浓浓的好奇心。好

奇心永远是科学研究的原动力。没有"无中生有"的好奇,就难有"另起一行"的创新。爱因斯坦说,"我没有特别的才能,我只有强烈的好奇心"。

资料来源:邵恒头条.没有"无中生有"的好奇,就难有"另起一行"的创新[EB/OL].(2021-09-30)[2023-07-24].得到app《邵恒头条》第73期.

思考:
1. 你认为阻碍创新的因素有哪些?
2. 尝试提出若干项激发人类创造力的方法。

第一节　阻碍创新思维的客观因素

创新是推动社会和个人发展的重要驱动力。然而,在现实生活中,创新面临许多障碍和挑战。

一、文化因素

文化和心态可以对创新思维产生深远的影响。一些文化和心态可能不支持或者抵制创新,因为它们更加注重传统和稳定。这种心态可能会导致人们对新事物持怀疑态度或者拒绝接受新观念。文化和心态的因素是影响创新的一个重要方面。某些文化和心态可能会阻碍人们的创造力和想象力,限制人们对新思想和新方法的接受。

(一)中国创新中的文化因素

在中国的传统文化中,思维方式较为传统,注重稳定性和可靠性,对创新和冒险性的思考不够重视。这可能是中国在科技领域落后于西方的原因之一。近年来,中国政府和企业逐渐意识到这一点,积极推动创新和科技发展。中国在近年来的科技创新领域取得了令人瞩目的成就,成了全球科技创新的重要力量之一。然而,中国的文化因素在其中也扮演着重要的角色,既有助于科技创新的发展,又可能成为创新的阻碍因素。

一方面,中国的文化传统,如倡导勤劳、务实、团结、自强不息等,为科技创新提供了重要的文化支撑。中国的科学家和工程师们往往勤奋工作、踏实研究,为科技创新奠定了坚实的基础。此外,中国文化注重家庭和团队的价值观,也有助于科技创新人才的团队合作和知识共享。

另一方面,中国的一些文化和心态也可能对科技创新带来一定的阻碍。例如,中国传统的教育模式注重记忆和模仿,忽视学生的创造性和批判性思维能力,这在一定程度上限制了科技创新人才的培养。此外,中国的一些行政管理和组织架构上的惯例和传统,如重视等级制度、追求安全稳定等,也可能限制了企业和组织的创新能力。

以华为为例,华为是中国著名的高科技公司之一,长期致力于通信技术和智能手机等领域的创新和研发。华为的创始人任正非曾表示,中国文化的优点在公司创新方面发挥了重要的作用,如注重团队协作、强调共享、尊重知识产权等。但是,华为也遇到了一些文化因素的阻碍,如管理中的等级制度和传统等,这都可能对华为的创新能力和发展产生一定的影响。

（二）日本创新中的文化因素

虽然日本以其高度发达的科技业而闻名于世，但仍有一些文化因素阻碍了其创新能力的发挥。

1. 传统文化的束缚

日本文化非常尊重传统，这可能导致人们过分依赖过去的方法，往往忽视了新技术的潜力和可能性，不愿尝试新的创新方法。例如，虽然在很多领域，机器人技术已经非常先进，但在某些领域，如餐饮和酒店服务行业，日本仍然更愿意雇用人类服务员，而不是机器人。又如，日本的电子游戏行业长期以来一直以传统的游戏机为主，而忽视了手机游戏和在线游戏的发展趋势。

2. 风险厌恶

与许多亚洲国家一样，日本文化也有一种风险厌恶的倾向。这意味着人们倾向于避免冒险，不愿意尝试可能失败的新事物。这种心态可能阻碍创新的发展。

3. 精细主义的思维方式

日本文化非常注重细节，这种思维方式可以让人们在制造高精度的产品方面表现出色。但这种思维方式也可能导致人们过于注重细节，而忽略了更大的创新机会。

4. 传统的公司组织结构

日本的公司组织结构非常复杂，有很多层级和繁琐的决策程序。这种结构会阻碍公司快速做出决策，因而难以迅速地响应市场变化和采用新的技术。

5. 职业生涯的长期稳定性

在日本文化中，职业生涯的长期稳定性是非常重要的，很多人都希望在同一个公司工作一辈子。这种稳定性可能会让人们在尝试新的创新机会时感到不安和不确定。

6. 安全第一

日本企业往往会优先考虑产品的安全性和可靠性，而忽视了新技术的潜在风险和不确定性。这种文化倾向于保守和谨慎，导致日本企业缺乏创新意识和创新能力。例如，日本的汽车制造商长期以来一直注重制造高质量的汽车，却没有像特斯拉那样积极推动电动汽车技术的发展，这是因为他们担心电动汽车的安全性和可靠性问题。

7. 群体主义

日本社会强调团队合作和共识，而不是个人主义和竞争。这种文化导致人们往往不愿意提出自己的不同意见或挑战现有的权威，这在某些情况下会抑制创新和创造力。例如，在企业中，员工往往不敢提出不同的观点或想法，因为他们担心这可能会破坏团队合作的氛围。

8. 长期主义文化

日本文化倾向于强调长期规划和目标，而忽视了快速变化和应对市场变化的能力。这使得日本企业往往无法及时适应市场变化或采取新的商业模式。例如，日本的电视制造商在智能电视出现之前，长期依赖于传统的电视制造模式，因此错过了智能电视的商业机会。

（三）欧洲创新中的文化因素

欧洲作为一个多元文化、多民族的大陆，其创新发展也受到了其文化背景的影响。欧洲的文化多元化与历史悠久性是其创新发展的特点之一,但也带来了某些限制。

1. 历史悠久的文化传统

欧洲文化历史悠久,其传统文化习惯、价值观念深植于人们的思想中。这种传统文化在一定程度上会制约欧洲人的创新能力,因为人们往往会受到自己传统文化的束缚,不容易突破传统的思维定势,很难接受新的思想和理念。在欧洲一些国家,传统的阶级制度、等级观念、权威主义等传统文化观念对创新的压制作用仍然存在。例如,19世纪末到20世纪初,欧洲出现了许多创新,如飞机、汽车、电灯等,但这些创新的商业化和推广往往依赖于美国的市场。欧洲缺乏对这些新科技的接受度,这也影响了欧洲的创新发展。

2. 稳定、保守的社会环境

欧洲国家的政治、经济、社会环境比较稳定,人们对未来的发展有相对稳定的预期,往往缺乏面对危机时的冒险精神和创新意识。这使得欧洲企业和人才往往更加注重保守、稳定的发展,而不是尝试创新、冒险、突破。

3. 政治、经济、文化之间的脱节

欧洲作为一个多民族、多文化的大陆,其政治、经济、文化之间的脱节现象比较常见。不同国家、不同民族、不同文化之间存在着较大差异,这使得欧洲在创新方面存在一些困难。例如,欧洲在一些技术领域的发展相对滞后,这与欧洲国家之间的政治、经济、文化差异有一定的关系。

4. 对风险的忌讳

欧洲人对风险的忌讳也是创新发展中的一大限制因素。欧洲文化中强调保守和稳健,人们往往不太愿意尝试风险较大的新项目或新想法,这就限制了欧洲在某些领域的创新发展。在欧洲,有很多成功的科技公司,但大部分都是中小型企业,这些公司可能在一定程度上受到风险忌讳的影响。相比之下,美国的科技公司则更多地关注创新和高风险投资,这可能是美国创新相对成功的原因之一。

5. 语言和文化差异

欧洲的语言和文化差异也是制约其创新的一个因素。欧洲的各个国家语言和文化存在差异,这使得欧洲的科研人员和企业在进行国际合作时存在一定的困难。这也使得欧洲的市场相对较小,新产品的推广和销售存在一定的难度。

相对于上述亚洲和欧洲国家,美国文化在创新中独具优势。美国一直被视为世界创新的领先者之一,其文化因素在美国创新中扮演着重要角色。

1. 积极的风险投资文化

美国拥有世界上最活跃的风险投资市场之一,这种文化鼓励企业家冒险,探索新的商业模式和技术。

2. 创业精神

美国文化强调独立、创业和创新精神,这种文化使得美国人习惯于寻找新的商业机会和解决问题的方式。

3. 开放的社会结构

美国是一个移民国家,这种多元文化使得美国社会结构相对开放,允许人们自由地交流、合作和创新。

4. 知识产权保护

美国的知识产权法律体系相对完善,这种保护使得创新者有信心投入大量的时间和资金来研发新技术和产品。

5. 科学教育和研究

美国的大学和研究机构在科学研究和教育方面处于世界领先地位,这种教育和研究环境培养了一代代优秀的科学家和工程师,为美国的科技创新提供了强有力的支持。

6. 科技和商业的文化融合

美国的科技和商业文化非常紧密地联系在一起。创新的目标往往不是单纯的学术研究或发明创造,而是为了商业成功或者解决实际问题。这种文化使得美国的科技企业更加注重市场需求和实用性,而不是纯粹的技术研究。

7. 鼓励创业和创新

美国文化中有一种强烈的创业精神,人们鼓励创新和创业,并且认为失败是成功的一个重要组成部分。这种文化环境使得美国人更加愿意冒险尝试新的想法和商业模式。

8. 开放的文化和多元化的社会

美国是一个多元化的社会,各种文化和思想都能够在这里得到容纳和发展。这种开放的文化环境使得人们能够更容易地接受新的想法和技术,也使得美国成为各国人才的聚集地。

9. 高度竞争的文化

美国是一个高度竞争的社会,人们竞争的意识非常强烈。这种竞争文化激励人们不断提高自己的能力和创造力,也促使企业不断推出更加优秀的产品和服务来获得市场份额。

美国的科技企业,如谷歌、苹果、亚马逊等公司都是在以上文化环境下崛起的。例如,苹果公司的创始人乔布斯就是一个极具创新精神的人,他注重设计美感和用户体验,推动了智能手机和平板电脑的普及。谷歌公司则致力于不断改进搜索引擎的算法和用户体验,打造了全球最大的搜索引擎。这些公司的成功都离不开美国文化中的创新和竞争精神的支持。

案例 3-1　日本的"失去 20 年"现象

"失去 20 年"是指自 20 世纪 90 年代初以来,日本经济持续低迷,缺乏增长动力,通货紧缩,就业状况恶化等问题一直存在,导致经济长期停滞不前的现象。这个现象得名于日本媒体,因为自 1991 年至 2011 年,日本的实际经济增长率平均只有 0.6%,而这段时间正好是 20 年。日本发生"失去 20 年"现象,其中一个重要的原因是日本的文化和心态限制了创新的发展。

日本社会一直有着强烈的等级观念和传统观念,如"年功序列"制度和"终身雇用"制度等。这些制度使得日本公司往往更注重员工的年龄和资历,而非创新能力,从而导致了一些问题。一方面,这些制度使得公司不太愿意接纳新人,而更倾向于留住老员工。这种情况下,公司往往不会给予新人足够的机会去创新,而是更愿意让他们磨练几年再决定是否给予更高的职位。这就会导致年轻人无法得到足够的机会去发挥他们的创新能力,也就使得公司缺乏新的血液和灵感。另一方面,这些制度使得公司更加注重稳定性而非风险。日本文化中有着较强的风险规避意识,这也反映在日本公司的运营中。日本公司往往更注重规避风险,而对创新带来的风险持谨慎态度。例如,在20世纪90年代初期,日本通信行业中出现了一个新的技术——移动通信技术。这项技术在日本被称为"PDC",它的速度比欧美国家的标准更快,同时还可以更好地适应日本的地形和人口密集区域。但由于日本运营商不愿意冒险采用这项新技术,以稳定和成本控制为由,仍然坚持使用老旧的技术。这导致日本的移动通信行业在接下来的数年里一直落后于欧美等地的竞争对手。

另外,日本的教育体制也限制了日本的创新能力。在日本的教育体制中,学生们被强制性地灌输知识,强调的是死记硬背,而不是创造性思维。这种教育方式会限制学生们的创新思维和创造力的发展,对日本未来的创新能力造成了不利的影响。

二、政策和法律因素

在某些情境下,政策和法律可能成为推动创新的正向因子;但在某些情境下,它们可能阻碍创新的发展。

(一)专利滥用

专利制度是保护创新成果的重要制度,但是专利制度的滥用也可能对创新产生阻碍。

一方面,一些企业或个人通过大量申请专利,尤其是无意义、低质量的专利来攫取不当的利益,从而占用了宝贵的专利资源。这会导致真正有创新性的专利难以获得保护,进而阻碍了创新。另一方面,一些企业或个人通过诉讼的方式,滥用专利保护权,甚至滥用专利无效程序,以牟取不当的经济利益。这会导致对其他企业或个人的恶意侵权,或者通过专利诉讼牟取过多的利润,进而阻碍了创新。

1. 阻碍创新的专利战

在某些行业中,公司会滥用专利权来垄断市场和打压竞争对手。这种行为会让一些公司无法进入市场,从而阻碍了整个行业的发展。例如,智能手机市场上苹果公司和三星公司的专利战争,多年的法律纠纷不仅造成了巨额诉讼费用,还影响了整个智能手机行业的创新和发展。

2. 专利流氓的滋生

专利流氓是指那些没有实际技术和产品的公司,它们通过购买或持有其他公司的专利来向其他公司收取专利授权费。这些公司通常不会实际制造或销售任何产品,而是通过诉讼和许可证收取专利授权费用。专利流氓的存在导致了专利权的滥用和诉讼滥用,从而阻碍了创新。例如,在美国,专利流氓公司Uniloc曾向多家科技公司提起专利诉讼,包括微软、Adobe和Symantec等知名公司,这些诉讼让许多公司不得不花费大量时间和金钱来应对。

3. 技术标准的专利滥用

在某些行业中,技术标准是一种重要的合作机制,它有助于确保不同公司的产品可以互相兼容和交互。但是,一些公司会滥用自己的专利权来垄断技术标准,从而获得更大的市场份额和利润。这种行为会阻碍其他公司的进入和竞争,从而限制了创新的空间。例如,高通公司曾被指控滥用其移动通信技术的专利来打压竞争对手,阻碍了市场上的创新和竞争。

(二)严格的知识产权保护

严格的知识产权保护可能会阻碍创新,尤其是当专利被用于滥用和限制竞争时。

1. 抑制新的发明和创新

严格的知识产权保护可能导致专利持有人的垄断地位,使其可以阻止其他人使用该技术或对该技术进行改进。这可能会阻碍其他人的创新,从而减缓行业的进步。

2. 阻碍发展中国家的经济发展

严格的知识产权保护可能会阻碍发展中国家的经济发展,因为它们可能无法承受高昂的专利费用,也可能无法获取其他国家已经掌握的技术。这可能会导致这些国家的企业无法获得技术,也无法进行研发和创新。

3. 阻碍跨学科和跨领域的合作

在某些情况下,创新需要不同学科和领域之间的合作。严格的知识产权保护可能会使这种合作更加困难,因为需要交叉使用的技术或技术可能涉及多个专利。这可能会导致技术的开发速度变慢,或者在技术上进行投资变得更加昂贵。

4. 专利战争和滥用

严格的知识产权保护也可能导致专利战争和专利滥用的问题。在专利战争中,公司可能会使用专利来攻击竞争对手,而不是通过技术和产品的创新来竞争。此外,一些公司可能会滥用专利,以限制竞争、增加价格或迫使其他公司支付高额的专利使用费。

(三)监管的过度和不透明

监管机构是确保公共安全和产品质量的重要组成部分,监管的过度和不透明通常也被认为是阻碍创新的因素之一。过度的监管可能会限制企业或个人的自由度,从而抑制创新,尤其是对于初创企业来说更是如此。此外,监管不透明也可能导致创新受到限制,因为企业或个人可能不知道其需要满足哪些要求或规定,或者其创新可能会面临什么样的风险或后果。

例如,在欧洲,Uber被要求符合出租车行业的法规和标准,包括许可证和保险。这对于Uber来说是一项巨大的挑战,因为它的业务模式并不符合传统的出租车行业标准。这种监管的过度可能会妨碍Uber在市场上的发展。

在金融领域,监管过度也可能会阻碍创新。美国对金融市场的监管非常严格,因此,很多金融科技初创公司都需要花费大量的时间和金钱来获得合规性。这些初创公司可能会因为缺乏资源而无法进一步发展,从而影响它们的创新能力。由于加密货币的匿名性和不可追踪性,很多国家对加密货币采取了严格的监管措施。例如,中国曾经一度禁止比特币等加密货币的交易和ICO融资,这导致一些创新型加密货币公司无法发展和落地。而在美国,加密货币的监管过度和不透明也导致了很多创新型公司的退出和破产。

在医疗领域,监管的过度和不透明也可能会妨碍创新。例如,美国食品和药物管理局需要在新药上市前进行大量的测试和审批过程,这可能需要花费数年的时间和数百万美元的费用。这种监管的过度可能会妨碍一些新药的上市,从而影响医疗领域的创新。

在环境领域,一些国家和地区的环保法规和标准也可能会阻碍创新。例如,在某些地区,为了达到环保标准,汽车制造商需要投入大量的时间和金钱来研发更清洁、更环保的汽车。这可能会妨碍他们的创新能力,因为他们需要面对更严格的环保要求。

(四)难以获得融资

融资是创新发展的重要环节,如果法律和政策限制了投资或创新者获得融资的途径,就可能会阻碍创新。

1. 投资限制

一些国家或地区的法律和政策可能会对外国投资者的投资行为进行限制。例如,中国实行了外资准入负面清单制度,该制度明确列出了外国投资者在某些行业或领域中所面临的限制和禁止。在敏感行业如互联网、金融和能源等领域,外国投资者可能需要满足一定的股比限制或合作要求才能进行投资。又如,印度也实行了类似的外资准入负面清单制度,外国投资者在特定领域如零售、电信和媒体等行业中面临一些限制。

2. 融资限制

一些国家或地区的法律和政策可能会对融资行为进行限制。例如,在一些国家,如阿根廷和印度,存在严格的外汇管制,限制外国投资者将资金汇入或从当地企业汇出,使得跨国融资变得复杂或增加成本。此外,一些国家的法律规定了对股权众筹和公众募资的限制,可能会使得一些创新者难以获得融资支持。

三、资源因素

资源限制是指在创新过程中,缺乏必要的资源会对创新带来一定的限制。这些资源包括资金、人才、技术等。

(一)资金限制

资金是创新过程中不可或缺的资源,缺乏资金会影响创新的进程和质量。由于缺乏资金,创新者很难进行必要的研究和开发,也无法推进项目的实施和市场推广。此外,缺乏资金也会影响人才的招聘和培养,使创新团队的士气和能力受到影响。具体来说,资金限制会导致以下问题。

1. 限制创新的速度和规模

创新需要大量的资金投入,但如果缺乏足够的资金支持,就很难推进创新的进程,进而限制创新的速度和规模,使创新者无法充分利用市场机会。

2. 限制产品和服务的质量

缺乏资金支持,创新者可能无法使用最好的设备、技术和材料来开发和测试产品,这可能会影响产品和服务的质量。如果财务限制很严重,创新者可能不得不削减研发和测试的预算,以减少开销,但这也会使产品的质量受到影响。

3. 限制市场推广

推广新产品或服务需要投入大量的资金,如广告、促销和市场调研等。如果缺乏资金支持,创新者可能无法进行必要的市场推广,这将导致新产品或服务的销量不尽如人意。

4. 阻碍新产品或服务的商业化

商业化是创新过程的最后一步,这需要大量的资金投入来推广和销售产品或服务。如果缺乏资金支持,创新者可能无法实现商业化,这将使他们的创新成果无法在市场上得到认可和应用。

(二) 人才限制

人才限制是指缺乏具有创新能力和经验的人才对创新带来的限制。人才是创新的重要资源,但由于竞争激烈,招募和留住高质量的人才也成为创新过程中的一项挑战。如果缺乏适当的人才,创新者很难开展必要的研究和开发,也很难满足市场需求,最终导致创新的失败。此外,缺乏经验丰富的人才,也会影响创新的质量和效率。具体来说,人才限制对创新的影响如下。

1. 限制创新的质量和水平

创新需要具有创新能力和经验的人才,缺乏这些人才可能导致创新的质量和水平下降。如果团队中缺乏具有相关技能和经验的人才,就难以创造出高质量的创新产品和服务。

2. 限制创新的速度和效率

人才缺乏可能导致创新的速度和效率下降。由于缺乏经验和技能,团队可能需要更长的时间来完成任务,这可能导致开发周期延长,从而影响创新的速度和效率。

3. 限制创新的领域和方向

缺乏特定领域的人才可能限制创新的领域和方向。如果团队缺乏某个领域的人才,就难以开发与该领域相关的产品和服务,从而限制了创新的领域和方向。

4. 限制创新的多样性

人才缺乏可能限制创新的多样性。如果团队中缺乏不同领域的人才,就难以开发各种不同类型的产品和服务,从而限制了创新的多样性。

(三) 技术限制

如果一个想法或理念在其时代的技术条件下无法被实现,那么该想法很可能会被搁置或遭遇巨大的挑战。技术限制对创新的影响具体如下。

1. 无法将理念转化为实践

创新者可能拥有前瞻性的想法,但受限于当时的技术条件,这些想法很难在实际中得以应用。例如,在电池技术不够成熟的时代,电动汽车的想法就很难得到推广和实施。

2. 增加研发成本与时间

由于技术的限制,研发过程可能会遇到许多未知的难题和挑战,这不仅会增加研发成本,还可能延长产品的上市时间。这样的延误可能导致产品错失市场的最佳时机。

3. 抑制新技术的出现

当现有的技术体系已经相对稳定并为大多数人所接受,新技术的出现可能会受到抵触。许多组织和个人可能更倾向于继续使用和完善现有技术,而不是投资研发全新的技术。

4. 技术的不确定性

在技术还处于初步阶段时,其前景和可行性都存在很大的不确定性。这种不确定性可能会让投资者和决策者产生犹豫,进而影响创新项目的推进。

5. 与现有制度和规范的冲突

有时,新技术可能与现有的制度或行业规范存在冲突。这种冲突可能会导致创新项目在获得相关许可和支持时遇到障碍。

四、教育和培训因素

教育和培训体系是培养创新人才的重要途径，然而，由于各种原因，教育和培训体系可能阻碍创新，其原因可能与知识结构、教学方法、创新支持和资源、教育观念和价值观念等方面有关。

1. 知识结构不合理

传统的教育和培训体系的知识结构通常是按照学科分类的，而实际的创新需要跨学科的知识结构。如果受教育者只是被教授一些狭隘的专业知识，那么他们可能缺乏应对跨领域创新挑战所需的广泛知识和综合能力。

2. 教学方法不合理

传统的教学方法，如课堂讲授、试验、实践等，在某些情况下可能不够灵活、缺乏实用性，不能充分发挥学生的创新潜力。

3. 教育和培训体系的创新支持和资源不足

教育和培训体系可能没有足够的创新支持和资源，如科研经费、实验室设备、科技咨询服务等，这可能会限制创新者的研究和实验。

4. 教育和培训体系的教育观念和价值观念不适应创新的需要

传统的教育和培训体系可能过于强调应试能力和专业知识，忽略了培养学生的创新能力和创造力的重要性。这可能导致学生在接受教育和培训过程中受到限制，缺乏主动性和创新精神。

目前我国教育界已充分认识到了教育培训体系改革的重要性，已逐步推进各项改革措施，包括重新设计教育和培训体系的知识结构，强调跨学科的知识结构，使创新者能够获得更广泛的知识和综合能力，以应对跨领域创新挑战；探索更加灵活、创新的教学方法，如实践式教学、团队教学、项目制学习等，以激发创新者的主动性和创造力；加大对教育和培训体系的投资，提供更多的科研经费、实验室设备、科技咨询服务等资源，以支持创新者的研究和实验；培养和推广更加开放、包容和创新的教育观念和价值观念，强调创新能力和创造力的重要性，鼓励创新者在学习和研究中发挥主动性和创新精神等。

案例 3-2　　　　　　　　　　美的集团的创新成长之路

美的创立于1968年，经过50余年发展，现在已经是家电行业的领军企业之一。面对产业变革的新机遇，美的开启了创新领军企业的自我革新之路，多年来不断变革升级，在行业发展生命周期的不同阶段把握住了核心竞争要素并实现了成长（图3-1），逐步构建起了差异化竞争优势。

1968年，何享健创立美的集团前身，1980年正式进军现代化家电领域并于次年创立美的品牌。1980—2010年，美的集团以传统家电为主业，同时不断推动产品多元化与市场多元化，逐渐扩大市场规模与主业优势。然而，总体来说，这一阶段美的始终处于价值链末端，以低附加值的传统制造为主。

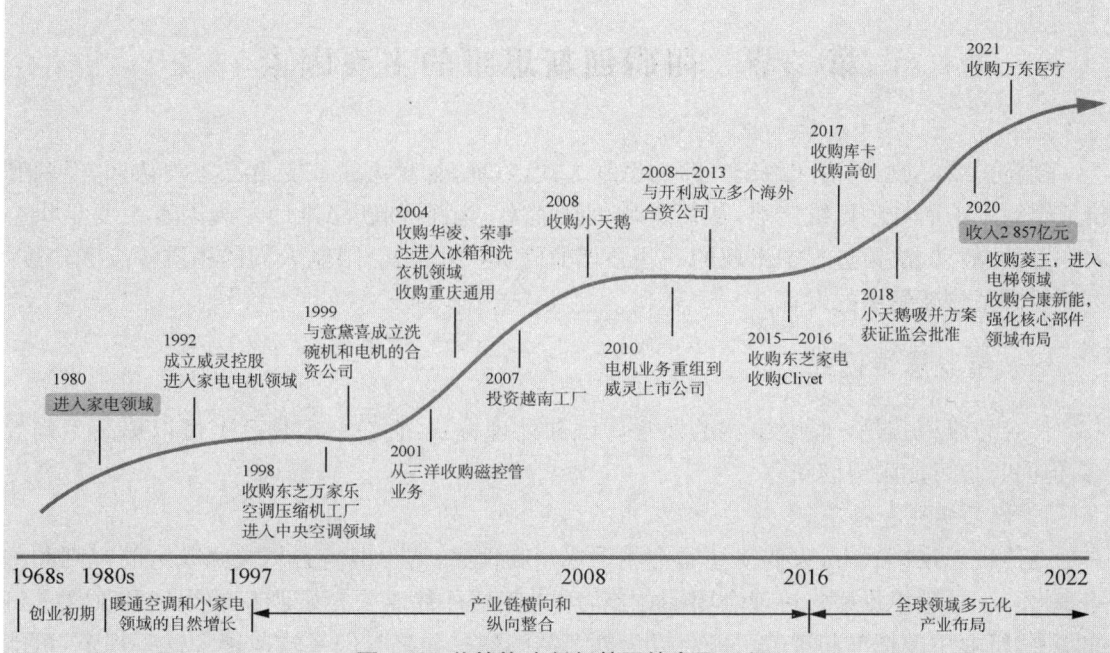

图 3-1 美的构建创新基因的发展历程

自 2011 年起,美的开始寻求突破,开启全面转型升级,从战略转型出发,实现现有产业、全新产业和国际化齐发展。2012 年,美的提出三大战略主轴——产品领先、效率驱动、全球经营,通过"强交付、强渠道、强营销"的商业模式构建核心竞争力,同时开启数字化转型,开始了从"家电集团"到"科技集团"的蝶变。

2013 年整体上市之后,美的进行了一系列大刀阔斧的改革,实施大量并购与自主创新,推动价值链不断攀升,迈向高附加值产业,实现跨产业转型升级。2013 年,美的整体实现销售收入 1 210 亿元。此外,在同年"中国最有价值品牌"评价中,美的品牌价值达到了 653.36 亿元,名列全国最有价值品牌第 5 位。2016 年,美的收购了东芝家电 80% 的股权,获得东芝品牌 40 年的全球许可以及超过 5 000 项和家电相关的专利,快速扩张了海外市场。2017 年,美的收购了世界三大机器人供应商之一的德国库卡集团 95% 的股权,成为一家涵盖机器人、自动化、消费家电和电子等领域的全球科技集团。2018 年,美的宣布初步实现科技集团的转型。

在做强优势家电业务的同时,美的培育战略性新兴业务,从传统制造逐渐过渡到制造与服务相结合,业务板块涵盖白电和小家电等家电业务、机器人与自动化业务以及智能物流等数字化业务。2022 年,美的已成为一家集智能家居、楼宇科技、工业技术、机器人与自动化、数字化创新等五大业务板块为一体的全球化科技集团,在全球拥有 35 个研发中心和 35 个主要生产基地,产品及服务惠及全球 200 多个国家和地区约 5 亿用户,成了中国家电行业的领先者,也是家电行业的风向标。

资料来源:张学文,孙景丽,陈劲.制造型企业迈向创新领军企业的路径探索—以美的集团为例[EB/OL].(2023-01-29)[2023-07-28].https://mp.weixin.qq.com/s/0uYyMm4mYKLrDKgo7kr2Hw.

第二节　阻碍创新思维的主观因素

创新需要开放、灵活和敢于冒险的思维方式,然而,许多人往往受自己主观认知、经验和价值观的影响而产生思维定势,从而影响创新能力。阻碍创新思维的主观因素主要是指个人在思考、行动、决策过程中出现的一些心理障碍,这些障碍会限制人们的思维深度和广度,进而阻碍了创新思维的发挥。

一、传统思维模式

传统思维模式是一种对事物的惯常认识和处理方式,它在一定程度上可以提高工作效率,但同时也可能阻碍创新。

1. 推崇规则和秩序

在传统思维模式下,人们往往非常注重规则和秩序,认为事情必须按照既定的规则和程序来进行。这种思维模式可能会阻碍创新,因为创新往往需要打破既有的规则和框架。例如,一些行业中的标准和规范可能会成为创新的障碍。如果人们一味地遵守这些规范,可能会限制创新的发展。

2. 保守和守旧

传统思维模式还常常表现为保守和守旧的态度,即认为旧有的做法是最好的,不愿尝试新的方法或思路。这种态度可能会限制创新的发展,因为创新需要人们勇于尝试和冒险。例如,某些企业可能会一味地坚持过去的业务模式或产品设计,不愿意探索新的商业模式或创新产品。这种保守的态度可能会导致企业错失市场机会,无法适应快速变化的市场环境。

3. 狭隘的思维

传统思维模式还表现为狭隘的思维,即人们只能看到问题的一面,无法拓展思路。这种思维模式可能会限制创新,因为创新需要人们有开阔的视野和跨领域的思维。例如,某些行业中的专业人士可能只关注自己的领域,无法跨越领域思考问题,这可能会阻碍创新的发展。

4. 缺乏想象力

传统思维模式还常常表现为缺乏想象力,即人们无法超越已知的事物,去探索未知的领域。这种思维模式可能会限制创新,因为创新需要人们有想象力,勇于探索未知的领域。例如,在某些行业中,人们可能会认为某些想法是不可能实现的,因此不会去尝试。这种缺乏想象力的思维模式可能会限制创新的发展。

二、固有思维方式

固有思维方式是指人们在面临问题或任务时,基于已有的经验、知识和信念所形成的一种思考模式和思维惯性。这种思维方式在许多情况下可能会成为创新思维的障碍,因为它们可能会阻碍人们思考全新的、不同于以往经验的解决方案。

1. 习惯性思维

人们经常会使用旧的思维模式来解决新的问题,这种思维方式可能导致人们无法发现新的机会和解决方案。例如,一家企业一直采用传统的销售方式,但是随着市场变化,这种方式已经不能满足市场需求。然而企业家由于惯性思维,仍然坚持使用传统销售方式,从而错失了开拓新市场的机会。

2. 安逸区域、舒适区域的惰性

人们往往喜欢待在舒适的区域,不愿尝试新的、不确定的事物,这种安逸区域可能会阻碍创新思维的发展。当人们不必面对挑战时,他们可能会陷入舒适区域的惰性,这种惰性可能会导致人们无法主动寻找新的解决方案。例如,一个公司的员工已经习惯于早上开会、下午处理邮件、晚上加班,他们已经习惯于这种工作状态。但这种惰性会使他们错过创新的机会,无法充分利用新技术和新工具来提高工作效率。

3. 信息偏见

人们在面临新的信息时,往往会对信息进行选择性的过滤和理解,这种信息偏见可能会导致人们无法看到新的机会和解决方案。例如,一家企业在开发新产品时,只听从顾客的需求和建议,而忽略了市场上潜在的需求。因此,企业无法推出真正符合市场需求的产品,无法真正满足顾客的需求。

4. 众人偏见

人们往往会受到周围人的观点和看法的影响,这种众人偏见可能会使人们无法创造出新的解决方案。例如,一个团队在开会时,因为大家都不愿意提出异议,导致会议只能达成表面上的共识,而无法充分挖掘出问题,最终导致决策偏差。

三、恐惧心理

恐惧心理是指一种强烈的情绪状态,产生于对某种事物、情境或概念的恐惧、不安或威胁的感知。这种心理状态可以在个体中引发一系列的生理、认知和行为反应。恐惧心理通常包括以下几个方面。

1. 失败恐惧

人们常常害怕尝试新的事物,因为他们担心自己会失败。这种恐惧心理可能导致人们不愿冒险尝试新的解决方案,而选择保持现状,从而阻碍了创新思维的发展。例如,一位企业家一直在尝试开发一种新产品,但是在市场测试阶段遭遇了失败。尽管他的团队已经找出了问题所在并准备重新开发产品,但企业家因为担心再次失败而犹豫不决,导致创新停滞不前。

2. 完美主义

许多人在追求完美时会感到压力和恐惧,他们害怕自己的作品或思维会有缺陷。这种恐惧心理可能导致人们无法接受自己的不足之处,从而无法发挥创新思维的能力。例如,一位设计师长期以来都对自己的设计要求非常高,往往花费大量时间来完善细节。但这种完美主义让他错失了一些机会,因为他没有能够及时提交作品或者开发新的设计方案,从而阻碍了创新的进程。

3. 不确定性恐惧

在面对不确定的情况时,人们常常感到恐惧和不安,因为他们无法预测结果或掌控局面。这种恐惧心理可能导致人们不愿意探索新的领域或尝试新的思维模式。例如,一家科技公司正在考虑探索一个全新的领域,但它发现该领域非常不确定,难以预测市场和技术的发展方向。因此,该公司的团队成员感到不安,不愿意冒险尝试,导致创新的发展受到了限制。

4. 风险恐惧

在面临风险时,人们常常感到恐惧,因为他们害怕自己会失去财富、声誉或自尊心。这种恐惧心理可能导致人们不愿承担创新带来的风险,从而阻碍了创新思维的发展。例如,一位投资者正在考虑投资一家创新初创企业,但由于害怕失去投资资金,他最终放弃了这个机会。这种风险恐惧不仅阻碍了该企业的发展,还让投资者错失了一次获得高回报的机会。

5. 社交恐惧

在面对陌生人或陌生场景时,人们常常感到害怕和不安,因为他们担心自己会受到批评或嘲笑。这种恐惧心理可能导致人们不愿意在群体中表达自己的创新思维,从而阻碍了创新的发展。例如,一个创新团队正在进行头脑风暴会议,但某个团队成员因为害怕被其他人嘲笑而不敢说出自己的想法,导致团队无法充分发挥所有成员的创新思维能力,进而影响了创新的效果。

四、认知偏差

认知偏差是指人们在处理信息时,受到自身主观认知和情感等因素的影响,导致对信息的处理和判断出现偏差。认知偏差的类型包括以下几个方面。

1. 选择性收集信息

选择性收集信息是指在获取信息时,人们更倾向于收集和注意那些与自己信仰、观念或利益相关的信息,而忽视或忽略那些与自己观点不符或没有关联的信息。这种倾向可能会导致认知偏差和错误的决策。例如,一个人在做某个决定时只收集与自己观点一致的信息,而忽略与之相反的信息,就很可能会做出错误的决策。

选择性收集信息在当今社会中尤其普遍。互联网和社交媒体的出现使得人们可以方便地获取和分享信息,但同时也加剧了选择性收集信息的趋势。人们更容易选择和关注与自己观点一致的信息源和人群,从而形成"信息茧房"。

为避免选择性收集信息的影响,我们应该尽量客观地对待信息,并且从多个来源获取信息。我们也应该学会辨别虚假信息和假新闻,以免受到不实信息的误导。同时,我们也应该尝试理解和尊重不同观点,从而获得更广泛的视角和更全面的认识。

2. 晕轮效应

晕轮效应又称光环效应,是指人们在评价一个人或物品时,受到他们在另一方面的表现或品质的影响,从而导致对其他方面的评价出现偏差。例如,一个人在某一方面表现得非常优秀,如外表长得很漂亮、声音很好听等,那么人们可能会认为他在其他方面也一定很出色,如才华、智力、品德等,从而对其整体评价出现偏差。

晕轮效应在生活中很常见。例如,某个明星因为一部电影或歌曲而走红,人们会把他的其他作品也视为高质量的;或者某个公司因为一款优秀的产品而获得了好评,人们可能会认为该公司的其他产品也一定很不错。

虽然晕轮效应可能会导致对某个人或物品的评价出现偏差,但它也可以被用于营销和推广。例如，某个品牌因为某一种产品的优秀表现而获得了好评，品牌可以利用晕轮效应来提高其他产品的知名度和认可度。

为避免晕轮效应的影响，我们应该尽量客观地评价一个人或物品，不要被其在某一方面的表现所迷惑，而应该综合考虑其所有方面的表现和品质。同时，在评价他人或物品时，也应该时刻提醒自己不要受到情感或偏见的影响。

3．首因效应

首因效应又称第一印象效应，是指人们在初次接触一个人或事物时，会根据最初获得的印象对其做出整体评价。根据首因效应的原理，第一次印象往往比后续的印象更加强烈，而且对于后续印象的形成和评价也会产生重要影响。如果第一印象是积极的，人们会更容易接受后续的印象和评价；如果第一印象是消极的，人们则会更难接受后续的印象和评价。

首因效应在很多情况下都很重要，比如在求职面试中，面试官往往会根据面试者的第一印象来判断其是否适合这个职位；在营销和广告中，产品的包装和广告宣传往往可以对消费者的第一印象产生决定性的影响。

为了避免首因效应对我们的判断和决策产生不利影响，我们可以尽量客观地评价一个人或物，不要被外在表象所迷惑，而应该更加注重核心的实质和品质。同时，在与他人交往和沟通时，我们也应该尽可能保持开放的心态，避免轻率评判和过早下结论。

4．代表性偏见

代表性偏见是指人们在做决策或评估事物时，倾向于根据已有的刻板印象和典型特征来判断事物，而忽视或忽略那些更具体和客观的信息和细节。

代表性偏见可能导致错误的决策和评估，因为人们往往只看到表面特征和典型情况，而忽略了更细致、更具体的信息。例如，在招聘过程中，面试者的外貌、语言、风格等会对招聘者的评估产生影响，而忽视其实际能力和背景等更重要的因素。在投资决策中，人们可能只看到某种投资的历史表现和典型特征，而忽视市场风险和行业变化等更具体和重要的信息。

为避免代表性偏见的影响，我们应该尽量客观地看待问题，从多个角度收集和分析信息。我们也应该尝试打破自己的刻板印象和先入为主的观念，保持开放和灵活的思维方式。同时，我们也可以利用数据和科学方法来进行决策和评估，从而减少主观判断和偏见的影响。

5．群体偏见

群体偏见是指群体中成员个体在观点和行为上相互影响的情况下，产生的共同的偏见和错误判断。群体偏见是群体心理的一种表现，可能会导致集体决策错误，造成一些负面的影响。

群体偏见的表现形式有很多，如从众效应，即个体在群体中往往会随大流，追随群体的决策和行为；"信息瀑布效应"，即个体在缺乏信息时，往往会参考先前的群体决策而放弃自己的判断；"群体极化效应"，即群体内部会因为一些看似微不足道的因素而形成两个截然不同的派别，导致不必要的冲突和分裂。

群体偏见在历史上也造成了一些严重的后果。例如，二战期间的纳粹德国就是一个极端的例子，整个国家陷入了极端主义和种族歧视的泥淖，导致了巨大的人道主义灾难。还有更为普遍的，群体偏见也可能在政治、商业、文化等各个领域中产生不利的影响。

为了避免群体偏见的影响,我们应该尽量保持独立的思考和判断,避免从众和盲目追随。同时,我们也应该尊重和接纳不同的观点和想法,保持开放和包容的态度,从而减少群体偏见的产生和影响。

五、思维定势

(一)思维定势的定义

思维定势就是一种思维模式,是存在于头脑当中的认知框架。在现实生活中,人的头脑中随时会遇到各种信息,各种事物和问题,而人们在筛选信息、分析问题、做出决策时,总是不自觉地沿着过去所熟悉的方向和路径进行思考,而不愿意另辟新路,这就是所谓的思维定势。

(二)思维定势的类型

在人的思考过程中,经常会受到各种"定势"或偏见的影响。这些定势是人们在过去的经验和习惯中形成的,有时会帮助我们快速做出决策,但也可能导致我们的判断出现偏差。以下是几种常见的思维定势。

1. 格局定势

人们根据自己的经验和知识,形成一种既定的思维模式和范围,过度依赖和信赖这种模式和范围,从而忽视新的信息和选择。例如,有一项研究发现,销售人员经常使用一些套路性的销售话术和技巧来与客户沟通,以获得客户的认可和购买意愿。然而,这些话术和技巧的效果在不同的客户和情境下是不同的,如果过度依赖这些套路性的方法,就容易忽视客户的实际需求和情况,导致业绩下滑。

2. 隐式假设

人们根据自己的经验和观念,形成一些隐含的假设和偏见,从而在决策和判断中出现误差。例如,有一项研究发现,面试官往往会根据求职者的面相、语气、肤色等因素,形成一些隐含的假设和偏见,从而在评价求职者的表现时产生误判。这些偏见可能包括种族歧视、性别歧视等。

3. 框架固化

人们对问题和情况的理解和表达,受到了既定的框架和模式的限制,从而忽视了其他可能性。例如,当一位医生诊断一名病人时,可能会根据自己的专业知识和经验,将病人的症状和表现归类为某种已知疾病,而忽视了其他可能性,导致漏诊或误诊。如果医生能够以开放和探索的态度看待问题,考虑更多的可能性和因素,就能够提高诊断的准确性和全面性。

4. 静态思维

人们对事物和情况的理解和处理,过于注重瞬时的状态和表象,而忽视了其演变和变化的动态过程。例如,一家企业在市场竞争中的地位和表现,可能会受到多种因素的影响,包括市场变化、竞争对手的策略和行动、客户需求和偏好等。如果企业只关注当前的市场地位和销售业绩,而忽视了这些动态因素的影响和变化,就容易在激烈的市场竞争中失利。

5. 确认偏误

人们倾向于只寻找、关注和接受与自己的信念和观点相符的信息,而忽视或拒绝与之不一致的信息,从而加强自己的信念和观点,而忽视其他可能性。例如,一个人对某种政治派别或宗教信仰深信不疑,就可能只关注、接受和传播与之相符的信息和观点,而忽视或扭曲其他信息和观点,从而加强自己的信仰和观点,而忽视其他可能性。

6. 既定思维(经验思维定势)

人们对已有的观念、习惯、经验等形成一种稳定的思维模式,倾向于重复和坚持这种模式,而不愿意改变和尝试新的方式。例如,一家企业已经使用某种管理方式或技术多年,就可能形成了一种稳定的思维模式和行为习惯,倾向于重复和坚持这种模式,而不愿意尝试和改变新的方式。这种既定思维可能导致企业在激烈的市场竞争中失利,无法适应和创新。

一方面,随着时间的推移,我们的经验具有不断增长、不断更新的特点,从而有可能经过经验间的比较来增长见识、开阔眼界,从而使创新思维能力得到提高。另一方面,经验又具有相对稳定性,因而又有可能导致人们对经验的过分依赖乃至崇拜,形成固定的思维模式,结果会削弱头脑的想象力,致使创新力下降。所以,在中外历史上的许多科学家里,有很多是在他们很年轻的时候就做出杰出贡献。例如,法国科学家帕斯卡在16岁时写出一篇论述圆锥曲线的著名文章;19岁时又发明了演算;成年后,他在哲学和神学等领域也有很深的造诣。法国数学家伽罗瓦在17岁时完成五次方程的代数解论,后来与别人决斗而去世,终年只有21岁。英国科学家波义耳在13岁时就提出了气压与沸点之间关系的新见解,后来他成为皇家学会的卓越组织者。美国物理学家奥本海默,在12岁时撰写了一篇学术论文,引起了不小的反响,后来主持研制了世界上第一颗原子弹。

7. 顺从思维(从众思维定势)

人们受到权威、群体压力等因素的影响,倾向于跟随他人的决策和行动,而不愿意独立思考和做出决策。例如,一些国家的政治体制和社会文化,存在着强大的权威和集体意识,个体在决策和行动时倾向于跟随他人的意见和行动,而不愿意独立思考和做出决策。这种顺从思维可能导致个体的自主性和创新性受到限制,影响社会的进步和发展。

案例 3-3　　　　　　　　　　　毛毛虫实验

法国科学家法伯曾做过一个著名的"毛毛虫"实验。毛毛虫有一种"跟随者"的习性,总是盲目地跟随着前面的毛毛虫走。法伯把若干只毛毛虫放在一个花盆的边缘上,首尾相接,围成一圈,并在花盆周围不到6英寸的地方撒了一些毛毛虫最喜欢吃的松针。毛毛虫开始一只跟着一只,绕着花盆一圈又一圈地走。一小时过去了,一天过去了,毛毛虫还不停地坚持团团转。一连走了七天七夜,终因饥饿和精疲力竭而死去。法伯在实验笔记中写下了这样一句耐人寻味的话:在这么多毛毛虫中,其实只要有一只稍与众不同,大胆尝试,走出圈子,便能立刻避免死亡的命运。

资料来源:波波心理.跟从还是创新?守纪律的毛毛虫给我们的启示[EB/OL].(2023-07-17)[2023-09-27]. https://baijiahao.baidu.com/s?id=1771634701249256192&wfr=spider&for=pc.

8. 权威思维定势

权威思维定势是指在决策或评估某一情境时,人们倾向于受到权威的影响,而较少地进行独立思考或质疑。权威可以是某个人、组织、文化传统或社会普遍接受的观点。人们对于知识和信息的接受度很大程度上受到信息来源的影响。如果信息来源被视为权威,那么人们更容易接受这个信息,不论其是否完全准确。从小,我们就被教导要尊重并听从权威,这可以是家长、教师、上级或其他被视为专家的人。这种社会化过程使得我们在面对不确定或复杂的问题时,自然地寻求权威的意见或指导。依赖权威意见可以快速地做出决策,特别是在信息过多或时间受限的情境下。这为人们提供了一个快捷的决策途径。但是,过度的权威思维定势可能导致盲目从众、缺乏创新和批判性思考。如果权威的意见或决策是错误的,那么那些依赖权威的人也可能会遭受不利的后果。

(三)思维定势的积极作用

虽然思维定势常常被认为是阻碍创新和发展的主观因素之一,但实际上,它们在一定程度上也具有积极的作用。

第一,思维定势有助于提高思维效率。人类在认知过程中会采用一些常见的模式和策略,这些思维定势可以让我们在处理信息时更加高效和准确。例如,当我们看到一个陌生的东西时,就会试图找到它与已知事物的相似之处,从而更快地理解它。

视频 3-1
思维定势之三个实验

第二,思维定势有助于降低决策的风险。在处理复杂的信息时,我们有时会依靠一些经验或惯例来做出决策,这些惯例可能是基于以往的成功或失败经验得出的,有助于我们避免重复犯错或面临风险。

第三,一些思维定势也可以被用于推动创新和变革。例如,"逆向思维"是一种突破传统思维定势的方法,它可以帮助人们找到不同的解决方案和创新点。

第四,思维定势有助于简化认知负担。思维定势可以让我们对事物的认知变得更加简单和易于理解。当我们面对一个熟悉的事物时,我们可以使用以前的知识和经验,这可以让我们更容易地理解它。

因此,我们应该认识到思维定势的积极作用,并在合适的情况下运用它们,同时也要注意思维定势所带来的潜在局限性,并不断拓展自己的思维方式,以更好地应对各种挑战和问题。

(四)思维定势的消极作用

思维定势的消极作用主要表现在以下几个方面。

1. 阻碍创新思维

思维定势往往会限制人们的思维和想象力,导致人们难以开拓新的领域,寻找新的可能性。如果人们一直坚持既有的思维定势,就很难产生新的想法和解决方案,从而阻碍了创新思维。

2. 导致偏见

思维定势往往会导致人们产生各种偏见,这可能会影响人们对事物的判断和决策。如果人们过于依赖以前的知识和经验,就可能忽略一些新的证据或信息,从而产生不正确的结论。

3. 限制个人成长

思维定势可以限制人们的个人成长,因为它会让人们陷入某种舒适区域。如果人们不尝试新的想法和思维方式,就很难发展新的技能和知识,这会限制个人的成长。

4. 误导决策

思维定势会让人们产生某种偏见或固定的思维方式,从而导致人们做出错误的决策。例如,在招聘时,如果雇主只看重应聘者的学历背景而不考虑其他因素,就可能漏掉一些优秀的候选人。

5. 限制合作和沟通

思维定势会让人们产生某种偏见或固定的思维方式,从而导致人们难以理解其他人的观点或想法,进而限制合作和沟通。例如,某些人可能会认为只有自己的观点是正确的,而忽视其他人的观点,这就会导致团队难以合作。

案例与解析

一、案例材料

有这样一则故事:一头驴子背着盐渡河,在河边滑了一跤,跌在水里,结果盐溶化了。驴子站起来时,感到身体轻松了许多,驴子非常高兴,获得了经验。后来有一回,它背着棉花过河,以为再跌倒,可以同上次一样,于是走到河边的时候,便故意跌倒在水中。可是棉花吸收了水,又重又沉,驴子非但不能再站起来,而且一直向下沉,最后被淹死了。

无独有偶,还有这样一则古老的寓言故事:从前,有个卖草帽的人,每天他都很努力地卖着帽子。

有一天,他叫卖得十分疲累,刚好路边有一棵大树,他就把帽子放着,坐在树下打起盹来,等他醒来时,发现身旁的帽子都不见了,抬头一看,树上有很多猴子,而每只猴子的头上都有一顶草帽。他十分惊慌,因为如果帽子不见了,他将无法养家糊口。突然,他想到猴子喜欢模仿人的动作,他就试着举起左手,果然猴子也跟着他举起左手;他拍拍手,猴子也跟着拍拍手。他心想机会来了,于是他赶紧把头上的帽子拿下来,丢在地上。猴子也学着他,将帽子纷纷扔在地上。卖帽子的高高兴兴地捡起帽子,回家去了。回家之后,他将这件奇特的事,告诉了他的儿子和孙子。

很多很多年后,他的孙子继承了家业。有一天,在他卖草帽的途中,也跟爷爷一样,在大树下睡着了,而帽子也同样地被猴子拿走了。孙子想到爷爷曾经告诉他的方法。于是,他举起左手,猴子也跟着举起左手;他拍拍手,猴子也跟着拍拍手,果然,爷爷说的话真管用。最后,他摘下帽子丢在地上,可是,奇怪了,猴子竟然没有跟着他做,还是直瞪着眼看他,看个不停。

不久之后,猴王出现了,把孙子丢在地上的帽子捡起来,还很用力地对着孙子的后脑勺打了一巴掌,说:"开什么玩笑!你以为只有你有爷爷吗?"

资料来源:个人创新思维的障碍[EB/OL].(2022-07-13)[2023-09-27].https://www.xuexila.com/naoli/chuangxinsiwei/71904.html.

二、案例解析

驴子为何会死于非命?孙子为何不能像爷爷当年那样,拿回被猴子拿走的帽子?相信大家都能够看得出，很重要的一个原因是：驴子和孙子都机械地套用了经验。驴子和孙子都受了已有经验的影响，形成了固有思维模式，阻碍了经验改造和思维创新。

当面临同样的问题时，经验使我们形成思维定势，但最后，经验又让我们低头认错。人们总是跳不出经验，甚至让一切最大胆的幻想都打上了个人经验的偏见，就像作家贾平凹所津津乐道的某一位农民的最高理想："我当了国王，全村的粪一个不给拾，全是我的"。这似乎就是人们说的乡村维纳斯效应。德波诺在《实用思维》一书中饶有兴味地描述了一种常见的社会现象：在僻静的乡村，村里最漂亮的姑娘会被村民当作世界上最美的人——维纳斯，在看到更漂亮的姑娘之前，村里的人难以想象出还有比她更美的人。在村里，它是真理，在全世界，它就是偏见。

经验在我们的日常生活和工作中起着至关重要的作用。它为我们提供了处理问题和应对挑战的知识和策略。但是，被经验淹死的驴子和卖草帽的孙子这两则故事提醒我们，过度依赖经验可能会导致我们陷入困境。这些故事揭示了一种普遍现象：经验的双面刃。一方面，经验为我们提供了宝贵的知识，但另一方面，如果我们成为其俘虏，就可能失去更大的机会和可能性。

当环境和条件发生变化时，过去的经验可能不再适用。例如，驴子的故事告诉我们，相同的策略在不同的环境下可能会有不同的结果。今天的企业和团队也面临着同样的问题。新的市场需求、技术革命或社会变革都可能使旧的策略和模式失去效用。而仍然依赖它们可能会导致企业失去竞争力。

再看卖帽子的故事，它揭示了信息和知识更新的重要性。过去的方法在新的情境中可能不再有效。随着时间的推移，策略和方法也需要更新。这不仅仅是因为外部环境的变化，还因为其他参与者，如故事中的猴子，也在不断地学习和进步。

然而，为什么我们如此依赖经验呢？原因可能在于我们的心理机制。当我们遭遇某种成功时，我们往往会过度依赖那次的经验，因为它为我们提供了一种安全感。但这种安全感可能是假象。此外，人们往往害怕尝试新的方法，因为新的尝试意味着风险。但不愿意冒险的态度，可能会导致失去更大的机会。

延伸阅读3-1
创新者的窘境

 延伸阅读

Book Summary: The Innovators' Dilemma by Clayton Christensen

written by Ashish on June 6, 2014

The book presents Clayton's counter-intuitive thesis on how firms with good management practices and a sound understanding of their customers' needs eventually fail at disruptive innovations while still succeeding at sustaining innovations. The book emphasizes that it is not engineering but management oversight that leads to the demise of incumbents in the face of disruptive innovations.

One-line summary: At some point, the incumbent's product's performance exceeds the demand of most customers. Then the "edge" which this performance metrics provided is lost, and the customers' value proposition changes. They start valuing some other metrics, along which a disruptor's product has better performance. The disruptor has an early mover's advantage as well as leading to the demise of the incumbent.

The followings are the salient ideas raised in the book.

Sustaining Innovation: They improve the performance of established products, along with the dimensions of product that mainstream customers in major markets have historically valued. Established firms are usually good at sustaining innovations.

Disruptive Innovation: They result in worst performance, along with those established metrics, at least, in near terms; they are usually cheaper in net price, often more expensive on per performance basis; and they start by capturing emerging markets. Disruptive innovations are usually technologically straight forward. New entrants, instead of incumbents, typically make them. Sustaining innovation is typically aimed at moving upward along specific performance metrics, which the leading customers demand, that is, higher-margin products.

Impact of value networks

Competing theories

1. Organizational hierarchy as an impediment to innovation: Since most big companies organize themselves into hierarchical subgroups, it is challenging to make any change/innovation, which can cause conflict among multiple groups, innovation inside the group has much lower friction. That is why these companies succeed at sustaining innovation and fail at disruptive innovation, which does not it well in the organizational chart.

2. Capabilities and radical technologies as an impediment to innovation: big companies have accumulated tons of prior knowledge and domain expertise. When a disruptive innovation comes, it destroys the value of that past knowledge.

Value Networks: People want to work on things that they believe are valued. Most organizations value things that bring in more revenue. Revenue comes from lead customers. Therefore, these lead customers determine the direction in which an organization invests its resources. Even when established firms innovated on disruptive technologies and their marketing personnel got a negative response from lead customers, it forced the firms to focus on sustaining current innovation. This paradox creates room for a new entrant to produce disruptive innovation and capture new/small customers. From there, it moves upwards. Eventually, this threatens an established firm, who tries to fight back with a similar product. Such a product usually has a lower profit margin than their previous product. But rather than capturing the new market, that is the new entrant's customers; the incumbent ends up selling to the same top customers leading to reduced profits and, at best, defending a portion of the prior business. Companies, or their sales/marketing personnel, are tied to lead customers since they will generate most revenues as well as the bonuses for salespeople in the short term.

Market Risk vs. Competitive Risk

There is always a market risk that a market for an emerging product might not develop. Still, by not taking that risk, incumbents push themselves into competitive threat whereas late entrants, they face the risk of entrenched competition.

Commoditization during sustaining innovation

Once the product is differentiated specification exceeds market demand, it loses its meaning and becomes a commodity since customers no longer value that specification.

Principles

1. Lead customers effectively control the patterns of resource allocation in well-run companies => align a portion of the organization working on the disruptive technology with the right customer.

   ① Align whole of the organization to work on new disruptive technology Micropolis decided to move from 8″ to 5.25″ drive, and its 8″ drive lost to competitors, sales had to refocus from mainframe customers to minicomputer manufacturers. It was a painful move for the whole company.

   ② Align the same organization to work on sustaining as well as disruption Control Data Corp. (CDC) focused simultaneously on 14″ (sustaining) and 8″ (disruptive). The engineers working on 8″ were regularly pulled to off to work on customer issues of 14″ drives, and the CDC failed badly at 8″ drive. To not repeat the same mistake, they assigned a new facility to the team for working on a 5.25″ drive and captured 20% market.

   ③ Create a separate unit in a different facility or spin-off or acquire a new business that will run as a wholly-owned subsidiary-this is the best option. Quantum, 8″ and 5.25″ drive maker, created a spin-off Plus development Corp. with 80% ownership which focused on 3.5″. Eventually, sales of 8″ and 5.25″ died down, and Quantum took 100% ownership of its spin-off to become the largest producer of 3.5″ drives.

2. Small markets don't solve the growth requirements for large companies => make a new unit, a spin-off, small enough that little opportunity will be exciting for it. Executives are focused on keeping the share price going up since that makes employees stock options more valuable. If the prices go down, companies lose the most incentivized employees, which usually are the future leaders. Therefore, there is a strong incentive to focus on increasing revenues to keep the investors happy. Directly going into small markets will not add to their bottom line. Therefore, they have three options to deal with small markets.

   ① Try to make the small market grow at a faster pace—This is not possible. Small markets cannot satisfy the near-term growth requirement of big organizations. Apple tried to do that with its PDA Newton in 1993. While 43,000 Apple II in two years was seen as a success in 1979, selling 140,000 Newton in two years (1993-1994) was as a failure.

② Wait for the market to become large enough and face the competitive risk. Seagate waited for 3.5″ market to grow large enough and then was not able to get customers from Connor Peripherals, who was first getting sale orders from customers and then manufacturing those custom drives.

③ Create a small unit focused on that small market or acquire one. People want to work on projects which address the need of customers and hence, impact organizations' need for profit and growth, if the project lacks this characteristic, then managers have to waste time explaining why the project should be provided resources. Best people avoid such projects, and when things get tight, companies cancel these projects first. Allen Bradley (AB) Company was a leader in electromechanical (EM) switches for HVAC. As they saw less rugged programmable motor controls emerging, they brought full stake in one company and a partial one in another. Eventually, when programmable control became standard, out of five EM manufacturers, only AB was able to maintain its lead. Johnson and Johnson follow a similar strategy of holding 160 independent companies.

3. The ultimate use of disruptive technology is not known in advance, first few attempts to find the right market is going to fail => iterative search for product-market fit is important.

The strategy for dealing with sustaining innovation is execution, while the strategy for dealing with disruptive innovation is learning and discovery with more tolerance towards failure. Guessing the right strategy at the outset is, therefore, not essential. What is more important is to conserve resources for the second and third iteration. HP made 1.3″ drive and targeted PDA market for it. PDA market flopped. Game makers were interested in a cheaper lower quality and lower capacity 1.3″ drive, which HP was either not interested in pursuing or was too exhausted to put more resources towards it.

Honda launched motorbikes in the USA, which were inferior to Harley and BMW in terms of power and pickup. Out of sheer frustration of its engineers who started dirt biking to vent it out, Honda realized that their bikes were better for off-the-road conditions, and people started ordering them for the same. It became the de facto dirt bike. Regular retailers were not interested in them, and eventually, sports retailers agreed to sell the bike. Honda estimated that it would sell 0.5 million bikes annually while they sold ten times that. This estimate shows they had no idea of the market as well as market size, either. Harley tried to introduce similar bikes, but its distributors were more interested in selling regular Harley bikes with a higher profit margin and hence failed. Disruptive technologies neither fit in models of established firms nor their distributors.

4. Organizations consist of RVP (resources, values, and processes), the latter two are pretty rigid => use resources of the main organization but do not take its processes and values. Those processes and values, after all, are aligned for sustained innovation along the current path, they are thus, sub-optimal for disruptive innovation). Managers are great at figuring out whether an employee is the right one for a project or not. They should put the same thought into the organization as well, an organization's values and processes are suitable for a specific type of innovation; they can fail miserably at others.

Only companies that succeed at disruption innovation are whose organization size matches the size of the opportunity, which initially is pretty small.

Resources are usually easy to acquire and move across an organization.

Processes exist so that employees can do specific repetitive tasks in a predefined fashion with reduced friction and increases efficiency. Since these processes are for sustaining innovations, they are a hindrance to disruptive innovation, which would require a new set of processes.

Values are something that an organization values. Such values are explicitly or implicitly communicated to all employees. For example, "we only focus on products whose gross margins are more than 40%" or "we only produce products with quality about certain threshold". Values are a hinderance since employees who have internalized these values cannot value disruptive products. These disruptive products, by definition, are inferior on these metrics. Big companies implicitly value only big markets. Their size becomes a hindrance to small markets, which can later become big.

Resources tend to be flexible and are used for a variety of situations, processes, and values, by nature, are inflexible. A startup's capabilities reside mostly in its resources, for its initial success to continue. As it grows, it has to develop processes and values, which will ensure the continuous production of products. Therefore, for a startup addressing a new problem is about getting the resources right, for a big company, its capabilities (and disabilities) are more tied to its (rigid) processes and values. DEC, which dominated mini-computers, had resources to succeed in micro-computers. Still, its processes were more aligned towards a two-year cycle, with everything made in-house, while most companies were outsourcing the making of parts for micro-computers. Also, it valued the higher profit margin business of the mini-computer.

IBM acquired Rolm, the PBX maker, in 1994, but rather than let it run as a standalone unit, it decided to integrate, and hence, push its processes and values onto Rolm, and it failed badly.

Cisco acquired Stratacom, the ATM and WAN equipment maker, and let it run as an independent unit. It infused more resources for its faster growth.

Microsoft needed to build Internet Explorer (IE) to compete with Netscape since Internet Explorer was a sustaining innovation as it strengthened its existing Windows product, but required a new process, a heavyweight internal team was needed instead of the autonomous unit.

Compaq in 1999 tried to sell computers over the Internet, and its retailers forced it to back off. A different autonomous unit might have succeeded.

Dell started selling computers over the telephone and later began selling them over the Internet was able to do that without any issues since for Dell, this was sustaining innovation.

5. What makes disruptive technology unattractive for an established market constitutes their greatest strength in emerging markets => find new markets that will value the product, ignore established markets as long as the product is not up to the established market's demand.

Product competition has four phases, the basis of competition changes from functionality to the reliability, then convenience, and finally, price (commoditization). The real challenge for a new/disruptive product is a marketing one, and it has to find a market where product competition occurs along dimensions that favored the disruptive attributes of the product. Thus, the aim should always be to provide adequate functionality rather than superior functionality since exceeding the market's demand is redundant.

Quicken by Intuit was a later entrant in the small business accounting software market but captured 70% market by producing a more straightforward product, e.g., previous software required two entries per record, Quicken changed it to one. Genentech invested $1b to produce human equivalent Insulin. Earlier ones were animal-based, and a small fraction of humans-built resistance against them, which were more purified. They tried to sell them at a 25% premium and failed. At the same time, Novo, the Danish Insulin maker, made Insulin pens, which made injecting Insulin more accessible. It was able to sell its product for a 30% premium. Genentech's product was a commodity, while Novo was a premium product in the eyes of customers.

Sony built transistor-based radios, which were of lower quality, but customers valued their portability.

Some more examples

1. Sears dominated departmental stores era but lost to discount stores, once the quality of products sold by discount stores improved beyond customer's requirements.

2. IBM dominated the mainframe but failed to capture minicomputer. DEC dominated minicomputer but lost the microcomputer market. Interestingly, IBM returned to dominated PC market for a while with its stand-alone PC division.

3. As hard drives became smaller, at each stage, new entrants found new customers to sell their products. The new markets, initially, were too small to be lucrative for incumbents, 8″ (customer-mini frame), 5.25″ (customer-mini), 3.5″ (customer-micro), 2.5″ (customer-portable computers), 1.8″ (customer-heart monitor and automobiles).

Interestingly, 1.8″ drive was developed at a big company first, which failed to market it to automobiles, who were buying them from a small startup instead.

4. Mechanical excavators were more powerful than hydraulic ones and hence, more preferred for mining. So, the maker of hydraulic ones initially found a market in home construction, e. g., for sewer lines. Eventually, the "power" metric of hydraulic exceeded market's demand though remained less powerful than mechanical excavators, and people started using them in mining since they ranked better on metrics of "safety". Mechanical excavators were hazardous when a cable snapped.

5. US integrated mill makers focused on the higher end of the market like cans. At the same time, mini-mills, which initially produced lower quality steel and focused on low margin reinforcement bars, later, as they improved the quality, they moved to the higher end of the market.

6. HP created a separate unit to focus on ink-jet printers, while the leading organization focused on laser printers. They ended up targeting distinct markets giving HP edge over Cannon.

7. Intel focused on the DRAM market in the 1970s. Its resource allocation formula allocated capacity proportional to the gross margins of product lines. So, more resources were shifted towards the microprocessor automatically. Eventually, without a specific strategy, Intel became the market leader of the microprocessor market, which Gordon Moore himself underestimated.

视频3-2
The Innovator's Dilemma_Book_Summary

活动名称: 创新逆袭:攻克创新思维难题

目标: 帮助学生认识和克服阻碍创新思维的客观和主观因素,并通过小组活动提出解决方案。

活动步骤:

(1) 情景设定:引导学生回想一个他们曾经在解决问题或提出创新点子时遇到的挑战或阻碍因素。例如,时间限制、资源不足、缺乏信息等。

(2) 分组讨论:将学生分成小组,每个小组选择一个阻碍创新思维的因素进行讨论。要求小组成员分享他们个人经历过的阻碍因素,并分析其对创新思维的影响。

(3) 因素分析:每个小组根据讨论的阻碍因素,共同分析其具体影响。讨论可以围绕以下问题展开:

① 这个因素如何限制创新思维的发展?

② 对于解决问题或提出创新点子,该因素如何阻碍或挑战你的思考过程?

③ 你在面对该因素时有何感受或反应?

(4) 解决方案提出:每个小组合作提出应对所选因素的解决方案。要求学生思考如何克服或减轻该因素的影响,以促进创新思维的发展。

（5）解决方案分享与反馈：每个小组派出一名代表，向全班展示他们的解决方案，并接受其他小组成员的反馈和建议。其他小组可以提出问题、提供改进意见或分享类似经验。

（6）小组方案改进：每个小组根据反馈和讨论，改进他们的解决方案。他们可以添加新的元素、调整步骤或提供更具创新性的解决方案。

（7）最终方案呈现：每个小组再次展示他们改进后的最终解决方案。这次展示应更加完善和详细，包括具体的实施计划、预期的效果和对创新思维的促进作用。

（8）思考总结：引导学生总结他们在活动中的思考和学习。讨论如何克服和应对阻碍创新思维的因素，并分享如何在实际生活或工作中应用所学的解决方案。

 课后思考

1. 人们往往会依赖过去的经验和想法，这种惯性思维会限制我们看待问题的角度，阻碍创新的发生。你有没有遇到过这种情况？如何打破惯性思维，开拓新的思路？

2. 现代科技和科学变得越来越复杂，这意味着创新变得越来越难以实现。你认为如何让更多的人了解和掌握技术和科学知识，以促进创新？

3. 由于竞争激烈，企业往往面临人才流失和招聘难题。你认为如何吸引和留住具有创新能力的人才？

二、工具篇

第一章　创新思维工具：头脑风暴法

学习目标

1. 理解头脑风暴法的基本概念。
2. 掌握头脑风暴法的实施原则和步骤。
3. 通过案例分析和实践演练，能够有效地运用头脑风暴法来产生创新想法，并解决实际问题。

头脑风暴法应用

有一年，美国北方格外寒冷，大雪纷飞，电线上积满冰雪，大跨度的电线经常被积雪压断，严重影响通信。过去，许多人试图解决这一问题，但都未能如愿。后来，电信公司的一位经理应用奥斯本发明的头脑风暴法，尝试解决这一难题。他召开了一种能让头脑卷起风暴的座谈会，参加会议的是不同专业的技术人员，要求他们必须遵守以下原则：

第一，自由思考，即要求与会者尽可能解放思想，无拘无束地思考问题并畅所欲言，不必顾忌自己的想法或说法是否"离经叛道"或"荒唐可笑"。

第二，延迟判断，即要求与会者在会上不要对他人的设想品头论足，不要发表"这个主意好极了""这种想法太离谱了"之类的"捧杀句"或"扼杀句"。至于对设想的评判，留在会后组织专人考虑。

第三，以量求质，即鼓励与会者尽可能多而广地提出设想，以大量的设想来保证质量较高的设想存在。

第四，结合改善，即鼓励与会者积极进行智力互补，在增加自己提出设想的同时，思考如何把两个或更多的设想结合成一个更完善的设想。

按照这种会议规则，大家七嘴八舌议论开来。有人提出设计一种专用的电线清雪机，有人想到用电热来化解冰雪，也有人建议用震荡技术来清除积雪，还有人提出能否带上几把大扫把，乘直升机去扫电线上的积雪。对于这种"坐飞机扫雪"的设想，大家尽管觉得滑稽可笑，但在会上也无人提出批评。相反，有一位工程师在百思不得其解时，听到用直升机扫雪的想法后，大脑突然受到冲击，一种简单可行且高效率的清扫方法冒了出来。

这位工程师想,每当大雪过后,出动直升机沿着积雪严重的电线飞行,依靠高速旋转的螺旋桨即可将电线上的积雪扇落。他马上提出"用直升机扇雪"的新设想,顿时又引起其他与会者的联想,有关用直升机除雪的主意一下子又多了七八条。不到一个小时,与会的10名技术人员共提出90多条新设想。

会后,公司组织专家对设想进行分类论证,专家们认为设计专用的清雪机,采用电热或电池振荡等方法清理电线上的积雪,在技术上虽然可行,但研制费用大,周期长,一时难以见效。而因"坐直升机扫雪"激发的几种设想,倒是非常大胆的新方案,如果可行,将是一种既简单又高效的好办法。经过现场试验,发现用直升机扇雪真能奏效,一个久悬未决的难题,终于在头脑风暴中得到了巧妙的解决。

资料来源:鲁山. 美国"用直升机扇雪"的创新故事[EB/OL]. (2023-10-23)[2023-11-01]. https://zhuanlan.zhihu.com/p/662780981.

思考:

1. 你是否曾经使用过头脑风暴法?如果有,请分享你使用头脑风暴法时的场景和过程。如果没有,请尝试在自己的工作、学习或生活中找到一个适合使用头脑风暴法的场景。

2. 头脑风暴法有哪些优点和缺点?请列出至少三个优点和三个缺点,并分别解释其原因。

3. 除了头脑风暴法,你还知道哪些创新性思维工具和方法?请简要介绍至少两种,并比较它们和头脑风暴法的不同之处。

第一节　头脑风暴法概述

一、头脑风暴法的定义

头脑风暴法(brainstorming method)是一种旨在促进团队成员共同生成大量新的想法和解决方案的集体创新工具。这种工具的核心思想是在一个自由、开放、尊重每个人想法的环境下,让团队成员发挥自己的创造力和想象力,自由地提出自己的想法。通过大量的想法汇集和讨论,团队可以产生更多的创新想法和解决方案。

这个定义的背后,潜藏着几个关键概念。首先,它强调了集体的力量。这并不是说单独的个体无法产生出色的想法,但当多个思维聚集在一起,可能产生的想法的种类和数量经常超出单个人的能力范围。这是因为每个人都有其独特的背景、经验和知识,这些都可能为解决问题提供新的视角。其次,头脑风暴的核心在于自由和开放。这意味着在头脑风暴会议期间,所有的点子都是有价值的,不应该被马上评判或否定。通过避免立即的批评,参与者可能会更愿意分享他们的点子,哪怕这些点子初看上去似乎是"疯狂"的或"不切实际"的。事实上,有时正是这些看似"疯狂"的点子,为困境提供了最具创新性的解决方案。再次,头脑风暴并不仅仅是随机地产生想法。它是一个有组织的过程,旨在创造一个鼓励创意产生的环境。为此,头脑风暴通常需要一个领导者或主持人来引导讨论,确保每个人都有说话的机会,并记录下所有的点子。最后,成功的头脑风暴还需要一些规则,如设定时间限制、避免批评和鼓励发言等。

二、头脑风暴法的发展历程

　　头脑风暴法的诞生源于20世纪40年代的美国广告业，BBDO广告公司的合伙人亚历克斯·奥斯本首次提出这种方法。广告，作为一个需要源源不断的创意的领域，一直饱受创意匮乏的困扰。尤其在团队会议中，由于某些成员的强烈个人观点和偏见，集体的创意往往被束缚，无法得到充分的挖掘和释放。奥斯本深知，人在单独工作时很容易受到创意的限制，但在与他人沟通、交流的过程中，创意就会被激发出来。于是，他萌生了一个构想：如果能够在一个开放、无约束的环境中让人们自由地表达自己的思想，这样的环境或许能够催生更多的创新点子。这就是头脑风暴法的起源。在他的经典之作《创造性思维的奥秘》一书中，奥斯本详细描述了头脑风暴的基本原则和应用方法。这本书对于后来的企业、教育和创新领域都产生了深远的影响，人们开始认识到头脑风暴的巨大潜力。

　　广告的价值主要体现在其创意上。奥斯本作为当时这个行业的领军人物，一直致力于寻找激发创意的新方法。他发现，当多个人聚在一起，而不受任何约束的讨论时，他们的创意会产生化学反应，产出令人惊叹的点子。这个发现是头脑风暴法的核心，也是其成功的关键。

　　随着20世纪五六十年代管理学和组织行为学的崛起，学者们开始对头脑风暴法进行更加深入的探讨。他们研究了头脑风暴法在不同环境、不同文化和不同组织结构中的应用，并得出了许多有关如何优化和完善头脑风暴法的结论。而在技术领域，计算机和互联网的出现进一步推动了头脑风暴法的发展。20世纪七八十年代，随着电子邮件、在线聊天和互联网技术的普及，人们开始探索如何通过这些技术进行远程的头脑风暴。这为跨地域、跨文化的团队提供了协作的可能，也使得头脑风暴变得更加灵活和高效。进入21世纪，全球化的浪潮使得跨文化合作变得日益频繁。头脑风暴法作为一种经过时代验证的创意激发方法，再次被各大公司和团队所重视。同时，新的技术和工具，如思维导图、6帽思考法等也与头脑风暴法相结合，产生了更多新的创意激发方式。

　　尽管头脑风暴法经历了几十年的发展，但其核心原则一直没有改变：那就是在一个开放、无约束的环境中，鼓励人们自由表达自己的观点，激发创意的碰撞。新的技术，如虚拟现实、增强现实等，为头脑风暴法提供了更多的可能性。这使得即使在物理空间受限的条件下，人们也能够自由地进行创意交流。今天的头脑风暴法已经不仅仅是一个简单的讨论方式，它已经成为一种文化，一种鼓励开放、自由、创新的文化。从初创公司到跨国巨头，无论是面对市场上的新挑战还是在产品开发上的新创意，头脑风暴法都是它们的得力助手。

三、头脑风暴法的作用

　　头脑风暴法是一个强大的工具，可以应对各种情境和挑战。它不仅可以帮助团队和组织发掘深藏的创意和机会，还可以增强团队合作、加强决策支持并加速思维过程。正确使用头脑风暴法，可以有效解决问题、促进创新和推动组织发展。

　　1. 激发创意

　　头脑风暴法为参与者提供了一个自由发表意见的环境。在这样的氛围中，人们可以毫无顾忌地提出自己的想法，无论它们多么非传统或与众不同。通过鼓励输出，高质量的点子自然会浮现出来。不仅如此，这种自由流动的讨论还可能导致想法之间的结合和迭代，从而产生全新的创意。

2. 促进跨界合作与交流

在当今快速发展的社会中，问题变得越来越复杂，通常不再局限于单一的领域或学科。为了寻求最佳的解决方案，跨界合作与交流变得尤为关键。头脑风暴，作为一种集体思维活动，成了促进跨界合作与交流的有效工具。头脑风暴通常邀请不同背景、经验和专业知识的人参加，这样的多样性有助于从不同的角度看待问题，促进交叉学科的合作和交流，最终导致更为全面和独特的解决方案。

3. 重新定义问题

在解决问题或寻找新的机会时，如何定义问题本身常常决定了我们的行动方向和最终的解决方案。事实上，问题的定义对于找到问题的答案至关重要。在这个背景下，头脑风暴法作为一种集体的思考方法，为我们提供了一个理想的平台来重新定义或精确地阐明问题。头脑风暴法使团队能够从多个角度看待一个问题，重新定义问题，从而找到更为合适的解决途径。

4. 凝聚团队精神

头脑风暴法不仅仅是一个解决问题或产生创意的工具，它同样是一个凝聚团队精神的机制。当一个团队聚在一起，共同为一个目标或问题脑力激荡，这样的过程不仅能加深团队成员之间的了解，还能增强他们之间的纽带和协同效应。团队成员可以更好地了解彼此的思维方式、能力和专长，增强团队之间的默契和合作。

5. 解决复杂问题

复杂问题是现代社会和组织中普遍存在的挑战。这些问题的特点是多层次、多维度和相互关联，需要综合思考和多方面的解决策略。在这种背景下，头脑风暴法作为一种创新的思维工具，为解决复杂问题提供了独特的优势和价值。头脑风暴法通过集合团队成员的不同背景和经验，确保问题从多个角度得到考虑，从而得出更为全面和深入的解决方案。

6. 提供决策支持

在组织和团队中，决策是日常工作的重要组成部分，涉及的问题既有简单的，又有复杂的，而决策的好坏直接关系到项目的成功与否、公司的经营效益甚至是组织的生存。头脑风暴法，作为一种集思广益的创意生成方法，为决策过程提供了强大的支持。头脑风暴的过程鼓励参与者自由发表意见，无论这些意见是否常规或受到普遍接受。这种开放的环境可以生成大量的想法和建议，为决策者提供了丰富的选择，从而不会仅局限于某一个或某几个方案。

7. 挑战现状

在任何组织或团队中，对现有的做法、策略或理念产生挑战和质疑，往往是进步和创新的第一步。头脑风暴，作为一种寻求新思维和新方法的活动，自然成了挑战现状的重要工具。它鼓励参与者思考他们现有的做事方式和信仰，挑战那些已经成为常规的观念。这可以帮助组织或团队发现新的机会，或者找到改进现有过程和产品的方法。

8. 加速思维过程

当我们谈及创意或解决问题的过程，时间往往是一个关键因素。在这种背景下，头脑风暴法作为一种有效的集体创意工具,展现了其在加速思维过程中的独特价值。它汇集了来自不同背景、经验和知识的人们的思考。这种集体智慧的结合意味着,同一个问题可以从多个角度得到快速的回应和考虑,从而大大加快了思考的速度。

第二节　头脑风暴法的实施原则

视频 1-1
The Ultimate Brainstorming Exercise

　　头脑风暴法,作为一种寻求解决方案的工具,需要特定的环境和条件才能充分发挥其效果。为此,了解和实践以下原则显得至关重要。

一、避免评判

　　在各种团队合作和创意过程中,避免早期评判是至关重要的。头脑风暴法作为一个激发创意和寻找解决方案的工具,应避免评判被奉为头脑风暴法的核心原则之一,具体有如下原因:

　　第一,我们必须认识到人们都有自尊,害怕批评和拒绝。当一个人鼓起勇气,分享自己的想法时,这个想法就像是他们的"孩子"。如果这个"孩子"刚刚出现就受到了批判,提议者可能会感到受伤,从而在后续的讨论中变得沉默或过于谨慎。因此,早期评判实际上是在遏制创意的火花,让其在刚刚燃起时就被扑灭。

　　第二,早期评判可能会阻止团队发掘出某个想法背后的潜在价值。很多时候,一个初步的,甚至是半成熟的想法,经过集体的努力,都有可能成长为一个创新且行之有效的方案。如果我们太早地下定论,认为某个想法不可行或不切实际,那么我们实际上可能会错失一个探索和完善其潜力的机会。

　　第三,评判还会中断思考的自然流动。头脑风暴应该是一个自由流动的过程,人们应该能够毫无拘束地分享他们的思考。然而,如果环境中充斥着评判,那么这种流动性就会被打断。每个想法在被提出之前,都会在提出者的脑海中进行预先筛选,他们会问自己"这个想法会被接受吗"或"我会因为这个想法而受到批判吗",这样的自我筛选会大大减少能够被分享出来的创意数量。而在创意的世界里,数量和质量往往是相辅相成的。一个大量的、未经筛选的想法池为团队提供了筛选、完善和组合的机会,从而可能催生出真正的创新方案。

　　避免评判不仅是为了保护参与者的感受,还是为了创造一个真正促进创意的环境。在这样的环境中,每一个想法都被视为有价值的,值得被探索和完善。因此,避免评判是实现头脑风暴法真正潜力的关键,也是确保每一次头脑风暴活动都能够产出最大价值的重要手段。

二、鼓励广泛和异乎寻常的想法

　　头脑风暴法的一个核心目标是激发和发现创意,而这往往需要参与者走出他们的思维舒适区。这就是"鼓励广泛和异乎寻常的想法"成为头脑风暴法的关键原则之一的原因所在。

　　第一,只有当我们鼓励广泛的想法时,我们才能真正探索所有可能的解决方案。问题和挑战常常有多种可能的答案，而不仅仅是那些表面上显而易见的。鼓励广泛的想法意味着我们正在寻找那些不那么显而易见，但可能更为有效的答案。这样的答案往往隐藏在常规思维之外，需要我们进行更深入的挖掘。

第二，异乎寻常的想法往往具有破坏性的创新潜力。正是那些最初被视为"太疯狂"的想法，最终为行业或领域带来重大的突破。历史上，很多伟大的发明和创新都起源于一开始被视为离经叛道的构想。鼓励这种思考方式能够确保我们不会错过那些可能颠覆现状的大胆想法。

第三，鼓励广泛和异乎寻常的想法也能够促进参与者的思维敏锐性和创意能力。在一个鼓励创新的环境中，人们会更愿意挑战自己，尝试新的思维方式，而不是固守既定的观念和框架。这不仅有助于当下的问题解决，还可以长期培养和提高团队的整体创新能力。

第四，这一原则还为头脑风暴活动创造了一种积极、开放和包容的氛围。在这样的氛围中，每个人都知道自己的观点和想法都会被尊重和欣赏，不会因为某个想法太"离经叛道"而受到冷落或嘲笑。这种氛围可以极大地提高参与者的投入度和积极性，从而提高头脑风暴的整体效果。

三、追求数量

在头脑风暴的过程中，追求想法的数量而非仅仅是质量，是一个经常被提及的原则。这种追求数量的原则初看似乎与我们通常强调质量的理念相反，但实际上，它具有深远的内涵和价值。

第一，追求大量的想法意味着广泛的探索。只有通过积累大量的想法，我们才能确保覆盖了所有可能的解决方案空间。每一个新的、不同的想法都可以为问题提供一个新的视角或解决途径。这种广泛的探索有助于防止我们过早地锁定在某一解决方案上，从而错过了更好的其他可能性。

第二，数量往往催生质量。虽然在头脑风暴中生成的每一个想法都不一定是最终的、完美的解决方案，但这些想法中的很大一部分有可能成为更好解决方案的催化剂。一些初步的、尚不成熟的想法可以引发更深入的讨论和思考，进一步演化成为更为完善的方案。在这个过程中，大量的初步想法为深入探讨和改进创意提供了丰富的"原材料"。

第三，追求数量也鼓励参与者释放自己的思维。当目标是生成尽可能多的想法时，参与者往往会放开自己，不再担心自己的想法是否完美或是否会被接受。这种自由放任的思考环境可以大大提高头脑风暴的活跃度和效率。

第四，追求数量可以培养团队的协作和交流能力。当每个参与者都努力产生和分享自己的想法时，这不仅促进了知识和信息的交流，还加强了团队成员之间的互动和合作。这样的过程可以增强团队的凝聚力和协同效应，有助于构建一个更为和谐、高效的团队。

四、互相建构

头脑风暴法中的"互相建构"原则鼓励团队成员之间对他人的想法进行积极的反馈，而不是简单地罗列或否定。这一原则不仅仅是一个技术性的指导方针，它也代表了一种协作和合作的哲学，凸显了集体智慧的价值。

第一,当团队成员互相建构时,它实际上促进了知识的叠加和积淀。每个人的知识和经验都是独特的,当一个人的想法得到另一个人的补充或延伸,这实际上是两个或多个不同背景、经验和知识领域的结合。这种叠加和整合有可能导致原创性和创新性的想法,这些想法在单独的情况下是无法产生的。

第二,互相建构鼓励积极的参与和反馈。在这样的环境中,团队成员不再害怕他们的想法被忽视或轻视。相反,他们知道他们的每一个想法都是有价值的,可以被其他人进一步发展和完善。这种积极的反馈循环可以大大提高团队的士气和动力,使每个人都愿意分享和参与。

第三,互相建构有助于防止思维的定势化。当我们单独工作或仅仅基于自己的知识和经验去考虑问题时,我们可能会陷入某种固定的思维模式。但是,当我们的想法被其他人拓展和改进时,促使我们从不同的角度和视角来看待问题,从而有可能打破这种定势化的思维。

第四,互相建构加强了团队的凝聚力和一致性。当团队成员感受到他们的贡献被珍视和尊重,并且他们的想法是团队共同创新的一部分时,这可以加强他们对团队的归属感和认同感。在这样的环境中,团队成员更有可能相互信任,协作,并共同为目标努力。

最后,互相建构是一种对创意的尊重。每一个想法,无论多么初步或未经打磨,都代表了某种独特的观点或见解。通过互相建构,这些想法得以生长,发展,与其他想法结合,从而形成一个完整、有深度的解决方案。

五、设定明确的问题或挑战

在任何创新和解决问题的过程中,明确地知道我们要解决什么问题是至关重要的。设定一个明确的问题或挑战在头脑风暴中尤为关键,因为这为整个创意生成过程提供了方向和焦点。

第一,明确的问题为参与者提供了一个共同的出发点。在多元化的团队中,每个人都有不同的背景、经验和知识。如果没有一个明确和具体的问题来指引,团队成员可能会沿着各自的思维轨迹前进,导致讨论分散,缺乏深度和效率。相反,一个明确的问题可以使所有人聚焦于同一目标,确保每个人都向着相同的方向努力。

第二,明确的问题为创意提供了范围和界限。虽然"界限"这个词在创意和创新的语境中可能听起来有些限制性,但实际上,适当的界限可以刺激更深入、更有针对性的思考。当人们知道他们需要解决的具体问题是什么,他们更可能深入探索和考虑各种可能的解决方案,而不是停留在表面或过于广泛的想法上。同时,设定明确的问题也可以提高头脑风暴的动力和紧迫感。当团队面临一个具体和紧迫的挑战时,这种挑战本身就可以激发他们的积极性和创意。他们更可能投入更多的时间和精力来思考和提出解决方案,因为他们清楚地知道他们努力的目的是什么。

第三,明确的问题为后续的决策和执行提供了基础。头脑风暴的目的不仅仅是生成创意,还要选择和实施这些创意。只有当团队清楚地知道他们需要解决的问题是什么,他们才能有效地评估各种想法的优缺点,选择最佳的方案,然后将其转化为实际的行动。

第四,设定明确的问题有助于衡量头脑风暴的效果和成功。在结束头脑风暴后,团队可以回顾最初设定的问题,评估他们提出的解决方案是否真正解决了这个问题,以及他们是否达到了预期的目标。这为团队提供了一个标准,帮助他们了解自己的工作效果,并为未来的头脑风暴提供宝贵的经验和教训。

六、为每个人提供发言机会

在团队合作的背景下,确保每个人都有机会表达自己的观点和想法是至关重要的。特别是在头脑风暴这样的活动中,让每个参与者都能发言,不仅可以加强团队的合作精神,还可以确保从各个角度都对问题进行了深入的探索,从而得出更全面和创新的解决方案。

第一,每个团队成员都拥有独特的背景、经验和知识。这意味着每个人都可能为问题带来一个新的、与众不同的视角。当每个人都有机会分享其想法时,团队就能从中受益,收集到更多的信息和建议。这样的多元性是创新的关键,因为它为团队打开了新的思考路径,有时甚至可能引发全新的解决方案。

第二,每个团队成员都有发言机会有助于创建一个包容和支持性的团队氛围。当团队成员感觉他们的声音被听到和尊重时,他们更有可能积极参与和贡献自己的观点。这不仅增强了团队的凝聚力,还有助于促进更开放和诚实的沟通,因为成员们知道他们的观点不会被忽视或贬低。

第三,确保每个团队成员都有发言机会可以预防某些声音在团队中过于主导,从而抑制其他人的观点。在一些团队中,可能会有一两个声音特别响亮或有影响力,这可能会导致其他成员感觉他们的观点不重要或不值得分享。通过确保每个人都有机会发言,团队领导可以确保所有的声音都被听到,而不是只听取少数人的观点。

第四,给予每个团队成员发言的机会可以帮助团队识别并利用其潜在的内部资源。每个团队成员都可能在某个领域有特殊的知识或技能,只有当他们有机会分享这些知识或技能时,团队才能充分利用这些资源。例如,一个团队成员可能之前在一个与当前项目类似的项目中工作过,他的经验和见解可能为当前的问题提供有价值的洞察。

第五,鼓励每个团队成员发言有助于提高团队的决策质量。当一个决策是基于团队中所有成员的共同见解和建议制定的,这个决策更可能是全面的,也更有可能获得团队的支持和执行。相反,如果决策是基于少数人的观点制定的,它可能会忽略某些重要的方面,或者得不到团队的广泛支持。

七、选择适当的环境

选择适当的环境是头脑风暴法的关键元素。一个好的环境不仅能激发团队的创意思维,而且还能为沟通提供一个无障碍的舞台,帮助团队成员畅所欲言,尽情地释放自己的思维能量。

第一,环境的舒适度直接关系到参与者的心态和投入度。如果团队成员坐在硬木椅上,或者身处一个光线昏暗、通风不良的房间,他们很可能会分心,不易于集中注意力。相反,一个明亮、宽敞且舒适的环境可以使人们放松,更容易进入创意的状态。考虑到人们在舒适的环境中更容易放松和开放,为团队选择一个合适的环境是至关重要的。

第二,环境的设计和布局也起到了关键的作用。一个开放式的布局可以鼓励团队成员之间的交流,而不是让他们感觉被隔离或受到限制。此外,提供充足的写字板、便签和写字工具,可以使团队成员方便地记录和共享他们的想法。选择一个可以自由移动、重新布置的环境,能够为团队成员提供更多的机会来展示、讨论和改进他们的创意。

第三,环境中的一些细节也不应被忽视,如背景音乐、艺术品或舒适的家具都可以为环境增添活力,激发团队的创造力。有些团队可能会发现,在大自然中进行头脑风暴,如公园或花园,能够为他们带来新鲜的灵感和观点。然而,重要的是要确保这些细节不会成为分心的元素,而是能够增强团队成员之间的互动和合作。

第四,考虑到某些话题或问题可能涉及敏感或隐私内容,选择一个能为团队成员提供足够私密性的环境也是非常重要的。在这样的环境中,团队成员可能会更愿意分享他们的真实想法和感受,而不是担心被他人听到或评判。

第五,选择一个远离日常工作环境的地方进行头脑风暴,有时也是一个好方法。这种做法可以帮助团队成员从日常的思维模式中解脱出来,看到更广阔的视角,探索更多的可能性。

第三节 头脑风暴法的类别

视频 1-2
Six Creative Ways to Brainstorm Ideas

头脑风暴法作为激发创造性思维和解决问题的方法,可以应用于各种不同的情境和领域。

一、引导式小组头脑风暴法

(一) 引导式小组头脑风暴法的定义

引导式小组头脑风暴法(guided group brainstorming method)是一种集体思考的方法,由主持人引导小组成员在特定的主题或问题下进行头脑风暴,以产生创新和创意的解决方案。在这种方法中,小组成员齐聚一堂,共同思考一个特定的问题或主题,并以非常自由的方式分享他们的想法、意见和建议。同时,一个引导者会引导这个小组的讨论,以确保讨论的重点保持在主题上,并在必要时给予鼓励和建议。

这种方法通常被用于解决一个团队或组织面临的具体问题,如新产品开发、市场营销策略、团队合作等。在一个指定的时间内,小组成员会自由地分享他们的想法和建议,并互相启发和鼓励。这种方法的运用是为了激发创造力和创新能力,并通过充分的讨论和交流,最终得到一个综合的解决方案。

(二) 引导式小组头脑风暴法的特点

1. 引导者的角色

引导者在头脑风暴过程中扮演着至关重要的角色。他们不仅仅是流程的组织者,更是促进想法交流、确保会议效率并引领团队达到预定目标的关键因素。其职责和作用如下:

(1) 设定明确目标。在头脑风暴会议开始之前,引导者需要确保所有参与者明确会议的目的和目标。这可以是解决一个具体问题、开发新的创意、寻找某个项目的解决方案等。

（2）创建开放氛围。引导者要确保会议的氛围是开放和非批判性的，鼓励每个小组成员都能自由地发表意见，即使是最非主流的、看似离谱的想法也不应被压制。

（3）维持讨论的焦点。在讨论过程中，可能会有很多分心的元素或跑题的情况。引导者的任务是确保讨论始终围绕核心话题进行，避免团队陷入无关的或偏离主题的讨论中。

（4）确保每个小组成员都有发言权。在集体讨论中，可能有些成员比较内向或被其他更为活跃的成员所掩盖。引导者需要确保每个小组成员都有平等的机会发表自己的看法，尤其是鼓励那些平时较为沉默的成员参与。

（5）激发和刺激思维。引导者可以通过提出开放式问题、使用各种创意技巧或情景模拟等方式，激发团队的创造力和思维活跃度。

（6）记录和整理意见。虽然这个任务通常由另一个团队成员完成，但引导者需要确保所有的想法都被记录下来，并在会议结束时进行整理和归纳。

（7）管理时间。为了确保头脑风暴会议的效率，引导者需要对会议的时间进行有效的管理，确保每个环节都在预定的时间内完成。

（8）提供反馈。在会议结束后，引导者应该为团队提供关于会议成果的反馈，帮助团队了解他们的创意产出和未来的行动计划。

2. 结构化的过程

头脑风暴看似是一个充满自由与创意的活动，但其背后是一个严格的结构化过程，旨在确保讨论的有效性和结果的实用性。这种结构化的方法学能帮助团队避免偏离目标、浪费时间和资源，同时保证了产生的想法既是新颖的，又是相关的。其具体表现在以下五个方面：

（1）明确目的与议题。每次头脑风暴活动都开始于一个明确、具体的问题或挑战。这确保了团队成员在讨论过程中有一个共同的焦点，避免了无的放矢。问题的明确性还可以帮助团队成员迅速进入状态，激发他们的思考热情。

（2）规定时间和步骤。结构化的头脑风暴通常有固定的时间限制和明确的步骤。例如，某一阶段可能专注于自由想法的产生，接下来的阶段则是想法的分类和评估。这样的结构确保每个阶段都能获得充分的关注，避免某些环节被忽视或延长。

（3）创意激发技巧。在头脑风暴的过程中，为了激发更多的创意，经常会使用各种技巧和工具，如类比法、逆向思维或随机词法等。这些技巧可以帮助团队跳出传统的思维模式，探索新的可能性。

（4）想法的记录与整理。在头脑风暴的过程中，由专人负责记录团队的每一个想法，无论这个想法是否看起来实用或者与主题相关。随后，这些想法会被整理、归类和评估，确保没有任何有价值的点子被遗漏。

（5）反馈与评估。一旦所有的想法都被记录和整理，团队会进入评估阶段。在这个阶段，团队成员会讨论每一个想法的优缺点，选择最有前景的方案。这一阶段的讨论往往是结构化的，有明确的评估标准和方法。

结构化的过程为头脑风暴提供了一个稳定、有序的框架，确保团队的讨论始终聚焦在目标上，产生的想法既有创意性，又有实用性。而这种结构的存在并不意味着限制团队的创造力，而是通过明确的步骤和技巧，帮助团队更有效地挖掘和利用他们的潜能。

3. 团队参与

在引导式小组头脑风暴中,团队参与的价值不容忽视。团队的力量源于其成员的多样性,各种不同的背景、经验和思维方式为解决问题带来了丰富的视角。

(1) 多样性带来的广泛视角。团队中的每个成员都有他们的经验、知识和观点,这使得问题可以从多个方面进行考虑。例如,营销人员可能会从客户的角度看待问题,而工程师可能会从技术可行性的角度进行考虑。这种多样性确保了讨论的全面性,避免了狭隘的思考。

(2) 集体智慧的力量。团队的集体智慧经常超越任何单个成员的能力。在团队的互动中,一个想法可能会激发另一个想法,形成一个连锁反应,产生一个完全新的、创新的解决方案。

(3) 提高参与感和责任感。当团队成员积极参与讨论,提出并评价想法时,他们会对最终的结果产生更强的归属感和责任感。这不仅增加了解决方案的接受度,还有助于确保后续的执行和实施。

(4) 促进团队凝聚力和合作。头脑风暴不仅仅是解决问题的工具,它还是一个团队建设的机会。在这个过程中,团队成员有机会更好地了解彼此,建立信任,并学会如何更有效地合作。

(5) 识别和利用团队成员的特长。在头脑风暴的过程中,团队成员的个人特长和专长往往会显现出来。这为团队领导和其他成员提供了一个机会,以更好地了解和利用这些特长,从而优化团队的整体表现。

(三) 引导式小组头脑风暴法的具体步骤

1. 定义问题

在引导式小组头脑风暴法中,定义问题是首要的关键步骤。一个清晰、精确的问题可以为后续的讨论奠定坚实的基础。定义问题要注意以下六个方面:

(1) 明确问题的背景。头脑风暴开始前,要确保所有参与者都理解问题背后的背景和上下文。这包括涉及的各种相关事实、前提、约束条件及任何先前的尝试和它们的结果。了解这些背景信息有助于团队在头脑风暴时避免走进死胡同或重复以前的错误。

(2) 使用开放式问题。为了激发团队的创造力,问题应该以开放的方式提出,而不是一个简单的是/否问题。例如,"我们如何提高产品销量?"比"我们是否应该减少产品的价格?"更具启发性。

(3) 避免偏见和限制。在定义问题时,要避免过多的偏见或预设的解决方案。问题应该足够开放,以允许多种可能的答案,而不是将参与者的思维限制在特定的框架或方向上。

(4) 明确和简洁。尽管问题应该是开放式的,它也应该足够明确和简洁,以便所有参与者都能迅速地理解并开始思考可能的解决方案。过于复杂或模糊的问题可能会导致混乱或分散注意力。

(5) 考虑使用可视化工具。为帮助团队更好地理解和聚焦于问题,可以考虑使用可视化工具,如流程图、思维导图或其他相关图形,来展示问题的核心要点和关键因素。

(6) 获得团队的反馈。在最终确定问题定义之前,征求团队成员的反馈是很有价值的。他们可能会提供关于如何更好地精确或调整问题的建议,从而确保问题与团队的知识和经验相匹配。

2. 个人发散

在引导式小组头脑风暴的过程中,个人发散是一个至关重要的步骤。这一阶段鼓励每个参与者独立思考,而不受其他人的意见或观点的影响,从而确保每个人的独特观点和创意都得到充分的考虑。个人发散阶段需注意以下六个方面:

(1) 创建安静的环境。要让每个参与者集中注意力,最好为他们提供一个安静且无干扰的环境。这可以是一个单独的房间,或者简单地要求所有参与者静音并专注于他们的想法。

(2) 设定时间限制。给予参与者一定的时间(如 5～10 分钟)来独立地列出他们的想法。时间限制可以帮助人们集中精力,并鼓励他们快速记录他们的第一印象和直觉。

(3) 鼓励采用多种方法。有的人可能喜欢使用纸和笔来列出他们的想法,而有的人可能更喜欢使用电子工具。鼓励参与者使用他们最舒适的方法。

(4) 避免自我筛选。这是个人发散阶段的关键。告诉参与者不要在此时评价或筛选其他人的想法,不管它们多么奇特或离奇。

(5) 利用启发式工具。如果某些参与者在发散阶段遇到困难,可以为他们提供启发式工具或技巧,如随机词汇、图片或其他相关刺激,来激发他们的创意。

(6) 收集所有的想法。当设定的时间一到,引导者应该收集每个人的想法,并将它们列在白板或其他可见的地方。确保每个人的所有想法都得到记录,不论其质量如何。

3. 思路共享

在这个阶段,团队成员会聚在一起,共同分享、探讨、扩展并建立在每个人独立思考的基础上的想法。这是一个充满活力、交流和协作的时刻,能够产生一种创意的叠加效应。思路共享需注意以下六个方面:

(1) 创建开放的氛围。引导者应确保创造一个安全、积极、无评判的环境,这样参与者才会感到自由地分享他们的想法。

(2) 按顺序分享。为了确保每个人都有平等的机会分享自己的观点,可以按照预先设定的顺序或随机的方式,让每个参与者分享他们在个人发散阶段的想法。

(3) 无中断规则。在某人分享其想法时,其他人应保持安静,不进行打断或评论。每个想法都值得被听到和尊重。

(4) 记录每一个想法。当参与者分享他们的想法时,引导者或指定的记录者应在白板或便签上记录下来,以确保所有的点子都被可视化和记录。

(5) 避免过早的评判。虽然此阶段允许对想法进行建设性的反馈,但重要的是要避免对任何想法进行过早的评判或批评。这会抑制创意和开放的交流。

(6) 鼓励互动与问询。除了分享想法,鼓励团队成员互相提问、寻求澄清或更深入地了解某个想法的背后思路。

4. 讨论与整合

完成思路共享后,团队进入了头脑风暴的另一个关键环节——讨论与整合。在这个阶段,不同的观点和创意被仔细审查、批评、讨论,并整合成更具实施性和价值的解决方案或建议。讨论与整合需注意以下六个方面:

(1) 深入探讨。在思路共享阶段,团队成员提出了许多想法,而在讨论与整合阶段,这些想法将受到深入的探讨。团队成员之间应鼓励提问,这样可以更好地理解每个想法的细节和潜在价值。

（2）结构化分析。使用工具和方法，如 SWOT 分析（优势、劣势、机会和威胁）或其他评估工具，帮助团队更系统地评估每个想法的优点和局限性。

（3）寻求共识。为了进一步整合想法，团队成员应寻求共识。这可能涉及讨论、辩论和投票，以确定哪些想法最值得进一步探索或实施。

（4）建立连接。查看是否有两个或更多的想法可以结合成一个更强大或更具实用性的解决方案。通过将相关的点子融合，团队可以创造出更有影响力的策略或建议。

（5）优先排序。基于团队的讨论和共识，对所有的想法进行优先排序。哪些想法最有潜力？哪些是最切实可行的？哪些对当前的问题或挑战最为相关？

（6）记录和归档。所有的讨论、决策和整合结果都应该被详细记录并妥善保存。这不仅为后续的行动提供了指导，而且在未来的决策过程中也是宝贵的资源。

5. 总结与制订行动计划

完成讨论与整合步骤后，团队进入了头脑风暴的收尾阶段——总结与制订行动计划。在这个阶段，团队对整个过程进行回顾和反思，确立后续步骤，并为实施提供明确的路线图。总结与制订行动计划需注意以下七个方面：

（1）回顾总结。开始对整个头脑风暴过程进行回顾，重点关注团队已经达成的共识和主要发现。这是对整个过程进行检查和平衡的机会，确保所有关键的信息都被捕捉到，并且没有重要的遗漏。

（2）明确行动项。基于团队的讨论和决策，列出所有的行动项。这些行动项应该是具体的、明确的，并且可以度量的，这样团队可以在后续的实施中跟踪进度。

（3）指定责任人。为每个行动项指定一个或多个负责人。这确保了每个任务都有明确的责任人，增加了任务完成的可能性。

（4）设定时间表。对于每一个行动项，制定一个明确的时间表，包括开始和结束的日期。这为团队提供了一个清晰的期望和时间框架，帮助管理和监控进度。

（5）资源配置。根据每个行动项的需要，分配必要的资源，包括资金、人力、技术等，以确保每个任务都有足够的资源来完成。

（6）监测与评估。建立一个监测和评估机制，以跟踪行动计划的实施情况，包括定期的检查点、里程碑或其他评估工具。

（7）反馈与调整。随着时间的推移，可能会出现新的情况或挑战，这需要团队对原始的行动计划进行调整。建立一个反馈机制，让团队成员可以提供他们的见解和建议，确保计划始终保持最佳状态。

总结与制订行动计划是确保头脑风暴的成果能够转化为实际行动的关键。没有明确的总结和行动计划，最有价值的想法可能会被遗忘或浪费。通过明确的总结和制订行动计划，团队不仅能够确保他们的努力产生了实际的成果，而且还能为未来的挑战提供有力的支撑和指导。

（四）引导式小组头脑风暴法的优缺点

1. 优点

引导式小组头脑风暴法具有以下优点：

(1) 提高了效率。引导式小组头脑风暴法可以帮助小组成员更快地集中精力进行头脑风暴,减少了不相关的话题和想法的出现,提高了效率。

(2) 提高了创造力。由于有引导者的帮助,小组成员可以有目的地、系统地探索问题,提高创造力。

(3) 促进了小组互动。由于引导者可以帮助小组成员之间交流和分享想法,可以促进小组成员之间更好地互动和协作。

(4) 提高了成员的参与度。通过引导式小组头脑风暴,每个小组成员都有机会独立贡献自己的想法和观点,从而提高了每个成员的参与度和投入感。

(5) 可以应用于各种问题。它是一种通用的技术,可以用于解决各种问题,如市场营销、新产品开发、人员管理等。

2. 缺点

引导式小组头脑风暴法存在以下缺点:

(1) 依赖于引导者的技能。引导式小组头脑风暴法的质量取决于引导者的技能和经验,如果引导者没有足够的经验或没有充分准备,可能会影响头脑风暴的质量。

(2) 可能限制自由思考。有些小组成员可能会感到受到了限制,因为他们被要求按照引导者提出的问题来进行头脑风暴,这可能会限制他们自由思考的能力。

(3) 有些问题难以引导。对于某些非常抽象或复杂的问题,可能会很难设计出有效的引导问题。

(4) 可能会出现群体思维。在小组讨论中,某些成员可能会受到其他成员的影响而发表与自己想法不同的观点,这可能导致群体思维的出现。

二、名义小组式头脑风暴法

(一) 名义小组式头脑风暴法的定义

名义小组式头脑风暴法(nominal group brainstorming method)是一种团队决策技术,旨在促进小组成员参与、创新和协作的过程。该团队决策技术将小组成员聚集在一起,通过一个预定的步骤,鼓励他们集思广益,共同制定解决方案。与常规的开放讨论不同,该方法侧重于结构化的过程,让每个人都有平等的机会分享他们的观点,并通过投票来确定最优解决方案。

(二) 名义小组式头脑风暴法的实施步骤

1. 问题描述

在名义小组式头脑风暴的开始阶段,领导者或引导者必须先确保所有参与者都对要讨论的问题或挑战有明确的认识。这意味着问题应该明确、具体且无歧义。为了达到这一目标,领导者或引导者可以提供背景资料、案例研究或其他相关信息,以确保所有参与者都有相同的知识基础。此外,这一步骤还可以帮助参与者将思维集中在特定的问题上,从而提高讨论的效率。

2. 静默思考

这是一个关键步骤,旨在鼓励每个参与者独立思考,而不受其他人的意见或观点的影响。在这个阶段,参与者可以集中精力、创造性地思考,并记录下他们对问题的答案或建议。

这一步骤的目的是确保每个参与者的观点都被考虑到,并为接下来的步骤提供多样化的建议。

3. 轮流分享

在这一步骤中,每个参与者都将有机会分享他们的想法。这是一个非常民主的过程,因为每个人的声音都被平等地对待。重要的是,在此过程中,其他参与者不进行评价或评论,确保一个开放和非批判性的氛围。这不仅可以鼓励参与者分享他们的想法,还可以避免让某些参与者因为担心被批评而保留自己的观点。

4. 组讨论

在轮流分享之后,团队会进入一个开放的讨论阶段。在这个阶段,每个被提出的建议都将深入探讨。每个成员都有机会解释、辩护或进一步阐述他们的观点。这一步骤的目的是确保每个建议都经过深入分析,同时鼓励参与者之间的交流和合作。

5. 秘密投票

讨论结束后,每个参与者都需要对所有的建议进行投票。这是一个匿名的过程,确保每个参与者都可以根据自己的判断进行选择,而不受外界压力的影响。投票可以采用多种方式进行,如使用纸条、电子投票系统等。这一步骤的目的是确定哪些建议得到了最多的支持,并为下一步的决策提供参考。

6. 排名和决策

基于投票的结果,团队可以对所有建议进行排名。这一步骤可以帮助团队明确哪些建议最受欢迎,哪些建议最可能实现。然后,根据排名和团队的目标,可以做出相应的决策。这确保了决策过程既民主又高效,确保了每个参与者的参与和贡献。

(三) 名义小组式头脑风暴法的优缺点

1. 优点

名义小组式头脑风暴法是一种非常有效的决策技术,有以下五个优点:

(1) 鼓励参与。每个小组成员都有机会独立思考并贡献自己的想法,不会被其他成员的意见所压倒或忽视。

(2) 集思广益。通过轮流展示每个小组成员的想法和对其进行讨论、分类,可以促进小组成员之间的互动和共同创造,帮助小组成员一起寻找最佳的解决方案。

(3) 简单易行。步骤简单易懂,不需要任何特殊技能或工具,因此可以很容易地在小组会议中使用。

(4) 明确的结果。投票环节可以明确每个小组成员对每个想法的看法,从而可以快速确定小组成员认为最有价值的想法。

(5) 鼓励参与和认可每个小组成员的想法,增强团队合作精神。

2. 缺点

名义小组法也有一些限制:

(1) 需要一定的时间。因为需要每个小组成员独立思考、交流和投票,可能会影响他们的其他工作和时间安排。

(2) 可能存在偏见。投票环节可能会有人为地偏向某些想法或成员,导致最终结果不够客观。

(3) 依赖于小组成员的数量和质量。如果小组成员过少或没有足够的经验和知识,可能会影响决策的质量。

三、小组传递式头脑风暴法

(一) 小组传递式头脑风暴法的定义

小组传递式头脑风暴法(group passing brainstorming method)又称"旋转评论法"或"递交评论法",是一种团队合作技术,要求参与者在一个小组中轮流查看和评论彼此的想法。开始时,每个人会独立地生成一个想法或解决方案,然后将其传递给另一个成员。接收者会对此进行评价、添加或修改,并继续传递。这一过程持续进行,直到每个成员都有机会评价每一个想法。最终,团队将聚集在一起,审查并整合所有的意见和建议。

(二) 小组传递式头脑风暴法的实施步骤

1. 确定讨论主题

小组传递式头脑风暴法的实施,最为重要的是明确讨论主题。这个主题不仅要明确,还需要具备一定的挑战性以激发团队的创意思维。选择的主题可以涉及产品创新、市场策略、团队发展等各个领域。这一步骤的目的是确保每个成员对即将讨论的内容有清晰的认识,从而能够更加专注地参与讨论。

2. 确定初始顺序

决定讨论的初始顺序是为了确保讨论的流畅性和有序性。不同的顺序选择可以带来不同的讨论效果。例如,按照姓名字母顺序可能使得讨论更有序,而随机选择可能会带来更多的不确定性和创新性。此外,确保每个成员都有机会首先发言也是非常重要的,因为这样可以避免某些成员的想法被其他成员的观点所影响。

3. 进行第一轮讨论

第一轮讨论的目的是让每个成员都有机会发表自己的原始观点。这一步骤要求成员之间相互尊重,保持听力,确保每个成员的声音都被听到。设定时间限制是为了确保讨论的效率,避免某些成员过多地占用时间,从而影响其他成员的发言机会。

4. 传递讨论

这是小组传递法的核心部分。每个成员都需要在前一成员的基础上进行发言,这样可以确保讨论的连续性和深入性。此外,通过这种方式,小组成员可以更好地理解和吸收其他成员的观点,从而加深对讨论主题的认识。这一步骤鼓励团队之间的合作和互动,帮助他们共同构建和发展观点。

5. 总结讨论

总结是为了确保讨论的成果得到充分的归纳和提炼。在这一步骤中,小组成员可以对前面的讨论进行回顾,找出共识,指出分歧,并确定下一步的行动计划。这一步骤也为小组提供了一个机会,回顾自己的讨论过程,评估其效果,从而为今后的讨论提供参考。

(三) 小组传递式头脑风暴法的优缺点

1. 优点

(1) 公平性。小组传递式头脑风暴法确保了每个成员都有均等的机会分享他们的见解和创意。在传统的小组讨论中,可能会有一些声音较大或表达能力更强的成员主导讨论,而某些成员可能会在这种情境下变得沉默。然而,小组传递式头脑风暴法通过确保每个人都有一个明确的发言时间来平衡这种可能的失衡。这种平等性不仅提供了一个公正的环境,也有助于确保从多样的观点中获得最有价值的见解,从而加强决策质量。

（2）互动性。这一方法通过鼓励成员之间的紧密合作促进了更高程度的团队互动。每当一个成员完成他的观点分享,下一个成员就要从上一个人的话题开始,确保每一个想法都被听到并得到继续的延伸。这种结构化的讨论形式促进了团队成员间的协作和互相尊重,避免了因为争夺话语权而导致的不必要的摩擦。

（3）时间效率。在小组传递式头脑风暴法中,时间是明确并且受到控制的。设定的时间限制确保了讨论不会漫无目的地进行,而且可以避免某些话题被过分地深究。通过限制每个成员的发言时间,这种方法确保了会议保持在既定的时间范围内,从而提高了整体的效率。

（4）提高思考质量。这种方法鼓励了深度思考。由于每个成员都必须在上一个成员的观点的基础上继续发表自己的看法,这鼓励了他们对已经提出的内容进行更加深入的思考。相比于在开放的环境中简单地快速发表自己的想法,这种方法更能促进思维的深度和宽度。成员之间的这种串联式的发言过程确保了观点不仅仅是表面上的,而是经过了深入的考虑和推敲。

2. 缺点

（1）信息丢失和失真。在该方法实施过程中,信息经过多个人之间的传递,有可能出现信息丢失或失真的情况。每个成员的理解和表达能力可能不同,导致信息的变形或不完整。这可能导致最终结果与最初的信息存在差异。

（2）时间延迟。该方法通常需要一定的时间才能传递到所有成员,特别是在成员数量较多或成员之间的交流渠道不畅时。这可能导致问题的回答或意见的贡献在时间上有延迟,从而影响实时性和灵活性。

（3）偏见和群体影响。在该方法实施过程中,先前成员的回答或意见可能会影响后续成员的观点。这种群体影响可能导致意见的收敛或偏向,而不是独立和多样的思考。一些参与者可能受到其他人观点的影响,而不是独立地表达自己的意见。

（4）没有及时追问和澄清。小组传递过程通常是线性的,成员无法及时追问或澄清问题。这可能导致误解或混淆,因为成员无法直接就某些不明确的问题或信息进行实时的交流和澄清。

（5）限制参与者的数量。该方法适用于小型团队或小组,而随着成员数量的增加,传递的过程可能变得复杂和困难。过多的成员可能导致信息传递的效率下降,而且可能更难管理和整合不同的意见和回答。

第四节　头脑风暴法的实施

视频1-3
Brainstorming Techniques

无论是采用引导式小组头脑风暴法、名义小组式头脑风暴法还是小组传递式头脑风暴法,参与者能够迸发出创意是最重要的。然而,点子和创意并非凭空而来,需要我们找到思考的方向和角度,才有可能激发灵感。本书将介绍一种有助于激发创意的方法——SCAMPER(在我国被翻译为奔驰法)。

SCAMPER 是一种常用的创意思维工具,可帮助人们通过对现有事物进行改进、修改、替换、组合等方式,产生新的创意。它是一个助记符,其中每个字母代表一个特定的策略或提问方式,其核心思想是,在已有的事物的基础上,通过不同的角度和方式,不断地进行改进和创新,产生更多的创意和可能性。

一、SCAMPER 的起源

Alex Osborn 是"头脑风暴"的创始人,也是广告公司 BBDO 的共同创始人。20 世纪 50 年代,他提出了一种方法,用于刺激创意思维和创新,这就是今天我们所知的头脑风暴。为了进一步帮助人们提出新的想法,Osborn 创建了一个列表,其中包含了多种可以用来挑战现状和触发新想法的问题。在 20 世纪 70 年代,教育家 Bob Eberle 深入研究了 Osborn 的工作,并对其进行了简化和改进,从而创建了 SCAMPER 这一简化的助记符。Eberle 的目标是为学生提供一个框架,帮助他们使用创意思维来解决问题和创新。

二、SCAMPER 的内涵

1. 替换

替换(substitute)是 SCAMPER 创新方法中的第一个策略,它涉及考虑是否可以用其他的元素、材料、方法或人员来替代现有的某一部分,从而创造新的或不同的价值。替换策略的核心思想是,当我们更改或替换事物的某一部分时,可能会产生全新的效果或功能。例如,某家公司推出一款智能手表,但市场反响不太理想。这时候,该公司可以考虑使用替代材料或替代技术,或者对产品进行替代改进,以增强产品的吸引力和用户体验。该公司也可以替换手表的材质,改为更高档的金属或陶瓷,以增加手表的价值感和品质感。或者,该公司可以替换手表的操作方式,采用更简单、更直观的控制方式,以提高用户的使用体验。又如,显微镜是医生诊断疟疾的必备工具之一,但对于疟疾肆虐的非洲来说,显微镜价格昂贵,体积和重量较大,不方便乡间医生使用。于是,美国斯坦福大学的生物工程学家制造了纸板折叠显微镜,用纸板替代普通显微镜的结构。纸板显微镜可以很方便地折叠,价格只相当于人民币 35 元,它的发明大大减轻了乡间医生的负担。

2. 组合

组合(combine)是 SCAMPER 方法中的一个关键策略,它鼓励我们把两个或多个现有的元素、想法或过程结合起来,创造出新的或更优的解决方案。这个策略的核心思想是:单独的元素可能有其固有的价值,但当它们结合起来时,可能会产生意想不到的效果或新的功能。例如,在印度的农村,学生很不注意卫生,没有用肥皂洗手的习惯。面对这个问题,一家卫生健康公司发现当地的学生用粉笔做练习题后会主动洗手,于是,这家公司便将肥皂与粉笔结合起来,制作出肥皂粉笔。学生在洗手时残留在手上的粉笔灰会变成肥皂,保障学生的健康。又如,企业可以将不同的颜色、材料、形状等元素进行组合,创造出新的产品设计方案;酒店和旅游公司可以合作,将自己的资源和服务进行组合,推出更具吸引力和竞争力的旅游套餐,吸引更多的客户;快递公司可以与电商平台合作,推出各种不同的配送服务,如次日达、定时送达、智能配送等,这些服务包括快递公司的快递网络和配送服务,电商平台的订单管理和用户服务,以及智能化技术的支持,用户可以根据自己的需求和预算,选择最适合自己的配送服务。

3. 改造

在SCAMPER创新方法中,改造(adapt)鼓励个体或团队对已有的想法、产品或过程进行适应性的修改,使其更好地满足当前或未来的需求和挑战。它涉及观察和识别可借鉴和应用的元素,然后对现有解决方案进行必要的调整,使之更为适用、有效或具有差异化。例如,在一些不发达地区,有的注射针筒在使用后不会立即被销毁,而会重复使用,造成疾病的传播。一家医药公司发现了这个问题,将针筒改造成可显示使用情况的注射针筒。这种针筒应用了特殊的材料,使用后就会从透明变成红色,这样病人就能知道针筒是不是被重复使用过了。

4. 修改

在SCAMPER创新方法中,修改(modify)是指对某种事物的某些部分或属性进行变动,以创造一个新的或不同的效果或效益。这可能涉及改变事物的尺寸、形状、颜色、质感等,或是调整其功能、结构、组成等。与改造稍有不同,修改更侧重于局部的、细微的调整,而不是整体的变革。例如,小孩的身体发育速度很快,今年买的鞋子可能到明年就穿不下了,对于贫困地区的人们这无疑增添了经济负担。一家公司发明了可以自主调整大小的鞋,鞋头设计了暗扣,家长可以根据孩子脚的实际大小对鞋进行调整。

修改和改造在SCAMPER方法中有一定的重叠,但它们的着眼点略有不同。具体来说:修改是指对产品的某些方面进行改变,如修改尺寸、形状、颜色、材料、功能等,以改进产品或为其增加新的用途。而改造是指对产品进行适当的修改,以便让它更好地适应不同的场景或使用者的需求,如对产品进行重构、重新组织、重新设计等。简而言之,修改更注重产品的特性、形态和性能的改变,而改造更注重产品与用户和环境的适配和匹配。

5. 改变

在SCAMPER方法中,改变(put to other uses)是指将某物或某种技术用于一个全新或不同的场景或用途中,从而开发出新的应用或价值。它鼓励人们跳出固有的思维框架,重新思考和探索事物的多种可能性,找到新的或非传统的应用方法,即可以将原有的元素用于不同的用途和场景,创造出新的用途和效果,或者将原有的产品设计用于不同的领域和场景,创造出新的市场需求和消费者需求。例如,跟显微镜一样,离心机是另一种常用的医学分析仪器,但在贫困地区,医院往往买不起离心机。面对这个问题,斯坦福大学的生物工程师从儿童玩具转盘中得到了启发,用纸盘、拉绳和塑料手柄制作出了简易离心机,仅需90秒就可以将血清从血液中分离出来。

6. 消除

在SCAMPER方法中,消除(eliminate)是指从现有的产品、服务或过程中去除某些部分或特征,以实现简化、提高效率或产生新的价值。这个过程鼓励人们从减法的角度审视现有的事物,思考是否所有的组件或特性都是必要的,或者是否通过消除某些部分,可以为用户创造更大的价值或更好的体验。例如,立陶宛的工程师将公交车外壳的颜色去除,发明透明的公交车,从而减轻了公交车的重量,提高了能源的使用效率。又如,去掉手机上的物理按键,采用全触屏设计,从而使手机更加轻薄,界面更加简洁。

7. 反向

在 SCAMPER 方法中,反向(reverse)是指将事物的某些部分、属性或步骤颠倒或重新排序,从而得到全新的设计或方法。这种策略帮助人们从不同的角度看待事物,挑战现有的规则和顺序,激发创新的思维。例如,世界很多地方血液储备不足,以至于有很多人因缺少血液而无法实施手术。一家医疗公司开发了专门用于回收血液的装置,将手术患者的血液经过过滤后,反向输给患者,降低了对血液储备的需求。又如,一些厨具品牌推出了具有不同握把设计的刀具,将握把和刀片的关系进行了重新排列,使得使用更加舒适和安全。

以上七种方法可以单独使用,也可以组合使用,我们应根据实际需求和目标灵活运用。通过反复运用这些方法,可以不断挖掘出新的创意和解决方案。需要注意的是,SCAMPER 方法虽然简单易用,但不是万能的。在实际应用过程中,需要结合实际情况和市场需求,加以运用和改进,才能发挥最大的作用。同时,在实施过程中,还需要充分发挥团队的协作和创新力,集思广益,共同创造出更具创意性和价值性的成果。

三、SCAMPER 的应用举例

(一) 翻转课堂

翻转课堂是近年来教育领域的一种新兴教学模式,也是 SCAMPER 方法中反向策略的典型应用。传统的课堂教学模式中,教师在课堂上进行教学,学生回家完成作业。而翻转课堂模式"反向"了这一过程:学生在家通过预先录制的视频或其他资源学习新的知识,然后在课堂上进行深入的讨论、实践和互动。

这一教学模式的创新带来了深远的影响。它挑战了传统的教学模式,将学生从被动的接受者转变为主动的参与者,提高了教学质量和效果。此外,它还为教育者提供了一个新的视角,鼓励他们不断创新和探索更高效、更有趣的教学方法。

1. 提高学生参与度

在传统的教育模式中,学生经常被视为被动的听众,主要依赖教师为他们提供知识。然而,现代教育理论表明,学生的参与度与他们的学习效果成正比。当学生变得更加积极参与学习过程时,他们更容易吸收、理解和记忆知识。此外,积极的参与也帮助学生建立与同伴和教师之间的联系,增强他们的沟通能力和团队合作能力。

2. 个性化学习

每个学生都有自己独特的学习风格和速度。个性化学习意味着教育体系能够满足每个学生的个别需求,让他们在最适合自己的速度和方式下学习。这种方法不仅帮助学生更好地理解和掌握知识,还可以减少挫败感和失落感,增强他们的学习动力。

3. 更有效的教学

当学生在课堂上不再只是被动地听讲,而是积极参与讨论和实践时,他们更容易理解和应用知识。教师可以利用课堂时间针对学生的实际需求进行指导,帮助他们解决实际问题,而不是简单地传授知识。这种互动式的教学方法更容易激发学生的兴趣和好奇心。

4. 培养自主学习能力

在现代社会,信息和知识更新的速度非常快,学习不再是一段时间的投资,而是一生的过程。为了在这种环境中取得成功,学生需要培养自主学习的能力。这意味着他们需要学会如何寻找、评估和应用信息,如何提出问题和找到答案,以及如何与他人合作解决问题。鼓励学生自主学习,有助于他们在学校中取得成功,更为他们未来的职业和生活打下坚实的基础。

(二)手机充电宝

随着移动设备使用的日益普及,电池续航时间成为限制设备持续使用的关键因素。手机充电宝,即便携式充电器,应运而生,旨在为用户提供移动电源解决方案。它是现代科技领域的一项创新产品,也是SCAMPER方法中组合策略的成功应用。其组合特性如下:

(1)充电技术与储能单元的组合。将当前的充电技术与高效的储能单元(如锂离子电池)结合,为用户提供了额外的电源。

(2)便携性与功能性的组合。除了基本的充电功能,一些充电宝还结合了LED手电筒、无线充电,甚至蓝牙音箱等多种功能。

(3)充电宝与时尚元素的组合。现代的充电宝不仅仅是功能性的产品,它们往往还拥有独特的设计,与各种时尚元素结合,成为生活中的时尚配饰。

(三)传统图书馆的SCAMPER法创新

为了适应数字化时代的需求,许多图书馆面临着更新和创新的压力。我们可以使用SCAMPER方法来探索图书馆可能的创新路径。

1. 替换

(1)替换旧式的电脑系统为触摸屏互动式查询机。图书馆通过安装触摸屏查询机,配备直观的用户界面和强大的搜索功能,使读者能够快速、简便地查找和定位所需的材料,大大提高查询效率和用户体验。

(2)替换传统的纸质目录卡为电子目录。图书馆通过推出在线电子目录,允许读者在任何地方、任何时间进行查找,这样可以大大减少资源浪费,提高搜索效率,方便读者的使用。

2. 组合

(1)结合传统的书籍资源与电子资源,为读者提供线上和线下的阅读体验。现代读者既需要纸质书的触感,又需要电子书的便利性。图书馆通过提供线上阅读平台,与实体图书馆相结合。为读者提供更多样的阅读选择,满足不同读者的需求。

(2)与当地的学校或大学合作,提供特定的研究和学习资源,双方资源得到最大化利用,促进学术研究和学习。

3. 改造

(1)数字资源与实体书的结合。考虑到人们对于数字资源的需求增长,图书馆可以提供更多的在线资源,如电子书、音频书和在线研究数据库。同时,对于那些仍然喜欢阅读纸质书的读者,图书馆可以在其内部设置专门的阅读区域,为读者提供一个宁静、舒适的阅读环境。

(2)多功能空间。改造传统的阅览室,使其能够适应多种活动。例如,可以设立小组讨论区、独立工作室、展览和讲座区等。这样,图书馆就不仅仅是一个学习的地方,还可以成为社交、文化交流和创意工作的中心。

(3) 技术支持服务。为了满足现代人对于技术的需求,图书馆可以提供各种高科技设备,如 3D 打印机、虚拟现实设备等。此外,图书馆可以开设各种技术工作坊,教授读者如何使用这些设备和软件。

(4) 社区互动。鼓励读者参与图书馆的各种活动,如读书俱乐部、作家见面会、艺术和手工艺工作坊等。这可以帮助图书馆更好地融入社区,与读者建立更紧密的联系。

(5) 环境友好设计。在图书馆的设计和运营中,考虑环境因素,采用节能设备,使用可再生材料,并尽量减少垃圾产生。

4. 修改

(1) 空间调整。考虑到现代人更倾向于小组合作和互动式学习,图书馆可以增加小组学习区域,同时提供高效的无线网络和充电设施。对于那些需要安静独立工作的人,还可以设置隔音的个人工作间。

(2) 丰富的活动与课程。为了满足读者的多种需求,图书馆可以修改其活动和课程内容,增加技能培训、艺术展览、科技工作坊等。

(3) 环境调整。图书馆内部的装饰和布局也可以进行一些修改,以创造一个更为舒适、现代和友好的环境。例如,采用更加明亮的色彩、增加植物和艺术品、使用舒适的家具等。

5. 应用于其他用途

(1) 社区学习中心。除了传统的书籍和杂志,图书馆可以提供多种培训课程,如编程、摄影、手工艺和外语课程,帮助社区成员提高自己的技能和兴趣。

(2) 文化和艺术中心。图书馆可以与当地艺术家和文化组织合作,定期举办艺术展览、音乐会和戏剧表演,使其成为文化交流的平台。

(3) 科技和创新实验室。图书馆可以设置特定的区域,提供 3D 打印、虚拟现实和机器人技术等先进工具,鼓励社区成员进行创新和尝试。

(4) 社交和交流空间。图书馆可以增设咖啡厅、阅读角和休息区,鼓励人们在此交流、社交和放松。

(5) 健康和福利中心。图书馆可以与当地医疗机构合作,提供健康检查、疫苗接种、心理健康讲座等服务。

(6) 儿童和青少年活动中心。图书馆可以开设特定的区域,提供玩具、游戏和活动,为儿童和青少年创造一个安全和有趣的学习环境。

(7) 绿色和可持续生活倡导中心。图书馆可以举办环保工作坊、展示可持续生活方式的方法,并提供资源以鼓励社区成员参与。

6. 消除

(1) 消除纸质卡片目录。随着计算机技术和互联网的普及,图书馆可以完全消除纸质卡片目录,转而使用在线数据库和搜索引擎,以方便用户查找所需的书籍和资料。

(2) 自动化办卡流程。图书馆可以通过使用自动办卡机和在线申请系统,消除繁琐的手工办卡流程,大大提高办卡效率和用户满意度。

(3) 电子资源。图书馆可以消除部分冗余的纸质资源,尤其是那些已经有电子版本的,以减少存储空间,并鼓励用户使用更为便捷的电子资源。

（4）消除罚款。图书馆可以消除逾期归还的罚款，转而采取鼓励性的措施，如提醒用户及时归还，并提供电子图书的无期限借阅。

（5）消除静音规定。考虑到现代图书馆不再只是一个纯粹的阅读空间，图书馆的部分区域可以消除完全静音的规定，转而设为低噪音或适中噪音，以适应小组讨论和互动学习的需求。

（6）移除过时技术。图书馆可以消除如胶片查看器、旧式复印机等过时的技术和设备，转而引入更先进、高效的技术。

7. 反向

（1）重新排列藏书区。图书馆可以根据读者的使用习惯和流行的话题，对藏书进行重新分类和排列。例如，把经常一起被借阅的书籍放在一起，或者将热门话题的书籍放在显眼的位置。

（2）服务流程反向。传统的借书流程可能是先找书，再办理借阅手续。现代图书馆可以考虑通过移动应用或自助服务终端，让读者先在线选择书籍，再到图书馆自动提取机取书。

（3）反向思考空间利用。传统图书馆可能更注重室内空间，但现代图书馆可以考虑开发如屋顶花园、室外阅读区或露天影院等空间，为用户提供不同的体验。

（4）物品交换点。在图书馆内设置一个物品交换区，让读者可以带来自己不再需要的书籍或其他物品，与其他读者进行交换。这是一种反向的、基于共享经济的服务方式。

 课堂活动

用 SCAMPER 方法思考自行车的创意

活动要求：

请使用 SCAMPER 方法，设计一辆新型自行车，要求满足以下条件：

（1）车架要轻盈而坚固。

（2）要具有一定的智能化功能。

（3）要适应城市骑行和山地骑行两种不同的场景。

（4）要有一些创新性的设计元素，吸引用户的眼球。

你可以使用 SCAMPER 中的各种方法来设计自行车，如替换部件或材料、结合其他技术或产品、适应不同场景或用户需求、改变设计或排列等。最终目标是设计一款满足上述要求，同时具有独特和创新性的新型自行车。

案例与解析

一、案例材料

随着医疗模式的不断转变及社会文化的不断进步，住院患者对医疗护理服务模式及方法提出了越来越高的要求。但是，由于目前医疗体制、医疗环境条件、医务人员的业务水平、素质参差不齐等诸多因素，使得医（护）患之间的关系无法真正和谐化发展。针对这一现状，某医院于某年 5 月逐步在全院 36 个病区推行头脑风暴法，进一步强化医疗护理安全，持续提高护理质量，取得了良好的效果。

视频 1-4
A Better Way to Brainstorm

（1）成立质量改进领导小组及相应的基础护理、专科护理、护理文书、技术操作、病房管理及感染管理、病人服务满意度等护理质控督导组。

（2）确定议题。根据护理部—科护士长—护士长三级护理管理体系的组织结构特点，找出护理部业务、行政查房及护士长夜查房、周末查房反馈的共性问题、热点问题等作为会议商讨议题，就现存的和潜在的护理风险因素，查找相关因素，对问题形成的原因进行分析及对策探讨。

（3）护理部每月初列举出上月质量监控中反馈存在的问题，再次组织抽查，到病区现场调研，听取意见和建议，从不同角度、不同层次、不同方面分析护理差错缺陷出现的原因、应对方法及整改措施，临床护理及管理过程中的护理差错隐患，讨论改进措施，并与科室护士共同寻找解决办法，直到该问题解决；同时，使用数码相机随机拍照，曝光不规范现象，将各病区数据指标量化排序，并制作成幻灯片，坚持每月通报反馈全院护理质量。

（4）分级讨论研究。存在问题的科室利用晨会时间，由护士长将问题反馈到每一个护士，让每位护士充分发表自己的见解，找出发生问题的原因及解决问题的方法，由护士长记录备案，时间控制在30分钟内。护士长将备案的会议记录反馈到科护士长处，由科护士长召开片区会议，从各科护士长反馈的原因及解决问题的方法中再次筛选出共性问题，同时找出分析合理、可行性强的解决办法应用头脑风暴方法，进行讨论研究。

科护士长将各片区讨论研究的结果，在每周进行的护理部碰头会上进行反馈，由护理部根据医院相关规章制度，立足于各项护理工作的原则性，讨论研究各种方法的可操作性及有效性，最终将结果反馈到科护士长处或通过全院护士长例会进行反馈，同时给出相关建议及意见，由各科室根据护理部建议及意见结合自身实际情况，进行全面整改。

（5）评价方法。依据《卫生部医院管理年评价指南》及相关要求，自制8个护理质量量化评分标准进行考核（质量监控点分值有5分、10分、15分不等，总分100分），通过护士长夜查房、节假日周末查房、护理部行政查房、科护士长抽查进行评分，取各项平均值得出病区当月护理质量总分，并在次月全院护理质量通报反馈会上，将数据制作成直观的柱状图、饼图进行反馈，以此评价实施头脑风暴法后的实际效果。

（6）结果。通过头脑风暴法在护理质量持续改进管理中的应用，该院从护士长夜查房评分、护理缺陷事故统计、病人投诉情况、护士对工作的态度等几个方面进行了调研，结果发现，实施头脑风暴法以前和实施后对比，各项指标均有明显上升。

通过近2年实施头脑风暴法的综合效果反馈，该院护士责任心明显增强，风险防范意识不断提高，护理文书质量也得到进一步提高和规范。病区环境、药品和设备仪器等妥善规范管理，提高了护士工作效率，养成了良好的工作习惯，将"被动工作"转化为"主动工作"，形成具有特色的医院护理文化，护士整体素质全面提升。由于护士素质的不断提升，该院护理质量也逐年得到提高，医护配合度逐渐增强，从而医护工作压力感均有所减轻，共同为病人提供了一个安全有效的就医环境。

资料来源：六西格玛品质管理.头脑风暴法应用案例（不同行业可借鉴）[EB/OL].（2022-02-17）[2023-09-18]. https://mp.weixin.qq.com/s?__biz=MzA3ODAxODExMQ==&mid=2651629821&idx=1&sn=fcf0fee660df1a23c0c9b0c2dc1619f4&chksm=84b12badb3c6a2bbdda84432eedf5dff95e0c2bca73241b50eacb7bacd53b838530a2017a145&scene=27.

二、案例解析

护理质量的提升是医疗领域一直追求的目标。某医院为满足住院患者对医疗护理服务模式及方法不断提高的要求,采取了头脑风暴法,以寻求更高效、更安全的护理方法,最终取得了显著的效果。

起初,该院建立了一个专门的质量改进领导小组,并设立了针对各个护理环节的护理质控督导组,明确了责任和职能。然后,该院根据三级护理管理体系,确定了头脑风暴的议题,集中讨论存在的护理问题及风险因素。这一做法确保了议题的针对性和实际性。

该院不只是停留在识别问题的层面。每当发现问题,护理部都会组织抽查,并直接到病区进行调研。这一系列动作确保了问题得到及时、真实的反馈,并从多个角度进行了分析。更有甚者,该院使用数码相机对不规范的现象进行了曝光,使问题一目了然,促进了改正。

为了确保各个层面的护士都参与到头脑风暴中,该院实施了分级讨论。每个护士都有机会发表自己的见解,这大大增强了讨论的深度和广度。从护士到护士长,再到护理部,每一层都有自己的讨论,并将结论反馈给上一层,形成了一个闭环的反馈系统。

为了评估头脑风暴的实际效果,该院制定了一套详细的评价标准。这不仅对护理的质量进行了评价,还对护士的工作态度、医患关系等进行了考核。通过这些评价,该院得到了很多有价值的反馈,进一步指导了护理工作的改进。

最终,通过头脑风暴法的应用,该院在多方面都取得了明显的进步。从数据上看,各项指标都有了明显的提升。更为重要的是,该院的护士对工作的态度有了显著的改变,他们更为主动、更有责任心。该院工作效率的提高,护理质量得到了保障,为患者创造了一个更加安全、高效的医疗环境。

从上述案例可以看出,头脑风暴法能充分发挥各部门人员的聪明才智,考虑问题更详细,解决问题更具体、明确、有效,从根本上提高了护理人员的工作积极性。头脑风暴法鼓励发表个人意见,这增强了护理人员对科室管理的参与意识,促使其在观察病人情况、记录护理文书、护患沟通、健康教育宣教等方面更加主动细致。对管理层而言,头脑风暴法的应用,有效激发了各级护理管理人员,特别是护士长对自己科室各种情况的调研热情,对护理质量管理、护理质量改进,乃至护理教学、护患沟通等方面均起到了良好的促进作用。

延伸阅读

19 Top Brainstorming Techniques to Generate Ideas for Every Situation

by Lisa Jo Rudy on 23 Apr, 2020

What is the best way to brainstorm? While there are basic rules that make the process meaningful and effective, there are dozens of ways to inspire creative ideas. Many facilitators use more than one technique in a single brainstorming session to keep the creative juices flowing while supporting different styles of thought and expression.

Depending upon your situation, you may want to start with one of the unique

延伸阅读1-1
19种顶级头脑风暴技巧,适用于各种情况下的创意生成

approaches described below. Or you may want to start with "basic brainstorming", and then switch things up as needed to ensure you generate a good quantity of really useful, creative ideas.

Basic brainstorming is not complex—though there are important techniques for ensuring success. Here, in a nutshell, is how basic brainstorming works:

1. Get a group of people together to address a problem, challenge, or opportunity.

2. Ask your group to generate as many ideas as possible—no matter how "off the wall" they may seem. During this period, no criticism is allowed.

3. Review the ideas, select the most interesting, and then lead a discussion about how to combine, improve, and/or implement the ideas.

While this process may be simple in theory. But it is not always easy to generate new ideas out of nowhere. And that is why so many interesting and inspirational brainstorming techniques have been developed.

Discover which technique is the best for your next brainstorming session.

Analytic Brainstorming

When brainstorming focuses on problem solving, it can be useful to analyze the problem with tools that lead to creative solutions. Analytic brainstorming is relatively easy for most people because it draws on idea generation skills they have already built in school and in the workplace. No one gets embarrassed when asked to analyze a situation!

1. Mind Mapping

Mind mapping is a visual tool for enhancing the brainstorming process. In essence, you are drawing a picture of the relationships among and between ideas.

Start by writing down your goal or challenge and ask participants to think of related issues. Layer by layer, add content to your map so that you can visually see how, for example, a problem with the telephone system is contributing to issues with quarterly income. Because it has became so popular, it is easy to find mind mapping software online. The reality, though, a large piece of paper and a few markers can also do the job.

2. Reverse Brainstorming

Ordinary brainstorming asks participants to solve problems. Reverse brainstorming asks participants to come up with great ways to cause a problem. Start with the problem and ask "how could we cause this?" Once you have got a list of great ways to create problems, you are ready to start solving them!

3. Gap Filling

Start with a statement of where you are. Then write a statement of where you would like to be. How can you ill in the gap to get to your goal? Your participants will respond with a wide range of answers from the general to the particular. Collect them all, and then organize them to develop a vision for action.

4. Drivers Analysis

Work with your group to discover the drivers behind the problem you are addressing. What is driving client loyalty down? What is driving the competition? What is driving a trend toward lower productivity? As you uncover the drivers, you begin to catch a glimpse of possible solutions.

5. SWOT Analysis

SWOT analysis identities organization strengths, weaknesses, opportunities and threats. Usually, it is used to decide whether a potential project or venture is worth undertaking. In brainstorming, it is used to stimulate collaborative analysis. What are our real strengths? Do we have weaknesses that we rarely discuss? New ideas can come out of this tried-and-true technique.

6. The Five Whys

The five whys can also be effective for getting thought processes moving forward. Simply start with a problem you are addressing and asked "why is this happening?" Once you have got some answers, ask "why does this happen?" Continue the processive times (or more), digging deeper each time until you have came to the root of the issue.

7. Starbursting

Create a six-pointed star. At the center of the star, write the challenge or opportunity you are facing. At each point of the star, write one of the following words: who, what, where, when, why, and how. Use these words to generate questions. Who are our happiest clients? What do our clients want? Use questions to generate discussions.

8. Brain-Netting (Online Brainstorming)

Perhaps not surprisingly, brain-netting involves brainstorming on the Internet. This requires someone to set up a system where individuals can share their ideas privately, but then collaborate publicly. There are software companies that specialize in just such types of systems, like Slack or Google Docs.

Once ideas have been generated, it may be a good idea to come together in person, but it is also possible that online idea generation and discussion will be successful on its own. This is an especially helpful approach for remote teams to use, though any team can make use of it.

9. Brainwriting (or Slip Writing)

The brainwriting process involves having each participant anonymously write down ideas on index cards. The ideas can then be randomly shared with other participants who add to or critique the ideas. Or, the ideas can be collected and sifted by the management team. This approach is also called "Crawford Slip Writing", as the basic concept was invented in the 1920s by a professor named Crawford.

10. Collaborative Brainwriting

Write your question or concern on a large piece of paper and post it in a public place.

Ask your group members to write or post their ideas when they are able, over the course of a week. Collate ideas on your own or with your group's involvement.

11. Role Storming

Ask your participants to imagine themselves in the role of a person whose experience relates to your brainstorming goal (a client, upper management, a service provider). Act out a scene, with participants pretending to take the others' point of view. Why might they be dissatisfied? What would it take for them to feel better about their experience or outcomes?

12. Reverse Thinking

This creative approach asks, "what would someone else do in our situation?" Then imagine doing the opposite. Would it work? Why or why not? Does the "usual" approach really work well, or are there better options?

13. Figure Storming

Choose a figure from history or fiction with whom everyone is familiar—Teddy Roosevelt, for example, or Mother Theresa. What would that individual do to manage the challenge or opportunity you are discussing? How might that figure's approach work well or poorly?

14. Step Ladder Brainstorming

Start by sharing the brainstorming challenge with everyone in the room. Then send everyone out of the room to think about the challenge—except two people.

Allow the two people in the room to come up with ideas for a short period of time, and then allow just one more person to enter the room. Ask the new person to share his or her ideas with the first two before discussing the ideas already generated.

After a few minutes ask another person to come in, and then another. In the long run, everyone will be back in the room—and everyone will have a chance to share his or her ideas with colleagues.

15. Round Robin Brainstorming

Round Robin is a game in which everyone gets a chance to take part. That means everyone:

1. must share an idea.
2. wait until everyone else has shared before suggesting a second idea or critiquing ideas.

This is a great way to encourage shy (or uninterested) individuals to speak up while keeping dominant personalities from taking over the brainstorming session.

16. Rapid Ideation

This simple technique can be surprising fruitful. Ask the individuals in your group to write down as many ideas as they can in a given period of time. Then either have them share the ideas aloud or collect responses. Often, you will find certain ideas popping up over and over. In some cases, these are the obvious ideas. But in some cases, they may provide some revelations.

17. Trigger Storming

This variant on the round robin approach starts with a "trigger" to help people come up with thoughts and ideas. Possible triggers include open ended sentences or provocative statements. For example, "Client issues always seem to come up when", or "The best way to solve clients' problems is to pass the problem along to someone else".

18. Charrette

Imagine a brainstorming session in which 35 people from six different departments are all struggling to come up with viable ideas. The process is time consuming, boring, and—all too often—unfruitful. The Charrette method breaks up the problem into smaller chunks, with small groups discussing each element of the problem for a set period of time. Once each group has discussed one issue, their ideas are passed on to the next group who builds on them. By the end of the Charrette, each idea may have been discussed five or six times—and the ideas discussed have been reined.

19. "What If" Brainstorming

What if this problem came up 100 years ago? How would it be solved? What if Superman were facing this problem? How would he manage it? What if the problems were 50 times worse—or much less serious than it really is? What would we do? These are all different types of "what if" scenarios that can spur radically creative thinking—or at least get people laughing and working together!

Conclusion

Brainstorming is a terrific technique for idea generation, coming up with alternatives and possibilities, discovering fatal laws, and developing creative approaches. But it is only as good as its participants and facilitators. The better you are at selecting participants, setting the stage, and encouraging discussion, the better your outcomes are likely to be.

 课堂活动

活动任务：

使用头脑风暴法设计减少海洋塑料垃圾（How to reduce harm of plastic waste in the ocean）的创新解决方案。

活动步骤：

（1）确定目标：在海洋中减少塑料废物的危害。

（2）组建团队：邀请同学组成小组，每组3～5人，每个小组成员需要有不同的背景和技能，如环保意识强的同学、海洋生物学爱好者、科技爱好者、社会学专业学生和心理学专业学生等。

（3）收集信息：让小组成员了解当前全球和当地的塑料废物危害情况，包括海洋污染程

度、塑料使用情况和废物管理措施等。可以利用互联网搜索、采访专家或者在实地考察中获取信息。

（4）产生想法：在小组成员之间交流，让每个人列出尽可能多的减少海洋中塑料废物危害的想法，并记录在纸上或者电子文档中。

（5）分组讨论：将想法分类，根据优先级和可行性进行讨论和筛选。每个小组选出最有前景的想法。

（6）制订计划：每个小组根据讨论结果制订行动计划，包括实施时间、资源需求、风险评估和效果评估等。

（7）实施行动：每个小组根据制订的计划开始实施行动。例如，可以通过自己的社交媒体平台宣传减少使用一次性塑料产品的重要性，或者自己亲自组织社区清洁活动等。

（8）监测效果：每个小组及时评估自己的行动效果，反思自己的不足之处，并记录下自己的经验和教训，以便在未来的环保活动中更加有效地行动。

（9）分享成果：每个小组将自己的行动成果分享给其他小组和全校师生，以及社区居民等，以促进环保意识的普及和提高。学生可以利用海报、PPT 演示、宣传视频等方式进行分享。

（10）总结经验：每个小组在活动结束后进行总结，包括行动成果和经验教训等。同时，可以讨论如何更好地促进环保意识和行动，以及如何将环保理念融入日常生活实践中。

这个实训任务可以提高学生的环保意识和行动能力，同时锻炼他们的创新思维和团队合作精神。通过头脑风暴法的应用，学生可以更加全面地了解海洋塑料废物危害，并且思考和实践如何减少这种危害，为环保事业做出自己的贡献。

 课后思考

1. 你认为什么是最好的头脑风暴场景？你有没有经验可以分享？

2. 你能否列举一些常见的头脑风暴方法和技巧，如自由联想、逆向思考、矛盾分析等？

3. 头脑风暴法可以帮助人们产生更多的创意和想法，但如何筛除其中的不切实际的想法？有哪些标准和方法可以应用？

4. 头脑风暴法与其他创意思维工具（如侧面思考、概念组合等）相比，有哪些优势和局限性？你如何评估何时使用何种工具？

5. 头脑风暴法可以应用于哪些场景和问题，如产品设计、市场营销、管理决策等？你能否列举一些实际应用案例？

6. 你有没有遇到过使用头脑风暴法的挑战或困难？如何解决它们？

第二章　创新思维工具：思维导图

学习目标

1. 理解思维导图的定义、起源、发展及其在信息组织和视觉呈现中的作用。
2. 学习绘制思维导图的技巧和步骤。
3. 探索思维导图在管理、学习、计划制定等多个方面的应用实例和效果。

Start a restaurant

Start a restaurant 思维导图如图 2-1 所示。

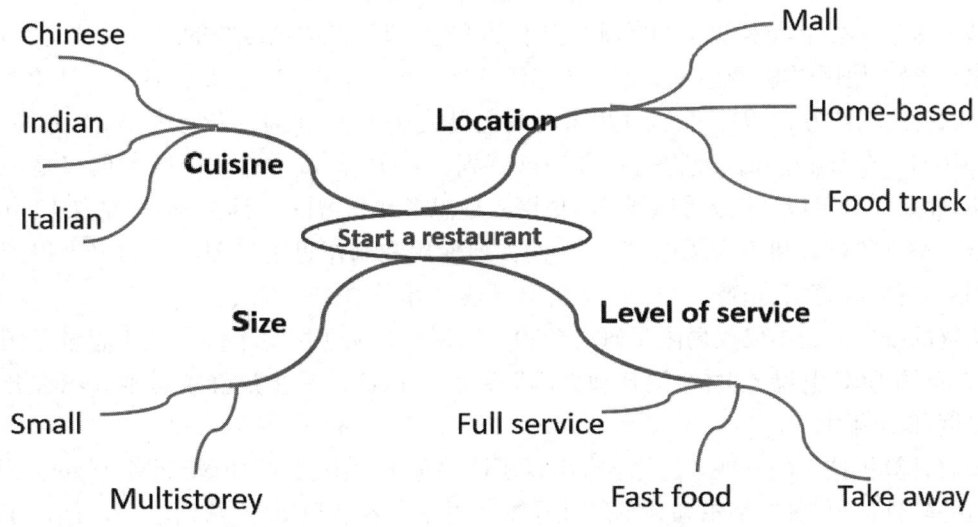

图 2-1　Start a restaurant 思维导图

第一节　思维导图概述

一、思维导图的定义

思维导图(mind map)是一种视觉化的思维工具,通过使用关键字、图像、颜色和连线将信息组织成一种结构化的格式,从而帮助个体更好地分析、理解、回忆和生成新的思想。它以中心思想或主题为核心,从中心放射出各种与之相关的思想、概念或信息,形成一个网络状的结构。

二、思维导图的起源与发展

思维导图,作为一种独特的图形化思考工具,起源于 20 世纪 60 年代的英国。这一概念和方法的发明者托尼·博赞(Tony Buzan)是著名教育家、心理学家,同时持有心理学、英语语言学和数学的学位。博赞是英国大脑基金会的总裁,对人类大脑功能和记忆机制进行了深入的研究,特别关心如何更高效地利用大脑进行学习和思考。

博赞在自己的学生时代就意识到了传统的线性笔记方法的局限性,往往不能满足学习和思考的需求。在寻找一种更高效的组织和记录信息的方法的过程中,博赞进行了一系列的实验和探索。他观察并研究了一些被认为有"杰出大脑"的人们,如诺贝尔奖得主、科学家、艺术家等,并发现他们使用的笔记方法与普通人有所不同。这些人在记录和组织信息时,更倾向于使用图像、颜色和关键词,而不是传统的段落和句子。

基于这些观察,博赞提出了"非线性笔记"的概念,即不再按照传统的线性结构记笔记,而是从中心出发,使用图像、颜色和关键词来组织和连接思考的内容。他认为这种方法更接近人类大脑的自然工作方式,因为大脑在思考时是通过关联、图像和颜色来连接和组织信息的。

1970 年,博赞开始积极地将这一方法推广到公众中,他认为思维导图不仅仅是一种笔记方法,而是一种可以帮助人们更高效、更深入地思考和学习的工具。为此,他自 1980 年开始在全球举办研讨会和培训课程,教授人们如何使用和制作思维导图。他的努力得到了积极的回应,许多教育家、企业家和普通人都开始尝试并采纳这一方法。

博赞的推广活动不仅仅局限于研讨会和培训课程。他还撰写了多本关于思维导图的书籍,并在英国 BBC 电视台主持了"开动大脑"系列节目,这进一步加强了思维导图在公众中的知名度和影响力。

随着计算机技术的发展,20 世纪末出现了许多思维导图软件,如 MindManager、XMind 等。这些软件使得制作、编辑和共享思维导图变得更加容易和便捷,从而进一步促进了思维导图的普及和应用。到了 21 世纪,思维导图已经从博赞最初的研究和实验发展成为一个全球性的学习和思考工具,被数以百万计的人们所采纳和应用。

2008 年的第一届世界思维导图大会是思维导图领域的一次里程碑事件,它标志着思维导图的发展进入了一个新阶段。这次大会于 2008 年 8 月在英国伦敦举行,吸引了来自世界各地的思维导图专家、爱好者、从业者等共计近 300 人参加。在大会上,与会者分享了思维导图在教育、商业、医疗、科学等不同领域的应用经验和实践,探讨了思维导图的未来发展趋势和挑战。此外,大会还设置了专门的培训课程和工作坊,为参会者提供了更加深入的思维导图学习和实践机会。

这次大会对于推动思维导图的发展和普及起到了重要的推动作用,为思维导图的应用和研究提供了更加广泛的平台和交流机会。随着时间的推移,思维导图已经成为一种广泛使用的思维工具。它被应用于教育、商业、科研、信息管理等领域,成为一种受欢迎的思维工具。在数字化时代,思维导图软件的出现更是加速了思维导图的普及和应用。

三、思维导图的特点

思维导图作为一种图形化组织和呈现信息的方法,具有以下特点。

1. 结构化

结构化是思维导图的核心特点。以中心主题为核心,思维导图放射性地展开相关的子主题和细分概念,形成一个清晰、有逻辑的树状结构。这种有序的组织方式模拟了人的自然思维流程,使信息更容易被理解和记忆。相邻的信息点之间存在直接的关联或因果关系,突出信息的内在联系。同时,该结构的分层特性允许信息随时扩展和调整,而不破坏整体框架,为知识的深入探索提供了有力支撑。

2. 简明扼要

思维导图的力量,部分来源于其简洁的表达方式。它鼓励使用关键词、图标或简短的短语来表示复杂的概念或信息,来代替冗长的句子或段落。这种简洁的表达方式确保了信息的核心被突出,同时也提高了信息的可读性和易于记忆性。简明的内容可以迅速地引导思维,帮助人们在头脑中形成清晰的关联和框架。此外,简洁的表达还能减少认知负担,使人们更容易集中注意力,更快速地理解和消化信息。在今天这个信息爆炸的时代,思维导图的简洁性为有效信息管理提供了有力工具,帮助人们筛选、组织和记住关键信息,从而更高效地进行学习、工作和决策。

3. 非线性和自由联想

传统的记笔记方法或文本记录往往是线性的,按照一定的次序逐字逐句记录。与此相反,思维导图的结构是放射状的,从中心向外扩散。这种非线性的结构更符合人脑的思维方式,即不是线性地、按顺序地处理信息,而是通过网络状的神经元连接,在各种思想和信息之间建立联系。正因为思维导图的结构是非线性的,它鼓励人们进行自由联想。当人们创建或浏览思维导图时,任何一个节点或分支都可能激发新的想法或与其他信息的联系。这与人脑的运作机制相吻合,因为人脑在思考问题时常常会进行跨越式的、不按固定路径的思考。这种自由联想有助于创意的产生,可以帮助人们在解决问题、创新或学习新知识时,看到更多的可能性和联系。

此外,非线性和自由联想的特点还使得思维导图在快速记录思路、组织信息和进行大脑风暴等活动中具有很高的效率和效果。这也是为什么很多教育者、创意人员和项目管理者都喜欢使用思维导图作为工具。

4. 多感官刺激

思维导图以其独特的视觉呈现方式激发了多种感官体验。它不仅利用文字,还结合颜色、形状、符号、图像和空间布局等元素,为用户带来丰富多彩的视觉体验。这种多感官的刺激有助于增强认知深度,使信息更容易被大脑接收和存储。当人们在创建或查看思维导图时,多种视觉元素的组合可以引发强烈的感官反应,进而促进大脑的活跃度和创造力。例如,鲜艳的颜色可以引起注意,形成强烈的视觉冲击;具象的图像可以帮助理解抽象的概念;而不同的形状和符号可以区分信息的种类和重要性。除此之外,多感官的刺激还可以强化记忆。研究显示,与纯文字信息相比,结合了视觉、听觉或触觉的信息更容易被长期记忆。通过将关键信息与特定的颜色、形状或图片关联,可以提高记忆的准确性和持久性。

5. 鼓励全脑思考

思维导图通过其独特的设计和布局,促进了左脑与右脑的协同工作,从而鼓励全脑思考。传统的笔记方法或线性文字往往依赖于左脑的逻辑和分析能力,忽视了右脑的直观和创意潜能。而思维导图恰好能够平衡并激活这两个大脑半球的功能。思维导图的树状结构和分支化布局符合左脑的逻辑和顺序性思考。这种结构清晰地展示了不同信息之间的关系和层次,使得复杂的概念和信息变得条理化。图像、颜色、空间布局和关联性的强调则与右脑的功能相符。当使用思维导图时,右脑的直观、创意和形象思考能力得到了充分的利用。例如,使用图片来代表一个复杂的概念,或者用颜色来区分不同的主题。

6. 动态演变

思维导图的真正魅力在于其能够随时间和思考的深入而动态演变。这种工具不仅能够捕捉初始的灵感和思考,而且能够适应新的信息和观点,保持其活力和相关性。随着学习或项目进展,人们可能会获得更深入的洞见或需要重新评估某些信息。此时,思维导图允许用户轻松地添加、修改或重新排列内容,以反映这些新的认识。与传统的线性笔记相比,它的非线性结构和视觉特点使其更容易进行这种动态的更新和扩展,确保其始终与当前的知识和需求保持一致。这种动态性不仅帮助人们跟踪复杂的信息流,还鼓励持续的学习和创新。

四、思维导图的用途

思维导图是一种以图形化方式展示思维和概念之间关系的工具。它通过使用主题、子主题、关键词和连接线等元素,帮助组织思维、记录信息和生成创意。思维导图具有广泛的用途,具体包括以下几个方面。

1. 思维整理和组织

思维导图的核心价值之一就是帮助用户整理和组织自己的思维。在面对复杂的问题或大量的信息时,思维导图可以像一个过滤器一样,将不必要的信息筛选掉,只保留核心和关键的内容。此外,通过创造性地连接各种概念,思维导图还可以揭示隐藏的关联或新的观点,使人的思考更加深入和广泛。

2. 记忆和学习辅助

思维导图可以作为学习工具,帮助记忆和理解。通过将关键词和概念绘制在思维导图上,并用连接线表示它们之间的关系,可以帮助学习者以视觉化方式记忆和回忆信息。思维导图还可以帮助学习者整合和梳理学习内容,提高学习效率和理解深度。

3. 创意和问题解决

思维导图是培养创造性思维和促进问题解决的有力工具。它可以帮助激发创意、产生新的想法,并帮助找到问题的解决方案。通过将不同的想法和观点绘制在思维导图上,可以帮助发现它们之间的联系和可能的解决途径。

4. 会议和团队合作

思维导图在会议和团队合作中也非常有用。它可以作为组织会议议程、记录讨论和收集意见的工具。团队成员可以共同绘制思维导图,促进思维交流和合作,提高会议效率和团队协作能力。

5. 计划和项目管理

思维导图可用于计划和项目管理,通过绘制项目的主要目标、任务和关键里程碑,帮助管理者和团队成员了解整个项目的结构和进展情况。思维导图还可以帮助识别任务之间的依赖关系和资源分配,以实现项目的有效管理和控制。

五、思维导图有效性的理论解释

(一) 意义学习理论与思维导图

20世纪60年代,奥苏贝尔(Ausubel)提出的意义学习(meaningful learning)理论,对教育心理学领域产生了深远的影响。他坚定地相信,一个学习者在学习过程中的已有知识是至关重要的,因为它为新知识提供了结构和背景。这个观点颠覆了传统的"空白板"教学观念,即学生是没有先验知识的。

奥苏贝尔提出了意义学习与机械学习(rote learning)之间的差异。机械学习是简单地记住信息,而没有任何深入的理解或连接,这类学习往往是短暂的,容易被遗忘。相反,意义学习注重将新的信息与已有的知识连接起来,从而形成一个更为丰富和完整的知识体系。这不仅促进了长期记忆,还鼓励了学习者进行创造性和批判性的思考。

为了成功实现意义学习,奥苏贝尔提出两个关键条件:①学生必须有意向在新知识与现有知识之间建立联系;②所学内容应与学生的先前知识结构具有潜在的意义。当这两个条件得到满足时,学习过程才真正具有意义,否则,学习者可能仅仅是在进行表面学习。

基于意义学习理论,诺瓦克(Novak)教授发展了概念图这一可视化工具,旨在帮助学习者将知识片段联系起来,从而形成一个连贯的知识网络。这种工具鼓励学习者思考并可视化知识之间的关系。

同样地,受到意义学习理论的影响,思维导图与概念图相似,也强调知识之间的联系,但更加简洁和直观。思维导图使用线条连接不同的概念,不需要复杂的连接词,使得信息组织更为简明。

因此,从意义学习理论的角度,概念图和思维导图都是重要的知识组织工具,旨在鼓励学习者发现并建立新旧知识之间的联系。在日常应用中,这两种工具根据具体的学习目标和场景,都能有效地辅助学习过程,帮助学习者实现深入的知识理解。

(二) 认知负荷理论与思维导图

认知负荷理论(Cognitive Load Theory)由J. Sweller于1998年提出。基于Miller的研

究,这一理论揭示了工作记忆容量的局限性,并强调了当工作记忆的负荷最低时,学习最为高效,尤其是将信息从工作记忆转移到长时记忆中。Miller指出,工作记忆的容量非常有限,大约只能同时存储5~9个组块(chunk)。这就带来了一个挑战:如何在这种有限的容量下进行高效的知识加工和编码。答案在于"组块"的概念。组块是指经由过去经验变得相对熟悉的信息单位,如一个字、一个词、一个句子,甚至一个图表。组块具有扩容性和差异性,扮演了减轻工作记忆负担的角色。扩容性是通过增大单个组块的信息量来扩大短时记忆的容量;差异性是通过不同的内部组织或信息再编码方式来区分不同的组块。

以象棋为例,新手玩家由于对棋局的组块熟悉度较低,他们的认知负荷较高,容易混淆或忘记。但随着经验的积累,他们的组块容量和数量都会增长,使他们能够更快速地记忆和复盘棋局。组块化是一种将散乱的信息组织成有意义的单位的过程,依赖于个体的先前知识和经验。例如,当尝试记忆一个11位数的电话号码,如13901101994,我们可以通过组块化将它分为1390(全球通)、110(北京)和1994(出生年份),将原先11个数字的组块合并成3个,这样更容易记住。

思维导图与认知负荷理论的连接点在于,思维导图为知识的组块化提供了一个有效的工具。通过图示的形式,思维导图帮助我们细化、整理并组织知识,减少冗余信息,从而降低工作记忆的负荷。通过将独立的信息组织成一个有意义的整体,思维导图帮助我们形成更大、更有意义的组块,为高效的知识加工提供了有力支持。

(三)神经科学与思维导图

近年来,神经科学的研究进一步支持了认知负荷理论和思维导图的有效性。在许多神经成像研究中,研究者们已经观察到当人们在进行知识组织和综合时,人脑的多个区域会被激活。这些活跃区域包括与工作记忆和长时记忆有关的大脑区域。

神经科学证实,人类的大脑对于图像信息的处理特别高效。因为我们的视觉系统由两个主要的通路组成,一个是用于物体识别的通路,另一个是用于空间定位的通路。当我们使用思维导图时,这两个通路都得到了充分的利用,能够帮助我们更好地理解、记忆和整合信息。

此外,大脑中与情感相关的部分,如杏仁核,也在使用思维导图时被激活。当我们以一种有趣和创意的方式来组织信息,如使用不同的颜色和形状,这不仅增强了我们对信息的认知处理,还增加了我们的情感参与,从而使学习体验更加愉悦和高效。

(四)双重编码理论与思维导图

双重编码理论提出,人类的认知系统由两套编码方式构成:言语编码和非言语编码。这两种编码方式分别有其特定的表示单元,称为词元和象元。词元关联于我们通过语言形式所理解的信息,如文字和声音,这些信息往往是线性和顺序性的。而象元与我们通过非语言形式,如图片和场景,所理解的信息有关,它们通常是非线性的,以部分到整体的形式组织。

根据学者的研究,非言语性编码,如图片,对于自由回忆的效果更佳,而言语性编码,如文本,更适合于顺序性回忆。这也表明图片作为视觉象元,与文字这种视觉词元相比,更具有具体性和生动性。

双重编码理论与思维导图紧密相关。思维导图通过综合使用言语和图形的方式,有效地结合了词元和象元的优势。这种结合使得信息更容易被记忆和理解,因为它同时利用了人类的语言和视觉处理能力。此外,思维导图以图形的方式表示知识,不仅为基于语言的信息提供了生动的视觉辅助,还大大减少了仅依赖语言编码的认知负荷,使思维过程更为迅速和流畅。

(五) 卡皮克记忆理论与思维导图

2008年,普杜大学的青年学者杰弗里·卡皮克在其研究中揭示了一个对传统学习方法的重要改变,即重复学习对于长时间的回忆并不如重复测试或提取有效。换句话说,相对于多次浏览同样的内容,更频繁地回想和测试自己对于长期记忆的固化更为有效。这项研究在学术和教育界引起了广泛关注。为何"提取"如此有效呢?有学者认为,当学习者进行提取过程时,他们可以更加明确地识别知识中的空白或缺失部分,进而有针对性地进行学习。每次从记忆中提取信息时,我们都在不断地调整并强化我们获取这些信息的途径,这使得信息在未来更容易被回忆起。那么,这与思维导图有何关联?

绘制思维导图实质上是一种提取的过程。与直接的文本阅读不同,思维导图要求我们重新组织、图形化和结构化我们的知识。这一过程不仅要求我们深入思考和整合信息,还有助于我们清晰地看到知识中的缺口或空白,从而鼓励我们去填补这些空白。此外,因为思维导图通常涉及图形、颜色和结构的变化,这也强化了我们的视觉和空间记忆,进一步增强了提取效果。

第二节 思维导图的绘制

视频 2-1
Mind Mapping
for Ideas

一、绘制步骤

思维导图的绘制包括以下几个步骤。

1. 确定核心主题

确定核心主题是绘制思维导图的第一步,它是整个思维导图的中心和起点。选择一个明确的核心主题,将其写在思维导图的中心位置或顶部。核心主题要确保清晰、简明,并能准确概括整个思维导图涉及的内容,能够引导思考和扩展相关的子主题。

2. 添加分支

思考与核心主题相关的主要子主题或关键概念。从核心主题的周围绘制分支,每个分支代表一个子主题,用简短的关键词或短语标注。

3. 扩展分支

围绕每个子主题,进一步展开相关的分支和子分支。用分支和连接线将它们与相应的子主题相连,形成层级结构。

4. 使用关键词和图形符号

使用简洁、明确且具有代表性的关键词来表示每个概念或信息。为了突出关键词,可以使用粗体、斜体或下划线等字体样式。这可以帮助强调重要的概念和信息,并在思维导图中吸引视觉注意力。同时,我们也可以使用图形符号(如箭头、颜色、图标)来强调关系、分类和重要性。例如,箭头可以表示因果关系或依赖关系,图标可以表示特定的概念或对象。

5. 继续扩展和联想

根据需要继续扩展思维导图,添加更多的子主题和关联的概念。允许自由联想和思维的自由流动,不必拘泥于线性思维。

6. 使用适当的布局

将各个分支和子分支适当地布置在思维导图的空间中,以便清晰展示概念之间的关系。可以采用放射状布局、树状布局或其他有组织的布局方式。

7. 重点标注和强调

使用颜色、粗体、下划线等方式来标注和强调重要的关键词或信息,以增强可视化效果和关注重点。

8. 审查和修订

在完成思维导图后,仔细审查其结构和内容。检查逻辑性、清晰度和完整性,并根据需要进行修订和修改。

二、绘制技巧

思维导图的绘制技巧包括以下几个方面。

1. 使用简单的词语和短语

思维导图应该是简洁和易于理解的,因此使用简单的词语和短语是非常重要的。这有助于防止思维导图变得复杂和混乱。一般情况下,可以使用常见的缩写或简写形式来代替长词或短语。当然,要确保缩写和简写在绘制思维导图的上下文中是明确和易理解的。例如,可以使用"HR"代替"人力资源"。

2. 使用颜色和线条

可以使用不同的颜色来区分主题和子主题,将核心主题或主要主题使用一个特定的颜色,然后为每个子主题选择其他不同的颜色,这有助于在思维导图中清晰地区分层次和关联。可以使用不同粗细和风格的线条来表示不同的含义或重要性,粗线可以用于突出主要分支或关键信息,而细线可以用于表示次要分支或次要关联。

3. 保持清晰和整洁

思维导图应该是清晰和整洁的,避免信息过于密集和混乱。可以使用适当的空白和边距来保持清晰度和整洁度。避免在一个思维导图中使用过多的分支和子分支。过多的分支会导致思维导图过于复杂和混乱,难以理解和使用。确保分支数量合理,以保持思维导图的清晰度。

4. 避免使用过多的文本

思维导图应该是图形和符号的集合,而不是大量的文本。因此,尽量使用图形和符号来表达想法,避免使用过多的文字。

5. 先大局后细节

在绘制思维导图时,要先从大局考虑,确定主题和子主题,再添加细节和关键词。这有助于更好地组织信息,并使思维导图更具条理性和清晰度。

三、绘制规则

思维导图的绘制规则包括以下几个方面。

(一) 纸张使用规则

1. 尽量使用白纸

在绘制思维导图时,要尽量使用白纸而不要使用带格子的纸。这是因为思维导图是通过丰富的线条连接各节点的,而每一条线条都表示一条思考的路径,若使用带格子的纸,格子线与思维导图中的线条相互交错,会对思维本身产生干扰,如图2-2所示。

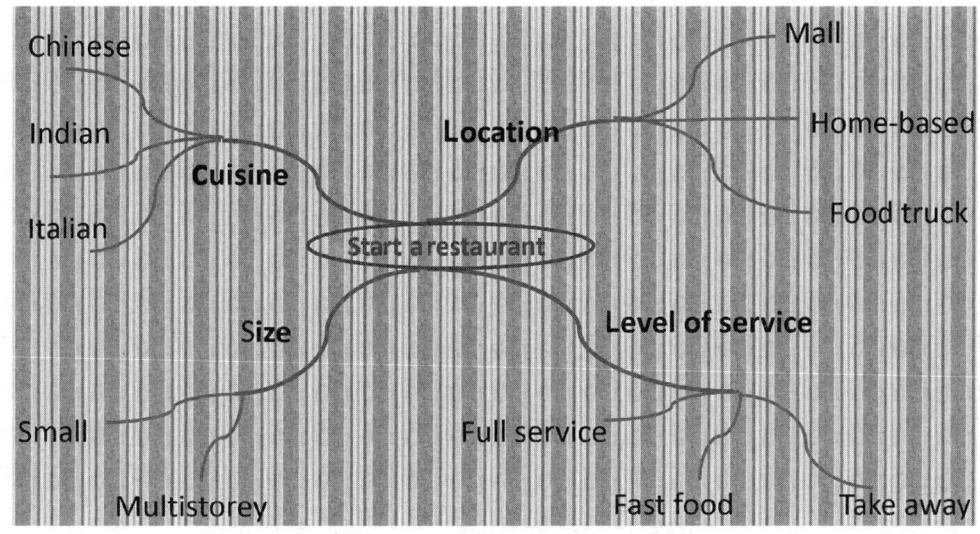

图 2-2　Start a restaurant 思维导图(使用格子背景)

2. 纸张要足够大

在绘制思维导图时,选择足够大的纸张至关重要。足够大的纸张能够容纳更多的信息和子节点,避免了由于纸张大小限制导致的信息挤压或遗漏。使用大纸张,可以用更大的字体书写关键词或短语,从而提高思维导图的可读性。大纸张为思维的自由延展提供了空间,不必担心由于纸张大小而被限制,可以根据思考的进程自由地添加新的分支和子节点。而且大纸张提供了更大的空间用于插入图形、符号和颜色,这有助于加强思维导图的视觉效果和记忆效果。

(二) 关键词使用规则

1. 尽量用关键词而少用短语或句子

关键词,作为知识和思想的锚点,经常是我们从海量信息中锁定并重构信息的重要手段。在每天都被大量信息包围的世界里,我们的大脑已经习惯于迅速筛选和捕捉关键信息,而不是被冗长的描述所困扰。当我们听到或读到一段信息时,大脑会迅速地过滤并挑选出那些最具代表性和最重要的词汇,因为这些关键词最能代表和传达该信息的核心。

此外,关键词的使用能够为思维创造空间,允许我们自由地探索和扩展思考的边界。当我们只关注于关键词,而非句子或短语时,我们实际上是打开了思考的大门,因为关键词为我们提供了跳跃和创新的可能性。例如,面对"苹果"这个词汇,我们可能会联想到"红色""果园""硬核"或"科技公司",这些都是根据关键词生成的联想。

但选择和提炼关键词并不总是容易的。要真正掌握这项技能,需要从多方面进行努力。首先,提炼关键词需要强烈的观察和听力技能,这意味着我们需要时刻保持清醒的头脑和对细节的关注。其次,这也需要强烈的批判性思维能力,以识别哪些词汇最能代表一个特定的主题或观点。最后,提炼关键词还需要丰富的词汇知识和语言表达能力,以确保所选的词汇是最准确和最具表现力的。

2. 每条线上标注一个关键词

在思维导图中,每条线上标注一个关键词有其特别的意义和优势。这种简洁的方式提供了一个明确和集中的视觉焦点,让读者可以迅速捕捉信息的核心,并对整个图形有更深入的理解。

首先,将一个关键词限制在一条线上可以确保导图的简洁性和可读性。过多的信息会使导图变得复杂、杂乱,从而影响用户的理解和回忆。通过简化,读者可以更快速地捕获关键信息,从而更容易地理解和吸收内容。

其次,这种方法鼓励创建者更深入地考虑每个关键词的选择。因为空间有限,这迫使我们更加仔细地思考和筛选,确保每一个选定的词都是最恰当和最具代表性的。这种对关键词的关注和选择,有助于提高思考的质量,使得表达更为精准。

再次,每条线上的一个关键词也支持了思维导图的基本原理,即从中心向外扩展的层次结构。每一个分支都从一个核心概念开始,然后逐渐分解成更具体的子概念。通过这种方式,读者可以清晰地看到各个概念之间的关系,以及它们如何组合在一起形成一个完整的思考框架。

最后,这种方法也增强了思维导图的视觉吸引力。简洁明了的设计不仅易于阅读,还更具视觉吸引力。这使得用户更愿意投入时间和精力去探索和理解导图内容,从而使学习和思考变得更为高效。

(三)图像、图标使用规则

1. 尽量使用中心图像

在创建思维导图时,中心图像的作用不可忽视。作为思维导图的核心,中心图像为整体内容提供了焦点和背景,帮助吸引观众的注意并增强整体印象。一个恰当且有代表性的中心图像,不仅可以明确传达思维导图的主题,还能够为其他分支节点提供参照,强化整体的视觉结构。

2. 图像、图标应与表达的内容相一致

图像和图标在思维导图中的主要作用是为文本提供视觉支撑,使得信息更为生动且易于理解。选择与内容紧密相关的图像和图标是至关重要的,不一致或者与文本无关的视觉元素可能导致混淆,从而降低了导图的可理解性和效果。

3. 图像、图标不宜太多

在制作思维导图时,必须注意平衡文本和视觉元素的比例。虽然图像和图标能够增强信息的吸引力，但过多的视觉元素可能会导致信息过载，从而分散观众的注意力。最佳的思维导图应该是文本和图形元素相互补充，而非竞争。

4. 子节点中使用的图像不宜大于父节点及中心节点

思维导图的层级结构是其核心特点。节点的大小往往暗示了其重要性。因此，子节点中的图像应该小于或等于其父节点及中心节点，确保视觉上的层级结构清晰。

（四）线条使用规则

1. 尽量使用曲线

在许多情况下，与直线相比，曲线在视觉上更具吸引力和流动感。曲线不仅使思维导图看起来更加优美，还有助于表达非线性的思考方式，增加导图的动态感。

2. 线条由粗到细

线条的粗细在思维导图中扮演着重要的角色。从中心节点开始的线条应该是最粗的，这有助于强调核心思想的重要性。随着分支的扩展，线条逐渐变细，表现出信息的层次和从属关系。

3. 不同分支间可以建立关系

思维导图不仅仅是单一的信息分支，有时不同的分支之间存在关联或相似性。这种关系可以通过线条或箭头来表示，帮助用户理解和探索信息之间的内在联系。

（五）颜色使用规则

1. 多样化颜色使用

颜色是思维导图中的一个强大工具，可以用来区分信息、强调重点或者表达情感。多样化的颜色使用不仅增加了导图的视觉吸引力，还可以帮助观众更好地组织和理解信息。

2. 颜色要有逻辑

尽管多样化的颜色使用是推荐的，颜色的选择应该有一定的逻辑。例如，使用冷色调来表示事实和数据，而使用暖色调来表示观点和评价，可以帮助观众更快地识别和处理信息。

3. 避免过于鲜艳的颜色组合

选择颜色时，要考虑其在整体导图中的效果。过于鲜艳或冲突的颜色可能会使观众感到不适或分散其注意力。选择和谐的颜色组合可以增强导图的可读性和效果。

（六）逻辑顺序使用规则

1. 自上而下、自左至右

对于习惯从左到右阅读的观众，按照从上到下、从左到右的顺序组织信息是最直观的。这种布局方式符合大多数人的阅读习惯，有助于快速理解和吸收信息。

2. 主题明确，层次分明

思维导图的核心价值在于其清晰的结构和层次。因此，每个思维导图都应该有一个明确的中心主题，围绕这个主题，按照逻辑和重要性展开各个子节点。

3. 关联内容应靠近

在构建思维导图时，应该尽量将有关联或相似性的内容放在靠近的位置。这种布局方式有助于展现信息间的联系，提供更为连贯的阅读体验。

四、绘制工具

思维导图工具是用来创建、编辑和分享思维导图的软件或应用程序。随着人们意识到思维导图在各个领域的广泛应用，市场上也涌现出了许多优秀的绘制思维导图的工具。下面是对几款常见的绘制思维导图工具的介绍：

（1）MindManager。它是一款商业化的思维导图工具，提供了丰富的图标、主题和模板。它支持多种格式的文件导入和导出，包括 Word、Excel、PowerPoint、PDF 等，同时也可以与许多第三方应用程序进行集成。MindManager 还支持甘特图和流程图等其他类型的图表，这使得它成为一个非常强大的项目管理工具。除此之外，MindManager 还提供了多种协作和分享功能，包括在线共享、云同步和团队协作。

（2）XMind。它是一款免费的思维导图工具，提供了丰富的主题、标签和符号。它支持多种格式的文件导入和导出，包括 Word、Excel、PDF、PNG、JPEG 等。XMind 具有强大的样式编辑和布局功能，使得用户可以轻松地创建美观、清晰的思维导图。除此之外，XMind 还支持甘特图和流程图等其他类型的图表，同时也提供了多种协作和分享功能，包括在线共享、云同步和团队协作。

（3）FreeMind。它是一款免费、开源的思维导图工具，具有简单的用户界面和易于使用的功能。它支持多种格式的文件导入和导出，包括 HTML、PDF、JPEG、PNG 等。FreeMind 提供了许多内置的主题和符号，同时也支持用户自定义主题和样式。除此之外，FreeMind 还具有协作和分享功能，允许用户在线共享和团队协作。

（4）Coggle。它是一款免费的在线思维导图工具，支持多用户协作和实时编辑。它提供了丰富的主题和样式，使得用户可以轻松地创建美观、清晰的思维导图。Coggle 还具有强大的协作和分享功能，包括在线共享、云同步和团队协作。同时，Coggle 还支持导出为 PDF、PNG 和 SVG 等多种格式。

（5）MindNode。它是一款专门为 MacOS 和 iOS 平台设计的思维导图工具，具有优雅的用户界面和易于使用的功能。它支持 iCloud 同步和多种文件格式的导入和导出，包括 Word、PDF、OPML 等。MindNode 提供了丰富的主题、符号和布局选项，使得用户可以轻松地创建美观、清晰的思维导图。MindNode 还支持快速的快捷键操作和手写输入，提高了用户的生产力。除此之外，MindNode 还提供了多种协作和分享功能，包括在线共享和团队协作。

（6）iMindMap。它是一款商业化的思维导图工具，提供了丰富的主题、符号和模板。它支持多种文件格式的导入和导出，包括 Word、Excel、PDF、PNG 等。iMindMap 具有强大的布局和样式编辑功能，使得用户可以创建复杂、高质量的思维导图。除此之外，iMindMap 还支持多用户协作和分享功能，包括在线共享、云同步和团队协作。

（7）Lucidchart。它是一款在线的图表工具，支持多种类型的图表，包括思维导图、流程图、UML 图等。它具有丰富的主题和符号，同时也支持用户自定义主题和样式。Lucidchart 具有强大的协作和分享功能，包括在线共享、云同步和团队协作。同时，Lucidchart 还支持导出为 PDF、PNG 和 JPEG 等多种格式。

每一款思维导图工具都有其独特的优势和功能，用户可以根据自己的需求选择合适的工具。对于初学者而言,建议先从免费的工具开始尝试,熟悉思维导图的基本操作和技巧,再选择付费的工具进行深入使用。无论是哪一款工具,都需要不断地练习和探索,才能创造出更加有效和美观的思维导图。

第三节　思维导图的应用

一、思维导图辅助管理

(一) 应用思维导图辅助团队管理

在各类组织结构中,人力资源持续被视为最核心的要素。对于团队的领导层而言,人力资源的管理不仅至关重要,而且充满挑战,它涉及从筛选合适的人才、最大化其潜能、为其提供专业培训,到维护其在组织内的稳定性等多个方面。

思维导图作为一种工具,在以下管理环节中均能发挥卓越的功能:在人员选拔阶段,可以利用思维导图系统地列出面试的关键考核点,并详尽记录每位候选人的专业技能与个人特质;在人力资源的利用与管理方面,思维导图能助于团队领导层清晰地识别每位成员的专长和需要改进的地方。应用思维导图不仅有助于更加深入地洞察团队的构成和每位成员的特性,同时也保证了任务能更为合理和有效地分配。进一步地,为了确保组织内的人员能持续专业成长,思维导图可以为设计符合成员兴趣和潜在能力的培训方案提供结构性的参考。在员工保留策略方面,通过思维导图,领导层可以更为准确地洞察员工的核心需求和期望,从而制定出更为精准的激励和保留策略。应用思维导图辅助团队管理范例,如图2-3所示。

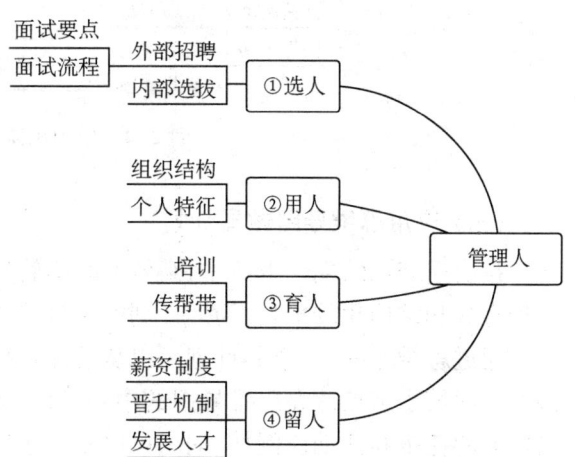

图2-3　应用思维导图辅助团队管理

(二) 应用思维导图做商业计划

在商业环境中,制订清晰、系统的计划对于组织的成功至关重要。商业计划不仅是一份文档,它还是一个展示组织未来愿景、目标和实施策略的框架。思维导图,作为一种结构化且直观的表达方式,为制订和展现商业计划提供了强大的支持。

首先,使用思维导图可以帮助企业明确其核心愿景和使命。在思维导图的中心,可以将公司的主要目标或愿景放置在中心节点上,细分为子节点,如市场定位、目标客户、产品或服务等,使其层次分明,一目了然。这种结构化的方式确保了每个关键元素都得到了适当的关注,并为进一步的细化提供了空间。其次,当涉及策略与实施方面,思维导图可以细化为市场策略、财务计划、运营计划等关键部分。例如,在市场策略部分,可以进一步细分为目标市场、营销活动、销售策略等子节点。这不仅帮助团队清晰地识别每一步的任务和目标,还可以确保所有的方面都得到了全面的考虑。最后,思维导图在商业计划的回顾和修订中也具有很大的价值。随着市场环境的变化和组织策略的适应,商业计划需要定期检查和调整。通过直观的思维导图,团队可以快速地识别哪些区域需要重点关注、优化或重新配置,从而确保计划始终与实际情况保持一致。应用思维导图做商业计划范例,如图2-4所示。

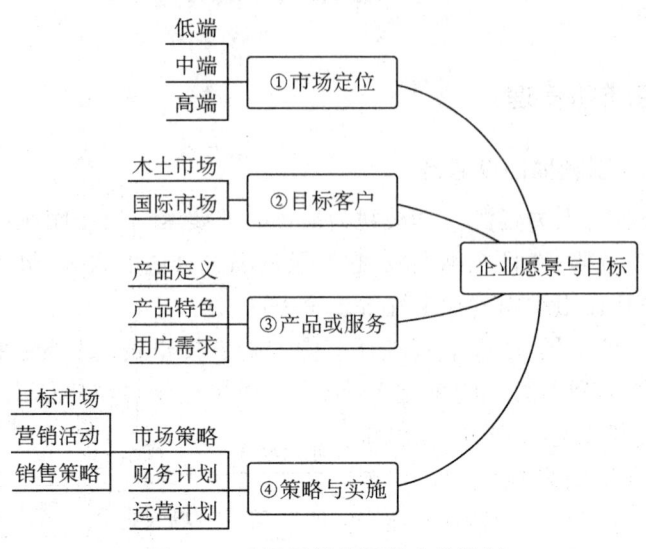

图2-4　应用思维导图做商业计划

(三) 应用思维导图做周计划

在快速变化的现代生活中,高效的时间管理和计划制订变得尤为重要。思维导图,作为一种直观和结构化的工具,为周计划的制订提供了极大的便利。

通过思维导图,一个周计划可以从总体目标出发,进一步细分为日常任务、项目里程碑、待办事项等子节点。在思维导图的中心,可以放置"本周计划"作为中心节点,然后由此扩展出每天的任务和活动。例如,周一可以专注于行政工作和会议;周二可以是市场分析或项目推进;周三可以设置为团队建设或培训等。对于那些跨越多天的任务或项目,思维导图也可以展示其进行的阶段和完成的百分比。这不仅有助于跟踪任务的进展,还可以确保关键的工作在计划的时间内完成。此外,思维导图的灵活性还允许我们随时添加、删除或调整任务,使其更符合实际的工作进展或突发的变故。例如,如果一个重要的客户会议突然被推迟,可以迅速调整思维导图,重新分配时间和资源。结束一周后,可以利用思维导图回顾整个周的工作,对完成的任务进行打勾,对未完成或需要调整的部分进行标注,为下一周的计划提供参考。图2-5是应用思维导图做周计划的一个范例。

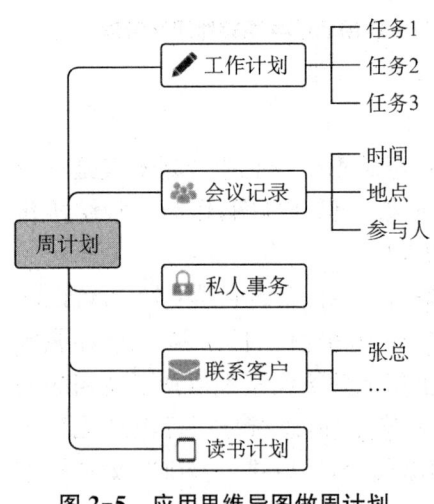

图2-5　应用思维导图做周计划

二、思维导图辅助学习

(一) 应用思维导图做读书笔记

在学习过程中,尤其是阅读,有效的笔记技巧可以助力我们更好地理解和记忆所学内容。思维导图,作为一种结构化的表示工具,为读书笔记提供了一个直观和有逻辑的框架。

使用思维导图做读书笔记可以帮助我们清晰地捕捉书籍的主题和关键观点。例如,当我们读一本关于管理的书时,可以将"管理原则"作为中心节点,然后将书中的各个观点,如"团队建设""决策制定""时间管理"等,分别作为分支节点展开。随着阅读的深入,我们可以在这些分支节点下添加更多的子节点,进一步细化每个观点。例如,在"团队建设"下,可以进一步列出"团队沟通""角色定义"和"团队激励"等关键要素。此外,利用思维导图的色彩、形状和符号功能,我们可以为笔记增添更多的层次感和重点标注。重要的观点可以使用加粗或特定颜色突出,而例子或引用可以通过特定的图标来表示。当我们回顾笔记时,这种结构化的表示方式使得关键信息一目了然,无须再次翻阅整本书籍,即可快速回顾和复习所学内容。同时,这也为之后的深入研究或讨论提供了一个有力的参考。

图2-6展示了如何阅读一本书的读书笔记,思维导图一目了然地展示了该书的主要模块,即基础阅读、检视阅读、分析阅读和主题阅读;通过子节点进一步展示了每一种阅读方法的核心要义。

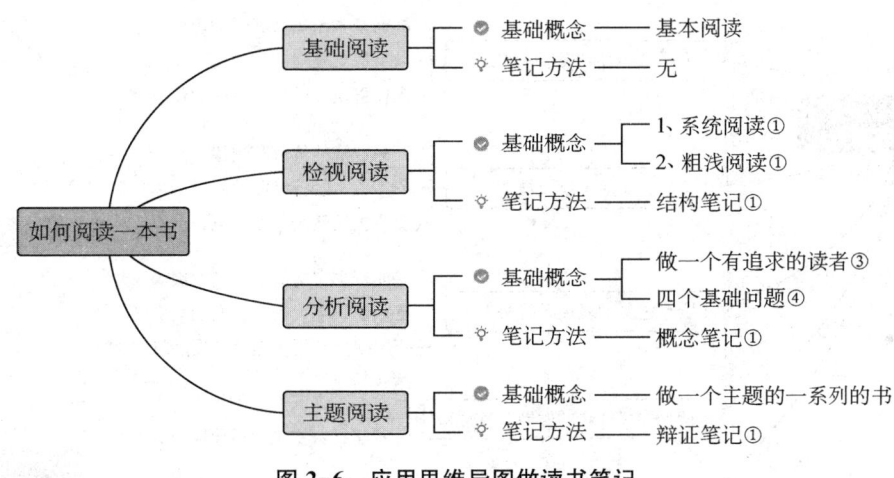

图 2-6 应用思维导图做读书笔记

(二) 应用思维导图做总结复习

总结与复习是学习过程中至关重要的环节,它能确保学习者所学知识的巩固并为长期记忆做好铺垫。而思维导图,凭借其直观和结构化的特点,为这一过程提供了极大的支持。

使用思维导图进行总结复习,可以帮助学习者从宏观到微观,层层深入地理解和回顾知识点。开始时,可以将某一课题或模块作为思维导图的中心,然后延伸出主要的概念或章节作为主分支。这些主分支下,进一步分出子分支,列举具体的知识点或细节。例如,在复习历史课程时,可以将某一历史时期作为中心节点,然后将这一时期的重要事件、人物、政策等作为主分支展开。在每个事件或人物的节点下,可以进一步描述其背景、意义、结果等细节。对于那些难以理解或容易混淆的知识点,可以利用导图的连接线或箭头功能,将相关的内容连接起来,形成一个整体的知识网络。这样,不仅有助于看到各知识点之间的联系,还能促进对复杂概念的深入理解。此外,思维导图的视觉元素,如颜色、形状和图标,也可以用于标识知识的重要性或难度,以便于之后针对性地复习。例如,可以用红色标记那些尚未完全掌握的知识点,用绿色标记那些已经熟悉的部分。

图 2-7 展示了应用思维导图梳理总结考研政治科目(马克思主义原理)的核心内容。在总结复习的过程中,思维导图不仅帮助学习者快速查找、整理和回顾信息,还能激发思维,挖掘知识之间的内在联系。

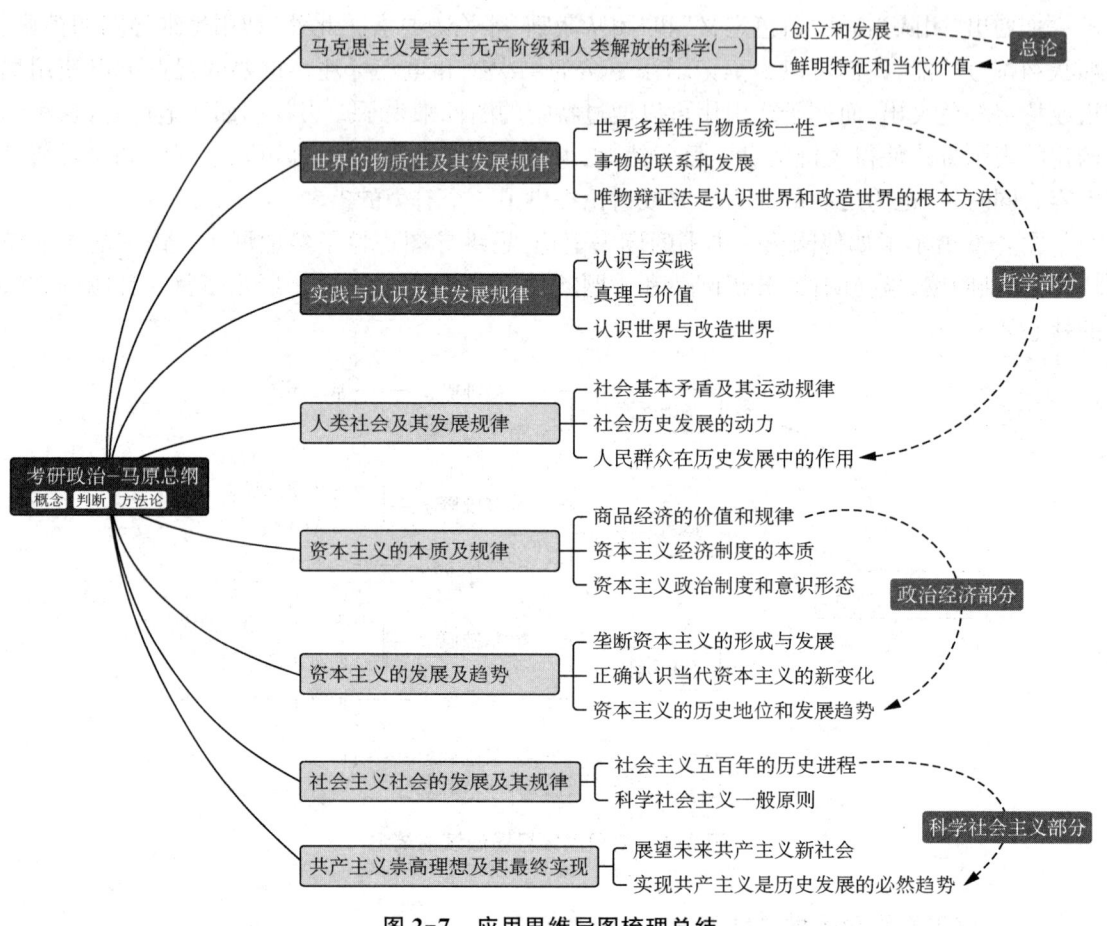

图 2-7 应用思维导图梳理总结

(三)应用思维导图整理论文结构

撰写学术论文时,结构的清晰与逻辑的条理性是至关重要的。思维导图,作为一种直观的信息组织方式,成为许多学者在论文写作过程中的得力助手。

首先,使用思维导图,作者可以轻松地规划论文的大纲。将论文的主题或核心观点放在中心节点,然后围绕这一核心,展开各个主要部分,如"引言""文献综述""方法论""结果"和

"结论"等。这些主要部分下，可以进一步细化子节点，列出每部分的关键内容和要点。此外，思维导图提供了一个灵活的空间，允许作者随时调整和重组结构。如果在写作过程中，作者认为某一部分的内容更适合放在另一位置，或者需要合并或分拆某些章节，只需简单地移动节点，而不必重新编写大量的文本。思维导图还可以帮助作者识别和填补内容上的空白或缺失。通过观察导图的整体结构，作者可以迅速发现那些尚未完善的部分，或者那些需要进一步扩充的内容。同时，通过连接线或箭头，可以表示出各部分之间的关联和逻辑关系。最后，当论文的初稿完成后，作者可以利用导图进行最后的检查和修订。确保每个部分都与核心观点紧密相关，内容的流动性和逻辑性得到保证。

图 2-8 展示了应用思维导图整理论文结构范例，不仅能够提供一个直观的、鸟瞰式的视角，帮助作者规划和组织内容，还能确保论文的结构完整性和逻辑性，从而提高写作的质量和效率。

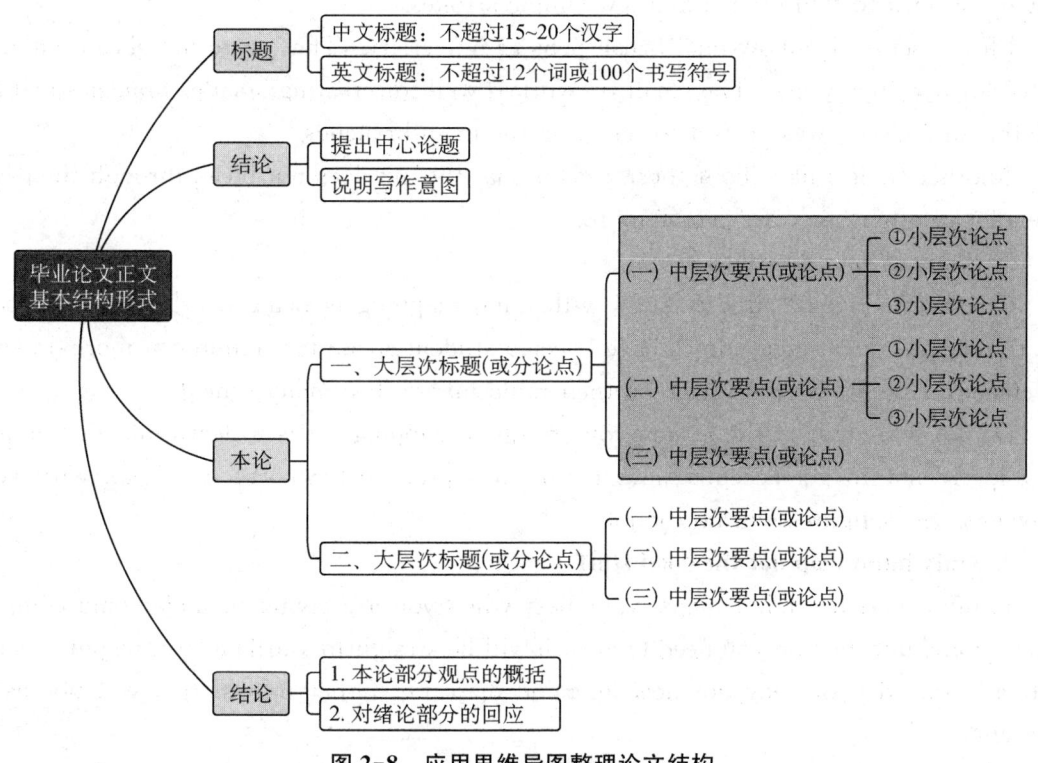

图 2-8　应用思维导图整理论文结构

 延伸阅读

Mind Map Hacks：Simple Ways to Speed Up the Mind Mapping Process

By Dr Jane Genovese

1. Ditch your coloured pens

As much as I love colour，I have occasionally used just a black artline pen to create my mind maps when there has been a lack of time. By not having to change coloured pens, take lids off and put them back on again, and decide on what colour to use next, you can save a bit of time.

Your mind maps may not look as exciting but you can always add a bit of colour as you review your mind maps content later on. I sometimes just circle key information in a coloured crayon or highlighter pen.

2. Do not ditch your coloured pens: invest in a set of paintbrush style pens instead

It is a real shame to give up using coloured pens on your mind maps. The good news is you can keep using coloured pens by using a paintbrush style marker.

Most mind maps have branches that go thick to thin. To create this effect with a fine tip marker requires a lot of colouring in. However, by using a paintbrush pen you can create the thick to thin branch in a few simple strokes.

I had a set of Tombow dual brush pens at university. They were not cheap but they lasted for over five years. The small tip worked well for creating smaller branches and the paintbrush style tip was perfect for creating the main branches.

Another thing I like about these pens is that the ink does not bleed through the paper like a lot of other fancy art pens tend to.

3. Slap out your drawings

One of the biggest time wasters with mind mapping is being overly precious about your drawings. How many times have I seen a student spend ten minutes or more drawing a detailed, intricate central image on their mind maps? Too many times!

Do not lose sight of the reason you are mind mapping—it is to learn information at a deep level, not to get accepted into a fine arts program! So you can relax with your drawings. Stick figures will do the job.

4. Only mind map out the good stuff

In my experience mind maps work best when you are trying to understand complex ideas. Some information you need to absorb will be straightforward and can be put straight onto a flashcard (you may not need to mind map it). Other information will not be so relevant.

The bottom line is not everything needs to be mind mapped. As you read your book and mind map the information, ask yourself, "Do I really need to know this?"

If the answer is no, then do not bother mind mapping it.

5. Use A3-size Paper

A3-size paper provides the perfect amount of space for mind mapping a juicy topic. If you use A4-size paper you may find yourself having to start new mind maps more regularly as a result of not being able to fit as much information on the page.

For this reason, I highly recommend buying an A3-size visual art diary. It will reduce the number of central images you need to draw.

6. Mind map every day

Mind mapping is like any other skills, the more you do it, the better (and the faster) you will get it.

When I first started mind mapping, I was quite slow in creating the mind maps. "Am I doing this right" and "My pictures look silly. I would better start this mind map again", I would say. I wasted a lot of time worrying about nothing. But after a few weeks of practice, mind mapping became second nature to me.

If you mind map on a daily basis, you will be surprised at how fast you can get at pumping out mind maps. All that being said, it is not a race. You need to allow yourself the time and space to think through an idea and draw it out in a way that will be memorable and meaningful to you.

7. Set up mind mapping cues

It is a good idea that you can leave the things you need to mind map (e. g., coloured pens, A3-size paper and textbook) lying around on surfaces where you work on the kitchen table, on your desk, near the couch, etc., in order to help you mind map more frequently. When you set up "mind mapping cues" like this, it makes it easier to get started. Whenever you have got a spare ten minutes you can sit down and start mind mapping out an idea.

课堂活动

活动名称：思维绘图之旅

目标：帮助学生掌握思维导图的绘制技巧，理解思维导图的用途，并应用思维导图解决实际问题。

活动步骤：

（1）绘制基本思维导图。给每个学生分发一张空白纸和一支彩色笔。引导学生选择一个主题，如"我的理想职业"，并在纸上绘制一个核心主题，并从核心主题发散出多个分支，每个分支代表一个相关的想法或子主题。鼓励学生使用图标、颜色和关键词来增强思维导图的可视化效果。

（2）小组讨论和分享。将学生分成若干小组，每个小组成员分享他们绘制的思维导图，并解释思维导图的结构和内容。小组成员可以提出问题、提供反馈和分享类似主题的想法。

（3）实际问题解决。提供一个实际的问题或挑战，如"如何改进学校的午餐食品选择"。要求每个小组使用思维导图来解决这个问题。他们可以将问题作为核心主题，并绘制相关的子主题和想法，以寻找创新的解决方案。

（4）解决方案分享与讨论。每个小组派出一名代表，向全班展示他们的思维导图和解决方案。其他小组成员可以提出问题、提供改进意见或分享类似的想法。

（5）思考总结。引导学生总结他们在活动中的思考和学习。讨论思维导图在整理思路、激发创意和解决问题方面的实际应用价值，并鼓励学生思考如何在实际生活或工作中应用所学的思维导图技巧。

 课后思考

1. 你认为思维导图最适合用于哪些任务和场景?
2. 你有没有试过使用思维导图来记录你的学习笔记或头脑风暴的想法?它们是否有助于提高你的学习效率或创造力?
3. 思维导图是如何帮助你在思考和决策过程中更清晰地理解信息的?
4. 思维导图与传统的文字或列表形式的笔记相比,有哪些优缺点?
5. 思维导图可以应用于哪些领域和行业?你能否列出一些实际应用案例?
6. 思维导图可以和其他工具和技术(如项目管理工具、时间管理技巧等)结合使用吗?它们如何相互作用,是否可以提高效率?
7. 思维导图的设计和布局有哪些要素和技巧?你有哪些经验或技巧可以分享?

第三章　创新思维工具：TRIZ法

学习目标

1. 学习TRIZ法的起源、发展历史和基本理论。
2. 掌握TRIZ法的基本原则，并学会运用这些原则解决实际问题。
3. 通过案例分析和练习，能够运用TRIZ法的工具，如40条发明原理、矛盾矩阵表、物理矛盾和分离原理等，解决技术创新和工程问题。

案　例

InnoTech公司引入TRIZ法

一家名为InnoTech的制造业公司，存在一个长期的难题：他们的产品在使用过程中经常出现故障，导致客户的不满和投诉不断。这些故障问题无论在设计、生产还是维护阶段都无法解决，给公司带来了巨大的损失。公司的高级管理层决定寻求一种创新思维工具，以帮助他们解决这个困境。

InnoTech的工程师团队接受了一项培训，学习了一种被誉为"创新之母"的方法，即发明问题解决理论（theory of inventive problem solving，TRIZ）。TRIZ法是一种系统性的创新方法，即通过分析已知问题和解决方案的模式，寻找创新解决方案。

经过培训，工程师们兴致勃勃地应用TRIZ法来解决公司产品故障问题，使用TRIZ法的核心工具之一——矛盾矩阵，来解决产品在使用过程中出现的各种矛盾。

一位工程师李明，面对一个特定的矛盾：产品需要更好的耐用性，但又需要在成本控制的前提下进行改进，利用TRIZ法的矛盾矩阵，分析了不同参数之间的矛盾关系，并找到了一种新颖的解决方案。

他意识到，问题的根源是产品结构中的某个组件容易受到压力和震动的影响，从而导致故障。李明利用TRIZ法的思维导引技巧，将问题转化为一道创新挑战：如何在成本控制的前提下，提高该组件的耐压性和抗震性？

经过对TRIZ法的深入研究，李明利用TRIZ法的40个原则之一——逆操作原则，提出了一个惊人的解决方案：通过在该组件表面施加特殊的涂层，增加其强度和抗震性能，同时不增加成本。

李明与团队分享了这个创新解决方案,并进行了一系列实验验证。结果表明,通过这种简单而创新的方法,产品的故障率大幅下降,耐久性得到显著提升,客户的满意度也随之提高。

TRIZ 法为 InnoTech 带来了新的思维方式和方法论,帮助他们解决了长期以来的困扰。InnoTech 的高层对工程师们的成果感到非常满意,决定将 TRIZ 法作为公司创新流程的一部分,并在整个组织中推广应用。自此以后,InnoTech 在产品质量和创新能力方面取得了巨大的进步,成为业界的佼佼者。

第一节 TRIZ 法概述

TRIZ 法通过研究和总结数以万计的专利和创新案例,提出了一套系统的解决问题的方法和工具,旨在帮助人们更加高效地解决复杂的技术问题和创新难题。TRIZ 法曾经被称作苏联的"国术"和"点金术"。它所研究的是人类进行发明创造和解决技术难题过程中所遵循的科学原理和法则,TRIZ 法提出的独特的技术系统进化法被西方称为"三大进化理论之一",与达尔文的生物进化理论和马克思的人类社会进化理论相提并论。

一、TRIZ 法的起源与发展

TRIZ 法是一种创新方法论,它起源于 20 世纪 40 年代的苏联,由苏联的工程师根里奇·阿奇舒勒(Genrich Altshuller)创立。阿奇舒勒在年少时就展现出了对创新的独到见解。他 14 岁时便获得了一项苏联专利,这是一种利用过氧化分解氧气的水下呼吸器,为水下呼吸带来了颠覆性的解决方案。阿奇舒勒在苏联海军部任专利审查官期间,对成千上万项专利进行了研究,试图从中找出创新背后的模式和规律。他的研究革新了一系列常见的创新原则和模式,为 TRIZ 法的初步构建打下了基础。

20 世纪 50 年代,阿奇舒勒进一步对创新原则和模式进行总结,形成了"发明原理"。随后,他和他的团队在 20 世纪 60 年代进一步深化了 TRIZ 法的研究,出版了《发明心理学》,系统地介绍了 TRIZ 法。20 世纪 80 年代,TRIZ 法在苏联得到了广泛应用,并成为许多组织的创新工具。

随着苏联的解体,TRIZ 法开始传播到全球各地。众多移居到其他国家的苏联科学家将其介绍到了全球,使得 TRIZ 法从一个国家机密转变成了全球性的创新方法学。现在,TRIZ 法在工程、科技、商业、管理等多个领域都得到了广泛应用,成为了解决复杂问题和创新难题的重要工具和方法。

二、TRIZ 法的定义

1. TRIZ 法是基于知识的方法

(1) TRIZ 法是从全世界范围的专利中抽象出来的,是发明问题启发式解决方法的知识。

(2) TRIZ 法大量采用了自然科学及工程中的效应知识。

(3) TRIZ法利用了出现问题领域的知识。这些知识不但包括问题领域的技术本身,也包含了与其相似的或相反的技术、过程、环境及进化过程。

2. TRIZ法是面向人的方法

TRIZ法的启发式是面向设计者的,而不是面向机器的。由于在系统分解、区分有益及有害功能时,其分析结果往往与问题本身和具体的环境相关,具有一定的随机性。在具体问题的解决过程中,计算机软件只是在问题分析和解决时为设计者提供处理这些随机问题的方法与工具,仅起到支持的作用,而不能完全代替设计者。

3. TRIZ法是系统化的方法

(1) 在TRIZ法中,问题分析采用了通用和详细的模型,模型的系统化知识对问题的解决十分重要。

(2) TRIZ法解决问题的过程是一个系统化的、方便应用已有知识的过程。

4. TRIZ法是解决发明问题的方法

(1) 为了取得创新解,必须解决设计中的冲突,但在解决冲突时某些过程是未知的。

(2) 所需要的未知情况往往可以由理想解代替。

(3) 理想解可通过环境或本身的资源获得,或通过已知系统进化趋势获得。

三、TRIZ法的基本原则

TRIZ法的基本原则是通过对技术演化的规律和模式的总结,提炼出一些通用的创新原则和方法,用于解决技术问题和创新难题。TRIZ法的基本原则包括以下几个方面。

1. 系统性原则

技术是一个系统,系统中的各个部分是相互关联和相互作用的,必须全面地考虑系统中的各个部分,才能解决问题和实现创新。

2. 模型化原则

技术演化具有一定的模式和规律,可以将技术演化过程进行模型化和抽象化,以此来指导创新和问题解决。

3. 矛盾原则

技术问题的本质是矛盾,矛盾是技术进步的动力,只有找到矛盾点并解决矛盾,才能实现技术创新和问题解决。

4. 增量原则

技术的演化是一个不断增加的过程,技术发展的每一步都是在现有技术的基础上增加新的成分,因此,在解决问题和实现创新时,应当优先考虑增量性的解决方案。

5. 科技对立原则

技术的进步不仅依赖于技术本身的发展,还受到社会和环境等因素的影响。因此,在解决问题和实现创新时,需要综合考虑技术、社会和环境等因素之间的相互关系。

四、TRIZ法的基本内容

TRIZ法几乎可以被用于产品的整个生命周期,包括从项目的确定到产品性能的改善直至产品进入衰退期后新的替代产品的确定。TRIZ法的基本内容包括以下几个方面。

1. 产品进化理论

产品进化理论主要研究产品在不同阶段的特点和可能的进化方向,以便于确定对策,给出产品的可能改进方式。产品进化理论包括提高理想度法则、完备性法则、能量传递法则、协调性法则、子系统的不均衡进化法则、向超系统进化法则、向微观级进化法则、动态性和可控性进化法则。它们可以应用于产生市场需求、定性技术预测、产生新技术、专利布局和选择企业战略制定的时机等,也可以用来解决难题,预测技术系统,产生并加强创造性问题的解决工具。

2. 最终理想解

最终理想解是 TRIZ 法保证解法过程收敛性的重要手段,通过在解题之初就分析并确定最终理想解,使得 TRIZ 法在解题的任一阶段都是目标明确的。在解决问题之初,应抛开各种客观限制条件,通过理想化来定义问题的最终理想解,以明确理想解所在的方向和位置,保证在问题解决过程中沿着此目标前进并获得最终理想解,从而避免了传统创新方法中缺乏目标的弊端,提升了创新设计的效率。

3. 40 条发明原理

阿奇舒勒对大量的专利进行了研究、分析和总结,提炼出了 TRIZ 法中最重要的、具有普遍性的 40 条发明原理。这 40 条发明原理为解决系统中存在的技术矛盾、为一般发明问题的解决提供了强有力的工具。

4. 矛盾矩阵表

TRIZ 法在对众多的发明问题进行分析的基础上,给出了 39 个标准参数,并根据这 3 个标准参数构造了矛盾矩阵表。创造者只要明确定义问题的工程参数,就可以从矛盾矩阵表中找到对应的、可用于问题解决的发明原理。矛盾矩阵表仍在不断地完善之中,到目前为止仍有许多矛盾单元的解法存在空位,需要补充解法,而已经存在某些解决方法的单元也需要进一步充实。

5. 物理矛盾和四大分离原理

当一个技术系统的工程参数具有相反的需求,就出现了物理矛盾。例如,要求系统的某个参数既要出现又不存在,或既要高又要低,或既要大又要小等。相对于技术矛盾,物理矛盾是一种更尖锐的矛盾,创新中需要加以解决。物理矛盾所存在的子系统就是系统的关键子系统,应该具有为满足某个需求的参数特性,但另一个需求又要求系统或关键子系统不能具有这样的参数特性。分离原理是阿奇舒勒针对物理矛盾的解决而提出的,分离方法共有 11 种,归纳概括为四大分离原理,分别是空间分离、时间分离、条件分离和整体与部分的分离。

6. 物-场模型分析

阿奇舒勒认为每一个技术系统都可由许多功能不同的子系统组成,因而每一个系统都有它的子系统,而每个子系统都可以再进一步地细分,直到分子、原子、质子与电子等微观层次。无论是大系统、子系统还是微观层次都具有功能,所有的功能都可分解为两种物质和一种场(即二元素组成)。物-场模型分析是 TRIZ 法重要的分析工具,它通过研究系统构成的完整性,构成系统各要素之间作用的有效性,以帮助创造者更好地了解系统并获得解决问题的方向。

7. 发明问题的标准解法

标准解法是阿奇舒勒于 1985 年创立的,共有 76 种,主要用于条件和约束确定后的发明问题的解决,是主要针对物-场模型分析的。如果问题所需要的解可以在 76 种解中获得,问题的解决会变得十分便捷。标准解法也是解决非标准问题的基础,非标准问题主要应用 ARIZ 法进行解决,而 ARIZ 法的主要思路是将非标准问题通过各种方法进行变化,转为标准问题,然后应用标准解法来获得解决方案。

8. 发明问题解决算法

发明问题解决算法(algorithm for inventive problem solving,ARIZ)是 TRIZ 法的一种主要工具,是解决发明问题的完整算法,该算法主要针对问题情境复杂、矛盾及其部件不明的技术系统,是一套以客观技术系统进化模式为基础的完整的问题解决综合程序。它通过对初始问题进行一系列变形及再定义等非计算性的逻辑过程,实现对问题的逐步深入分析和转化,最终达到解决问题的目的。

9. 科学效应知识库

TRIZ 法中的科学效应知识库提供了大量的科学效应,利用这些效应,可以很好地选择并构建对象作用所需的场,同时确定相互作用的对象双方。TRIZ 法是基于知识的方法,而科学效应知识库则是知识的重要组成部分。

TRIZ 法的核心思想主要体现在三个方面:①无论是一个简单的产品还是复杂的技术系统,其核心技术都是遵循着客观的规律发展演变的,即具有客观的进化规律和模式;②各种技术难题、矛盾和矛盾的不断解决是推动这种进化过程的动力;③技术系统发展的理想状态是用尽量少的资源实现尽量多的功能。

五、TRIZ 法在问题解决中的作用

TRIZ 法不仅提供了一种解决技术和工程问题的系统化方法,而且也帮助组织构建一个持续的创新文化。无论是面对简单的设计挑战,还是复杂的系统性问题,TRIZ 法都为工程师和设计者提供了一种富有成效的方法,使他们能够快速、有效地找到解决方案。这种方法有助于提高创新的质量、速度和效果,从而提高组织的竞争力和市场地位。

1. 识别和消除矛盾

TRIZ 法的核心是识别系统中的矛盾并有效地解决它们。在设计和工程中,团队经常面临相互冲突的要求,如如何在减少产品重量的同时保持其结构强度。TRIZ 法通过其矛盾矩阵和 40 条发明原理,为这些矛盾提供了特定的解决策略。这意味着,不再依赖个别的创造性才能,而是有了一个系统的方法来面对这些挑战。

2. 系统化创新过程

随机的灵感和试错方法虽然时而有效,但并不是一个可靠或可预测的创新方法。TRIZ 法提供了一种结构化的创新过程,其中包括定义问题、识别和消除矛盾、利用先前的解决策略等步骤。这种结构化的方法使得创新变得更加系统化,从而提高了解决问题的效率和质量。

3. 构建知识库和最佳实践

TRIZ 法都是基于对大量发明和专利的研究。这为组织提供了一个价值巨大的知识库,帮助他们在面对新的挑战时,快速地查找和利用过去的成功经验。这样,团队可以避免"重

新发明轮子",并能更快速地为新问题找到解决方案。

4. 提高解决问题的质量

传统的问题解决方法可能只考虑了问题的一个方面或解决策略。但是,TRIZ法鼓励从多个角度和维度来看待问题,这不仅可以生成更多的可能的解决方案,还确保了最终选择的解决方案是最佳的,有助于提高创新的成功率和质量。

5. 提高组织的创新能力

当TRIZ法在组织内部被广泛采用时,它可以促进创新文化的形成。员工将被培训成为更高效、更具创造力的问题解决者,这不仅可以提高个体的工作效率,还能增强整个组织的创新能力和市场竞争力。

6. 鼓励逆向思考和超出常规的思考

TRIZ法鼓励使用不同的、有时甚至是逆向的思考方法来看待问题。这有助于打破传统的思维定势,从而生成新颖和独特的解决策略。逆向思考和超出常规的思考是创新的核心,而TRIZ法为这种创新思维提供了一个结构化的框架。

六、TRIZ法解决问题的步骤

TRIZ法解决问题的过程是一个有序、迭代的过程,需要对问题进行全面、深入的分析,采用科学、系统的方法找到最佳的解决方案,实现技术问题的解决和创新。

TRIZ法解决问题通常包括以下几个步骤。

1. 确认问题

首先,确定需要解决问题的具体范围或领域。问题可能涉及产品、流程、系统或其他方面。明确问题所涉及的特定领域将有助于集中注意力和资源,并确保解决方案的相关性和适用性。其次,描述问题的现象和表现。这包括问题的性质、发生的时间、频率、影响范围等。确保问题的描述具体、客观,并提供足够的信息以便其他人能够理解问题的本质。再次,明确希望达到的目标或期望的结果。这可以是问题的解决、改进、优化或其他特定的目标。确保目标具体、可测量,并与组织或个人的愿景和战略目标相一致。最后,制定问题陈述,将以上信息整合,制定一个清晰、简明的问题陈述。问题陈述应包括问题的范围、现象描述、目标等关键要素,要确保问题陈述明确、具体、可量化和可衡量,并提供足够的背景信息。

2. 收集信息

收集信息的渠道来源于多个方面,可以查阅现有的文献、报告、研究成果等相关资料,了解与问题相关的理论、实践和经验;可以前往现场进行实地考察,留意与问题相关的环境、条件、行为等方面的细节,收集可见的问题现象和影响;可以与相关人员进行访谈和讨论,包括产品使用者、技术专家、相关部门的工作人员等,通过访谈和讨论,了解他们对问题的看法、经验、意见和建议;可以收集与问题相关的定量数据和统计信息,包括产品的性能指标、故障率、维修记录、客户反馈数据等,并进行必要的分析和整理;可以根据问题的性质和要求,设计并进行实验或测试,以获取更多的数据和信息等。

3. 分析矛盾

在这一阶段,首先要回顾问题陈述和收集的信息,识别主要的矛盾点。矛盾通常涉及两个或多个目标、要求或属性之间的冲突。例如,成本和质量之间的矛盾,效率和可靠性之间的矛盾等。其次,主要矛盾要进一步分析和细化,即使用 TRIZ 法的矛盾矩阵或其他工具,将矛盾点与相关的参数或属性进行对比和分析,探索矛盾的根本原因和特征。尝试理解为什么这些矛盾存在,它们是如何相互制约和影响的。这可能涉及对问题的深入分析、专业知识的应用和逻辑推理的运用。

4. 确定解决方案

在这一阶段,首先要使用发明原理和其他 TRIZ 法工具箱中的工具,寻找各种创新的解决方案。其次,对生成的解决方案进行评估和筛选,即考虑方案的可行性、效益、风险等因素,使用适当的评估方法和决策工具,如优先级矩阵、决策矩阵等,做出合理的选择。最后,根据评估结果,将不同的解决方案进行组合和整合,以获得更完整、综合的最佳解决方案。

5. 实施方案

首先,根据选定的解决方案,制订详细的实施计划,将解决方案拆分为可操作的任务和活动,并为每个任务指定责任人、时间表和资源要求,确保计划具体、可衡量,并与目标和时间限制相一致。其次,为实施方案分配必要的资源,包括人力、物力、财力和技术支持等,确保所需资源的可用性和充足性,以保证实施的顺利进行。再次,建立有效的团队动力和合作机制,以推动方案的实施,确保团队成员对解决方案的理解和支持,促进团队合作和沟通,确保各个部门和角色之间的协调和配合。最后,在实施正式方案之前,选择适当的试点区域、样本或条件进行测试,并收集必要的数据和反馈,根据试点测试结果,进行必要的调整和改进。

6. 评估效果

首先,收集与已实施解决方案相关的数据和信息。这可能包括产品性能指标、客户满意度调查结果、故障率数据、绩效指标等。其次,分析已实施解决方案的效果,并与问题陈述中的目标进行比较,考虑解决方案是否达到了预期的效果和目标,是否解决了问题的根本原因,以及是否带来了实际的改进和利益。再次,评估解决方案的质量和有效性,考虑解决方案的可行性、技术可行性、经济效益、可持续性等方面的因素,使用适当的评估方法和指标,如成本效益分析、ROI(投资回报率)等,对解决方案的质量进行客观评估。同时,也要评估解决方案可能带来的副作用和未预料的影响。例如,解决方案是否引入了新的问题或负面效应,是否对其他方面产生了意外的影响等。最后,要持续监测已实施解决方案的效果,并跟踪其长期的绩效和持续改进,建立有效的监测机制和反馈循环,以确保问题解决的可持续性和效果的持续提升。

第二节　TRIZ 法的 40 条发明原理及应用

发明原理建立在对上百万的专利分析的基础上,蕴含了人类发明创新所遵循的共性原理,是 TRIZ 法中用于解决问题的基本方法。40 条发明原理是阿奇舒勒最早奠定的 TRIZ 法的基础内容,具体如表 4-1 所示。实践证明,40 条发明原理是行之有效的创新方法,值得学习和掌握。

视频 3-1
Tell Me About TRIZ: the Secrets of Systematic Innovation

表 3-1 40 条发明原理

序号	原理名称	序号	原理名称	序号	原理名称	序号	原理名称
1	分离	11	预先防范	21	减少有害作用	31	多孔材料
2	提取	12	等势	22	变害为利	32	改变颜色
3	局部质量	13	反向作用	23	反馈	33	同质性
4	非对称	14	曲面化	24	借助中介物	34	抛弃与再生
5	组合	15	动态化	25	自服务	35	物理或化学参数改变
6	多用性	16	未达到或过度的作用	26	复制	36	相变
7	嵌套	17	空间维数变化	27	廉价品替代	37	热膨胀
8	重量补偿	18	机械振动	28	机械系统替代	38	强氧化剂
9	预先反作用	19	周期性作用	29	气压和液压结构	39	惰性环境
10	预先作用	20	有效作用的连续性	30	柔性壳体或薄膜	40	复合材料

发明原理 1:分离原理

1. 具体描述

分离原理也称分割法,即将整体切分,有以下三方面的含义:

(1)将物体分成相互独立的部分。

(2)将物体分成容易组装和拆卸的部分。

(2)增加物体的分割程度。

2. 举例

(1)火车车厢,分离成一个一个的单体车厢;用卡车加拖车代替大卡车;将垃圾箱分割为可回收及不可回收的部分;电冰箱分为冷冻室和冷藏室,并分多个层;运载火箭分为多个助推器;班级为了便于管理分成多个小组等。

(2)组合式家具;移动房屋;活动帐篷;组合菜板等。

(3)用百叶窗代替大的窗帘;输送高温玻璃时用熔化的锡代替滚轴等。

3. 使用技巧

为了成功运用分离原理,首先需要对所面对的矛盾或问题有深入、明确的理解。同时,它要求从多个角度或维度进行思考,而不是局限于一个固定的框架。实际操作中,可以先建立一个简化的模型或草图,以评估分离策略的可行性和效果。在应用过程中,开放的思维模式至关重要,因为它能够帮助我们跳出传统的思维定式,尝试新的、非传统的方法。与此同时,使用如流程图或 3D 建模这样的可视化工具可以更直观、清晰地展现问题的各个方面。而在一个跨学科的团队环境中,分离原理的应用通常会得到更多的灵感和洞察,因为每个成员都可能带来不同的视角和经验。最后,实施任何解决方案后,都需要进行反馈和评估,以确保所采取的策略达到了预期的效果,并在必要时进行调整。

发明原理2:提取原理

1. 具体描述

提取原理也称抽取法、抽取原理,即将物体中有用或有害的部分提取出来进行相应的处理,有以下两方面的含义:

(1) 从物体中抽出产生负面影响的部分或属性。

(2) 从物体中抽出必要的部分或属性。

2. 举例

(1) 避雷针将雷电引入地下,减少其危害;空调的压缩机分离出来放在室外;将噪音产生的部分放置在隔音箱内,或将设备放置在远离人群居住的地方,以减少噪音对周围环境和人们的负面影响等。

(2) 用狗的叫声做警报而不用真的养一条狗;把彩喷打印机中的墨盒分离出来以便更换;用光纤或光波导分离主光源,以增加照明点;成分献血,只采集血液中的血小板;采用局部加热的方法,只将加热所需的部分进行加热,而不是整个工件等。

3. 使用技巧

提取原理在应用中需要一系列的技巧来确保其实施效果。要先明确应用提取的目标,是否是为了简化、增强效率还是其他原因。对系统或项目进行深入的分类和评估,以确定可以提取的关键元素。不止于物理层面,也要考虑到概念或流程的提取,如提炼核心流程或关键概念。在决策提取之后,进行小规模的试验或仿真,以检验提取的部分是否在新环境中有效。根据反馈进行必要的迭代和优化,确保提取的内容达到预期效果。此外,将提取原理与其他方法或原理结合可以获得更多元的解决方案。为保持提取策略的透明性和持续性,与团队分享、协作并进行充分的记录是不可或缺的。这些技巧合理运用,可以最大化地发挥提取原理的效果。

发明原理3:局部质量原理

1. 具体描述

局部质量原理是指在物体的特定区域改变其特征,从而获得必要的特性。

2. 举例

(1) 多功能笔:一支笔的一端是蓝色,另一端是红色。这种设计提供了两种不同的颜色选择而不需要两支不同的笔。

(2) 汽车轮胎:轮胎的外部和中心部分可能具有不同的橡胶混合物或花纹深度,以满足湿滑和干燥条件下的不同驾驶需求。

(3) 运动鞋:鞋底可能在鞋的不同部分使用不同的材料或厚度,如为了更好地缓冲、牵引或灵活性。

(4) 锅和平底锅:底部可能比边缘更厚,以确保更均匀的热分布和更好的保温效果。

(5) 手机屏幕:触摸屏的不同区域可能对触摸的敏感度有所不同,以优化用户体验或减少误触。

（6）刮胡刀：一些刮胡刀在刀片之间具有润滑条，这样可以在刮胡子时提供润滑，从而减少摩擦和刮伤的风险。

3. 使用技巧

应用局部质量原理，需要首先明确调整目标，然后识别关键的可以改变质量的部分。对于这些关键部分，可以尝试不同的质量变化，如材料更替或重量调整，并在模拟环境中进行小规模试验。重要的是，应考虑这些局部调整如何与整体系统相互作用，以确保不会对其他部分产生负面影响。持续的评估、优化和与其他TRIZ法原理的结合，将进一步加强这一原理的应用效果。

发明原理4：非对称原理

1. 具体描述

非对称原理是指通过引入非对称性或不均衡性，改变物体或系统的结构或运行方式，以解决技术矛盾。具体而言，有以下三方面的含义：

（1）引入结构的非对称性：在物体或系统的结构中引入非对称的设计元素，以满足特定的要求。例如，通过调整部件的形状、布局或分布方式，使物体在不同方向上具有不同的性能或功能。

（2）引入运行的不均衡性：通过调整物体或系统的运行方式，引入不均衡性，以实现特定的目标。例如，通过改变动力系统的输出或作用方式，使物体在不同时间或不同工作阶段表现出不同的行为或效果。

（3）引入参数的不对称性：通过调整物体或系统的某些参数，引入不对称性，以满足特定的需求。例如，通过调整材料的厚度、密度或组成，使物体在不同区域具有不同的性能或特征。

2. 举例

（1）风车叶片设计：风车的叶片可能会被设计成非对称的形状，以更有效地捕获风力并转化为机械能。

（2）飞机翼尖：一些飞机的翼尖向上弯曲（被称为"鲨鱼翼尖"），这种非对称的设计有助于减少涡旋，从而提高燃料效率。

（3）人体工学办公椅：椅子可能在一侧有一个扶手，而另一侧没有，以方便用户从特定的方向起身或坐下。

（4）鞋设计：竞速溜冰鞋的刀片偏向一侧，这种非对称设计有助于滑冰者在赛道上更快速地转弯。

（5）道路设计：在某些需要转弯的路段，道路可能会被设计为非对称的，其中一个方向的车道比另一个方向的宽，以减少交通事故并提高流量。

3. 使用技巧

应用非对称原理，需要先分析物体或系统的当前对称性并确定其带来的限制。随后，通过设计改变如形状、布局或结构的调整，实现所需的非对称性。关键在于不仅要关注局部的非对称变更，还需确保整个系统的和谐与平衡。通过应用此原理，可以激发出超越传统思维边界的新颖解决方案。

发明原理 5：组合原理

1. 具体描述

组合原理的基本思想是将原本独立的部件或解决方案进行组合，形成一个新的整体系统，从而实现技术矛盾的解决。具体而言，可以采用以下三种策略：

（1）组合不同的部件或元素：将来自不同领域或不同应用的部件或元素进行组合，形成一个新的系统。通过充分利用不同部件或元素的优点和特性，创造出新的功能和效果。

（2）组合不同的解决方案：将来自不同的解决方案或方法进行组合，以解决技术矛盾。通过将不同的解决方案的优势互补结合，可以找到更有效的解决方案。

（3）组合不同的原理或概念：将来自不同原理或概念的思想进行组合，以创造新的理念或方法。通过跨越不同领域或不同学科的思维，可以激发创新和解决技术矛盾的能力。

2. 举例

（1）多功能设备：如智能手机，它将电话、相机、计算器、日历、音乐播放器、游戏机等多个设备的功能集成到一个设备中。

（2）沙发床：沙发和床的组合，根据需要可以作为沙发使用，也可以展开作为床使用，特别适合空间有限的住所。

（3）洗衣机与烘干机一体机：将洗衣机和烘干机的功能合并到一个机器中，使得用户可以在同一个设备中完成洗涤和烘干。

（4）2 合 1 洗发水和护发素：将洗发水和护发素合并到一个产品中，减少了用户需要使用的产品数量。

（5）笔中的激光指示器：一个笔中集成了写字和激光指示的功能，常用于演讲或教学场合。

3. 使用技巧

使用组合原理时，需要先识别可以组合的元素并确保它们在组合后能协同工作。考虑如何优化各部分的互动，以增加整体效率或创新功能。同时，要警惕可能的冗余或不必要的复杂性，并确保组合不会导致不必要的副作用。组合不仅仅是物理层面上的，它还可以是功能、流程或概念的融合。这种整合方法鼓励跨界思考，释放多个系统或元素的潜在联合价值。

发明原理 6：多用性原理

1. 具体描述

多用性原理强调设计或改进物体或系统，使其能够执行多个任务或功能，而不仅仅是一个。这通常涉及为某个元素增加附加功能或确保其在不同条件下都能正常工作。

2. 举例

（1）多功能家具：如一个餐桌可以变成台球桌，或一个书架可以转变为一个折叠床。

（2）瑞士军刀：一个小工具集合了刀、剪刀、开瓶器、螺丝刀等多种工具的功能。

（3）电视遥控器：除了基本的频道和音量调节，现代遥控器通常还具有游戏、浏览网页和控制其他家电的功能。

（4）农业机械：某些农业机械可以执行多种任务，如播种、施肥和喷药，只需更换部分附件或调整设置。

（5）摄像机的多模式功能：现代摄像机通常具有摄影、摄像、慢速、延时等多种模式，使摄影师可以根据需要选择合适的模式。

3. 使用技巧

要成功应用多用性原理，首先要识别可能的附加功能，确保它们与主功能协同且不引入冗余。其次是避免过度复杂化，确保用户能够轻松理解和访问新增的功能。模块化设计方法可以使功能的添加或移除更为灵活。重要的是，在增加功能时，要始终考虑整体的用户体验，确保新功能真正增加了价值而非复杂度。

发明原理7：嵌套原理

1. 具体描述

为了节省空间、提高效率或解决其他问题，一个物体可以被设计为容纳另一个物体，或者两个物体可以相互嵌套。这种方式可以有效地组织和利用空间，同时还可以为设计增添美感或其他附加功能。

2. 举例

（1）俄罗斯套娃：这是嵌套原理的经典示例，其中一个玩具娃娃可以打开，里面有另一个较小的娃娃，以此类推。

（2）折叠家具：可以折叠并存储在桌子里的椅子。

（3）营地餐具：许多露营餐具设计为多件套装，小的餐具可以存储在大的餐具内部，以节省空间。

（4）笔记本电脑与充电器：某些笔记本电脑的设计允许用户将充电器或其他附件嵌套在电脑内部，方便携带。

（5）多层锅和碗：常常在厨房中可以看到，不同大小的锅或碗可以嵌套在一起存放，使得存储更为紧凑。

（6）车辆的备胎：在许多汽车的后备厢里，备胎被巧妙地嵌套在一个专门的空间中，从而不浪费宝贵的存储空间。

3. 使用技巧

应用嵌套原理时，需要先思考如何通过嵌套来实现空间或功能的最大化。这可能涉及将一个元素放入另一个更大的元素中，或者设计物体以相互嵌套。同时，要确保嵌套的设计简化了操作并易于理解。模块化的思路可以为嵌套提供额外的灵活性，使组件可以轻松组合或拆卸。在审美方面，嵌套应该为整体设计增添深度，同时保持和谐和统一。

发明原理8：重量补偿原理

1. 具体描述

重量补偿原理强调在系统中对物体的重量进行补偿，以减少能量消耗或优化性能。通常，这是通过引入一个与原始物体对应的"补偿"物体来实现的，它可以抵消部分或全部的重量。

2. 举例

(1) 气垫船：气垫船使用由其发动机产生的巨大气流来提升其自身，从而减少与水的摩擦，并允许它在不同的表面（如水、冰或土地）上滑行。

(2) 磁悬浮列车：磁悬浮列车使用磁力来悬浮在轨道上，消除了轮子与轨道之间的摩擦，使其能够达到非常高的速度。

(3) 气球和飞艇：这些飞行器使用比空气轻的气体（如氢或氦）来产生浮力，从而抵消其自身的重量，并使其上升到空中。

(4) 助力外骨骼：某些工业或医疗应用中的助力外骨骼使用机械或电力系统来帮助承担用户的重量或物体的重量，使任务变得更加容易。

(5) 自动门的液压或气动系统：这些系统使用空气或液体的压力来帮助扶持重的门，使其易于打开或关闭。

3. 使用技巧

应用重量补偿原理时，首先要识别可能导致过多重量或不稳定性的元素。其次，根据具体情境选择物理补偿（如弹簧或磁场）或技术解决方案（如软件控制）。这个过程的关键在于确保补偿与被抵消的重量精确匹配，同时保持系统的整体稳定性。持续的检查和调整也是确保长期有效性的关键，特别是当系统的工作条件或环境发生变化时。

发明原理9：预先反作用原理

1. 具体描述

预先反作用原理涉及在可能出现不良影响之前，先对系统或物体施加与此不良影响相反的作用。这种预先的反作用有助于抵消或减轻随后可能发生的不良影响，从而提高系统的稳定性或性能。

2. 举例

(1) 冷藏柜或冷冻柜在关闭门前，可能会预先加热门的密封部位，防止因冷空气和温暖的空气接触而产生的结霜现象。

(2) 当驾驶员突然从油门切换到刹车踏板时，刹车系统会提前预充，从而减少实际刹车所需的时间。

(3) 混凝土构件中的钢筋在浇筑混凝土之前被拉紧，使混凝土在硬化时受到压缩应力。这种预应力帮助抵抗因外部荷载引起的拉应力，从而提高了混凝土的抗裂性和承载能力。

(4) 自动车辆稳定系统：这种系统可以检测到车辆可能滑移的迹象，并在真正的滑移发生之前自动调整车轮的扭矩或应用刹车，以增加车辆的稳定性。

(5) 噪声抵消耳机：这些耳机使用外部麦克风捕捉环境噪声，并产生一个相反的声音波来抵消这种噪声，从而为用户提供一个更为安静的听觉环境。

3. 使用技巧

成功应用预先反作用原理要求我们准确预测并识别潜在的不良作用或影响。确定一个能够抵消或预防这种不良影响的反作用方法是关键。为了确保有效性，早期和适时地实施这种反作用至关重要。同时，实时监控和适应性调整是确保长期成功和系统稳定性的关键要素。这要求设计者具有前瞻性和灵活性，能够根据情况变化做出响应。

发明原理10：预先作用原理

1. 具体描述

预先作用原理涉及在需要之前预先施加某种作用或准备物体。这样，当真正需要时，系统或物体已经处于所需状态或至少准备得更好。

2. 举例

（1）即热水龙头：有些水龙头设计为持续保持一小部分水的温度，这样当用户需要热水时，可以立即获得，而无须等待。

（2）预热汽车：在寒冷的天气里，使用远程启动系统预先启动汽车，从而使车内暖和，也使引擎预热并更好地运行。

（3）预浸种子：通过预先浸泡种子，可以加速种子的发芽过程，为植物生长提供更快的起点。

（4）预冷冰箱：在加入大量新食物之前，某些冰箱可以先进入预冷模式，以帮助维持恒定的温度。

3. 使用技巧

为了有效地应用预先作用原理，关键在于对操作或流程的前瞻性思考，尝试预测未来的需求或情境，并在实际需求到来之前采取行动。这可能涉及预测性的硬件设计、软件算法或操作流程的调整。这种前瞻性和主动性不仅可以提高效率，还可以在某些情况下提供更好的用户体验或性能优势。

发明原理11：预先防范原理

1. 具体描述

预先防范原理的核心思想是在可能出现不良情况或故障之前，采取措施预防或至少减轻其不良影响。这通常涉及在设计阶段考虑可能的问题，并采取先进的策略来避免它们或减轻其影响。

2. 举例

（1）气囊：汽车中的气囊是为了在发生碰撞时提供额外的保护。在感知到撞击的瞬间之前，气囊就会充气，从而减少乘客受到的伤害。

（2）断电保护：某些电子设备具有内置的电池或电容，当外部电源意外中断时，它们可以继续为设备提供短暂的电力，防止数据丢失或设备损坏。

（3）防滑系统：许多现代汽车都配备了防滑系统，该系统可以在车辆开始滑动时自动调整刹车力和发动机扭矩，以帮助驾驶员保持控制。

（4）建筑物的防震设计：在地震多发地区，建筑物的设计会考虑地震的影响，如使用弹性材料和结构，以减少地震对建筑和其内部的破坏。

3. 使用技巧

成功实施预先防范原理要求深入了解系统的工作方式和可能的故障模式。设计者需要提前识别和预测可能出现的问题，并在设计阶段就考虑到这些因素。这可能意味着牺牲某些其他方面，如成本或复杂性，但得到的好处是更高的可靠性和更少的故障。预先防范原理鼓励设计者具有前瞻性思维,考虑到潜在的风险和挑战,并提前准备应对策略。

发明原理12:等势原理

1. 具体描述

等势原理的核心思想是在操作过程中,尽量使物体或系统的各部分保持在相同或近似的潜势水平,以此减少物体或系统需要消耗的能量和努力。通过消除潜在的能量差,可以提高效率,减少消耗,降低损失。

2. 举例

(1) 无级变速器(CVT):与传统的固定齿轮比,CVT可以在一个连续的范围内无缝地改变输出速度。这意味着它可以始终将发动机运行在最佳的效率和功率范围内,与车速无关。

(2) 可调节工作台:这样的工作台可以调节高度,使工人无须弯腰或伸展,从而减小劳动强度和可能的伤害风险。

(3) 船上的平稳系统:某些现代船舶配备有用于检测和抵消波动的系统,以保持平稳,这确保了船上的设备和乘客在大多数情况下都保持在相同的潜势水平。

(4) 输水系统中的压力均衡:通过使用阀门和调节器,确保系统中的水压在各个点都保持大致相同,从而提高效率并减少泄漏。

3. 使用技巧

有效应用等势原理的关键在于识别系统或过程中可能存在的能量差或潜势变化。一旦识别出这些变化,就可以寻找方法来平衡它们或将它们调整到一个统一的水平。这可能涉及物理调整,如更改物体的位置或角度,或者可以通过技术手段,如使用控制器和传感器,来动态地平衡潜势。

发明原理13:反向作用原理

1. 具体描述

反向作用原理的关键思想是将某种行为、过程或操作反过来进行,以此解决问题或实现新的解决方案。换句话说,对当前的操作或配置进行反向或逆向操作,看看是否能够提供更好的效果或结果。

2. 举例

(1) 反向渗透:在水处理领域,反向渗透技术利用高压将水从盐水中推出,从而获得淡水。这与普通的渗透过程完全相反。

(2) 吸盘:传统上,我们利用压力将物体压在表面上以固定它。而吸盘则是通过创造部分真空来产生吸附力,将自身固定在光滑的表面上。

(3) 倒立摄像机:摄影师有时会使用倒置的摄像机来获得特殊的角度或效果,尤其是在空间受限的情况下。

(4) 太阳能冷却:不同于传统的太阳能加热,有些系统利用太阳能吸收器驱动的制冷循环进行冷却。

3. 使用技巧

为了有效地利用反向作用原理,需要先识别和分析当前操作的方式、方向或流程。随后,尝试颠覆或反转这些元素,探索新的可能性或方案。在实践中,这可能意味着将物体放置在其传统位置的相反位置、使用与常规相反的工作流程或利用与现有方法相反的原理。这种方法鼓励人们跳出传统思维的框架,从不同的角度看待问题,从而开创出新的解决方案。

发明原理14:曲面化原理

1. 具体描述

曲面化原理是指从线到平面,从平面到体,通过改变物体或设计的几何形状,使其更加曲面化或球状化,以达到优化或改进的目的。这种变化可以提供更高的效率、强度或灵活性,或者可以满足其他设计需求。

2. 举例

(1) 球形轴承:与平面轴承相比,球形轴承能够在多个方向上承受负荷,增加了其应用的灵活性。

(2) 球形天线:某些通信设备使用球形天线,以便从任何方向接收信号,增强其接收能力。

(3) 圆顶结构:如伊格卢或圆顶建筑,它们的曲面结构提供了更强的结构稳定性和对环境因素(如风)的抗性。

(4) 球形气泡包装:与传统的平面气垫相比,球形气泡提供了更好的缓冲保护,使包裹内容免受冲击。

3. 使用技巧

要有效地利用曲面化原理,设计者需要认真考虑如何通过增加曲面或球形元素来改进设计。这可能意味着对现有的线性或平面组件进行曲面化,或考虑使用曲面或球形的新材料和构造方法。在选择适当的曲面或球形形状时,还需要考虑其与其他组件的相互作用,以及如何最大限度地提高效率、强度或其他性能指标。曲面化原理鼓励设计者寻找通过改变形状来提供额外优势的方法。

发明原理15:动态化原理

1. 具体描述

动态化原理的核心思想是增加系统或物体的适应性、灵活性和动态性,使其能够更好地适应变化的环境或需求。这可以通过使结构更加模块化、灵活或能够进行自我调整来实现。

2. 举例

(1) 调节椅子:与固定椅子相比,可以调节高度、倾斜度和支撑度的椅子可以根据不同用户的需求进行调整。

(2) 自适应巡航控制:这种类型的汽车巡航控制系统能够自动调整车速,以保持与前方车辆的安全距离。

(3) 模块化家具:模块化家具可以根据空间和使用需求进行重新配置和组合。

(4) 自调节热水器:自调节热水器可以根据用水量和温度需求自动调整加热强度。

3. 使用技巧

为了有效地实施动态化原理,设计者应考虑如何为系统或物体增加可调节性或自适应性。这可能涉及考虑模块化设计、引入更多的移动部件、使用可变的材料或增加传感器和控制器来允许系统对外部条件做出反应。当考虑增加动态性时,也需要权衡与此相关的成本、复杂性和可能的维护需求。然而,随着技术的进步,许多先前被认为过于复杂或昂贵的动态化解决方案现在已经变得更加可行。

发明原理16:未达到或过度的作用原理

1. 具体描述

未达到或过度的作用原理的核心思想是为了得到所需的效果或结果,应适当地提供多余或不足的作用。换句话说,这是关于为特定任务或需求提供刚好够用的资源,或者在某些情况下,故意提供更多或更少的资源。

2. 举例

(1)间歇式雨刷:与持续工作的雨刷相比,间歇式雨刷只在需要时工作,节省了能源并减少了雨刷的磨损。

(2)有节制的灌溉:通过精确测量土壤湿度,只在必要时为植物提供水分,从而避免浪费和过度灌溉。

(3)预防性药物剂量:在某些情况下,医生可能会推荐比常规治疗剂量稍微高一些的药物,以确保疾病得到充分治疗。

(4)定向广告:某些广告策略专门针对可能对产品感兴趣的特定人群,而不是向所有人广播广告,从而提高转化率并减少资源浪费。

3. 使用技巧

应用未达到或过度的作用原理时,要识别和分析任务或需求的实际参数。随后,考虑是否可以通过提供稍多或稍少的资源或作用来优化结果。设计者或工程师应考虑如何精确地控制作用的强度或持续时间,以便在实现所需效果的同时最大化效率。

发明原理17:空间维数变化原理

1. 具体描述

空间维数变化原理涉及改变一个对象或系统的空间维度或方向,以找到新的解决方案或优化已有的设计。这可能包括从一维到二维,从二维到三维的转换,或者只是改变操作的方向或角度。

2. 举例

(1)立体停车场:为了节省城市空间,一些停车场从传统的平面设计转变为多层或立体结构。

(2)折叠自行车:折叠自行车可以在三维空间内转变形状,使其更便于携带和存储。

(3)侧面插座:为了减少突出的电线和更有效地利用空间,某些插座设计成从侧面插入,而不是从正面。

(4)多面打印:为了提高效率和节省纸张,一些打印机和复印机采用双面或多面打印技术。

3. 使用技巧

要有效地利用空间维数变化原理,设计者应先考虑现有设计或系统是如何在空间中操作的。随后,思考是否可以通过改变操作的维度、方向或角度来提供更好的解决方案或效果。例如,如果一个对象在一个方向上空间受限,那么是否可以在另一个方向上进行扩展?或者,是否可以将一些元素叠加或交错,而不是并排放置,从而节省空间?这种原理鼓励设计者从不同的空间角度看待问题,从而找到新的、创意的解决方案。

发明原理 18:机械振动原理

1. 具体描述

机械振动原理是指引入振动或利用振动来改进系统或解决问题。通过应用适当的频率和幅度的振动,可以实现许多优化效果,如改善材料的性能、提高效率或解决某些固有问题。

2. 举例

(1) 超声清洁:超声波振动被用于清洁设备,特别是在清洁精密零件或难以清洁的物体时。

(2) 振动筛分:在矿业和其他工业中,振动筛分机用于筛选和分离颗粒物料。

(3) 震动台:用于实验室和工业应用的震动台,可以模拟各种环境下的振动效应,以测试产品的耐久性和稳定性。

(4) 振动按摩器:振动按摩器用于放松肌肉和提高血液循环。

3. 使用技巧

使用机械振动原理的关键在于确定振动的正确频率和幅度。不同的应用和材料可能需要特定的振动参数以实现最佳效果。此外,当引入振动时,需要确保这不会导致不必要的磨损、损坏或其他负面效果。这可能需要进行一些测试和调整,以确保振动是有益的并且不会导致额外的问题。在设计振动系统时,还要考虑到降噪和减震问题,以避免不必要的噪音或振动传递到不希望受到影响的区域。

发明原理 19:周期性作用原理

1. 具体描述

周期性作用原理涉及将连续的操作或作用转化为间歇的、周期性的或脉冲式的作用。这种变化通常可以提高效率、节省能源或带来其他优势。关键是确定合适的时间间隔和作用强度,以实现最佳效果。

2. 举例

(1) 间歇式雨刷:与持续工作的雨刷相比,间歇式雨刷在不同的雨量下可以更加有效地清除雨水,同时节省电力。

(2) 脉冲灌溉:这种灌溉方式通过短暂的水流脉冲而不是持续的水流来提供水分,有助于减少水的浪费。

(3) LED 闪烁警告灯:与持续发光的警告灯相比,闪烁的 LED 灯更易于引起注意,同时消耗的电能更少。

(4) 脉冲式药物释放:某些医疗设备或药物配送系统可以周期性地释放药物,即脉冲式药物释放,以确保患者在需要时始终获得恒定和适当的药物浓度。

3. 使用技巧

当考虑应用周期性作用原理时,要分析和确定持续作用的可能弊端和周期性作用可能带来的好处。此外,确定正确的周期和作用强度至关重要。应该注意的是,不是所有的系统或操作都适合周期性作用。但在许多情况下,这种方法可以提供更高的效率和更好的性能。

在引入周期性作用原理时,可能需要使用特殊的传感器、控制器或计时器来确保作用的准确性和一致性。

发明原理 20:有效作用的连续性原理

1. 具体描述

有效作用的连续性原理强调为了提高系统的效率和效果,有用的或主要的作用应该是连续的,并且不应该有任何中断。这通常意味着尽量减少或消除空闲时间、停机时间或无效的动作,确保系统的持续运行和最大效率。

2. 举例

(1) 连续生产线:在许多制造环境中,连续生产线确保了材料和产品在没有任何停顿的情况下持续流动,从而提高了生产效率。

(2) 连续流反应器:在化工领域中,连续流反应器替代了传统的批处理反应器,确保了持续的化学反应过程,提高了产量。

(3) 再生制冷系统:某些制冷应用连续循环冷却剂,而不是周期性地重新冷却,从而提供了持续的冷却。

(4) 连续充电电池系统:有些系统设计为在使用过程中持续充电,如太阳能背包,它在日间为设备提供电力并充电,确保电池始终有电。

3. 使用技巧

应用有效作用的连续性原理时,需要先识别现有系统或过程中的任何中断或无效动作。一旦确定了这些中断,可以寻找方法来减少或消除它们,确保连续的有效作用。这可能需要引入新的技术、设备或流程,以实现连续的操作,也可能涉及对现有工作流程或策略的重新设计。

发明原理 21:减少有害作用原理

1. 具体描述

减少有害作用原理关注减少或消除系统中的有害作用、负面影响,通过重新设计系统或引入新的技术,提高系统的整体性能并确保其更为安全、可靠。

2. 举例

(1) 催化转化器:用于汽车的催化转化器能够减少有害的尾气排放,从而减少环境污染。

(2) 防抖摄像头技术:摄像机和相机中的防抖技术减少了由于手抖造成的模糊影像,从而提高了拍摄质量。

(3) 放射线防护:在医疗和工业领域,放射线防护技术和策略用于减少放射线对工作人员和患者的有害影响。

(4)隔音材料:在各种环境中使用的隔音材料可以减少噪声污染,提供一个更安静、更舒适的环境。

3. 使用技巧

在应用减少有害作用原理时,要识别系统或过程中可能产生的有害作用或不良后果。随后,可以通过技术创新、过程优化来减少或消除这些有害效应。这可能涉及对系统的某些部分进行重新设计,或引入新的技术或材料。在某些情况下,可能需要对整个系统进行重新评估,以确定如何最好地减少有害效应。

发明原理22:变害为利原理

1. 具体描述

变害为利原理鼓励我们重新评估系统中存在的有害或不利因素,并将其转化为有利或有用的作用。简而言之,就是把问题或挑战转化为机会。

2. 举例

(1)再生制热:在某些工业过程中,过剩的热量通常被视为有害的并需要被冷却。然而,通过使用再生制热技术,这些额外的热量可以被回收并用于其他过程。

(2)风力发电:在某些地区,强风可能会对建筑物造成损害或导致其他问题。然而,通过使用风力发电机,这种"问题"被转化为一种生产能源的机会。

(3)生物废物转化为能源:农业和家畜产生的废物可以在沼气发电站中用来生成甲烷,然后用来产生能源。

(4)雨水收集:在某些地方,强雨可能会导致洪水或其他问题。通过建立雨水收集和存储系统,这种过多的雨水可以被存储起来,用于灌溉、清洁或其他目的。

3. 使用技巧

应用变害为利原理需要开放思维和创新思考。当面临一个明显的问题或挑战时,不要立即视其为一个纯粹的负面影响。相反,要问自己是否有办法利用这个"问题"来为系统带来某种正面的效益或改进。这可能涉及对现有技术或方法的重新评估,或者可能需要引入全新的技术或方法。在所有情况下,目标都是找到一种方法,使那些原本可能被视为负面的因素变得有益。

发明原理23:反馈原理

1. 具体描述

反馈原理是指在系统中引入某种形式的反馈,以便系统可以根据其输出或效果进行自我调整或优化。这样的设计使得系统能够更加稳定、高效,并能够适应外部环境或内部条件的变化。

2. 举例

(1)恒温器:在家庭和办公室中,恒温器会根据环境的温度进行调整,控制空调或加热系统,以保持所设定的理想温度。

(2)自动对焦相机:现代相机通常具有自动对焦功能,它们通过测量物体的清晰度来调整镜头,以获取最佳的焦点。

(3) 巡航控制系统:在汽车上,巡航控制系统会自动调整汽车的速度,以保持在驾驶员设置的特定速度上。

(4) 计算机系统中的经济模式:为了节省电能,许多计算机和移动设备都具有经济模式,它们会根据使用情况自动调整亮度、CPU速度和其他参数。

3. 使用技巧

在应用反馈原理时,需要确定哪些参数或输出是关键的,并需要被监控或调整。然后,设计一个反馈机制,实时测量这些参数,并根据需要做出相应的调整。反馈循环可以是正反馈或负反馈。正反馈会放大系统的响应,而负反馈会减少系统的响应,使其更接近所需的状态。在设计反馈系统时,关键是确保其反应时间足够快,能够有效地处理各种不同的情况和条件,但又不会过于敏感,导致系统的不稳定。

发明原理24:借助中介物原理

1. 具体描述

借助中介物原理建议使用一个中介物或临时物体来实现所需的操作或效果,尤其是当直接的操作或效果难以实现时。中介物可以是物质、能量、信息或其他资源,其目的是作为一个"桥梁"或"媒介"来解决特定的问题或实现特定的功能。

2. 举例

(1) 使用催化剂:在化学反应中,催化剂作为中介物,加速某些反应但自身不被消耗。

(2) 绝缘手套:当需要处理电气设备时,绝缘手套作为中介物提供保护,防止直接的电击。

(3) 使用缓冲液:在某些生物或化学过程中,缓冲液用于维持稳定的pH值,从而防止直接添加酸或碱导致的骤变。

(4) 代理服务器:在网络中,代理服务器作为中介,代替用户请求网络资源,可以为用户提供隐私保护或加速访问速度。

3. 使用技巧

在考虑使用中介物原理时,要先识别你想实现的目标或解决的问题,并确定直接实现可能会遇到的困难或障碍。然后,思考是否有某种中介物可以帮助你绕过这些障碍或以更高效的方式实现目标。选择合适的中介物需要考虑其可行性、效率、成本等多个因素。有时,中介物的引入可能需要对整个系统或流程进行一些修改。

发明原理25:自服务原理

1. 具体描述

自服务原理涉及让一个物体或系统为自己提供服务或执行必要的功能,从而减少外部干预或外部资源的需求。自服务原理鼓励自给自足,让物体或系统更加独立和高效。

2. 举例

(1) 自我清洁烤箱:某些烤箱设计有自我清洁功能,即它们能够在高温下燃烧食物残渣,从而减少手动清洁的需要。

(2) 太阳能路灯:这些路灯使用太阳能板收集能量,并在夜间使用。它们不依赖于传统的电网,因此可以自给自足。

(3) 自动植物喷灌系统:这些系统可以检测土壤的湿度,并在需要时为植物供水,从而无须人为干预。

(4) 自冷啤酒罐:一些啤酒罐设计有内置的制冷机制,当打开罐子时,啤酒会自动冷却,无须放入冰箱。

3. 使用技巧

在应用自服务原理时,需要考虑以下几点:识别那些需要外部资源或干预的操作或任务;

探索方法或技术,使这些操作或任务可以被物体或系统本身完成;确保自给自足不会牺牲效率或质量。在某些情况下,完全的自服务可能不是最佳选择,但可以部分实施这一原理。

发明原理 26:复制原理

1. 具体描述

复制原理建议复制某个物体或其功能,尤其当直接访问、使用或复制实物过于昂贵或不方便时。复制可以是物理的,如制造相同的物体,也可以是功能性的,如模仿某个特定的操作或效果。

2. 举例

(1) 虚拟现实(VR):在许多培训或教育场景中,直接的、实际的体验可能是不可行或危险的。使用 VR 技术可以复制一个真实世界的环境,允许用户在一个安全的、受控的环境中进行交互。

(2) 3D 打印复制:使用 3D 打印技术,可以精确地复制各种物体,从艺术品到机械部件。

(3) 彩色复印:彩色复印机可以快速、精确地复制文档或图像。

(4) 音乐采样:在音乐制作中,艺术家们可以"采样"或复制某段音乐,将其纳入自己的作品中。

3. 使用技巧

首先,明确复制的目标和目的,判断是否真的需要完全复制还是部分模仿足矣。其次,选择合适的复制技术或方法,确保复制的效果达到预期。权衡复制的成本、精度和速度,找到最佳平衡点。同时,要注意法律、伦理和道德问题,特别是在涉及知识产权、版权等敏感领域时。最后,始终进行测试和验证,确保复制物体或功能满足预定的要求和标准,以实现真正的价值创新和效益提升。

发明原理 27:廉价品替代原理

1. 具体描述

廉价品替代原理建议使用廉价、有短寿命或一次性的物品来替代昂贵、持久的物品,尤其在不需要长时间持续的情况下。选择这种物品时,虽然牺牲了质量或寿命,但可以显著降低成本或提高生产效率。

2. 举例

（1）一次性餐具：在许多场合，如大型活动或野餐，一次性塑料餐具是更方便、成本效益更高的选择。

（2）临时建筑：在某些活动或应急情况下，使用易于搭建和拆除的临时建筑，如帐篷或活动房屋，可能比固定建筑更合适。

（3）试验模型：在新产品的开发过程中，使用廉价材料制作的原型或模型，用于初步的设计验证和测试。

（4）数字模拟：在某些研究或试验中，利用计算机模拟实验过程可能比实际物理实验更为经济和快速。

3. 使用技巧

要先明确其使用背景和实际需求，判断是否真正需要持久的解决方案或仅满足一次性、临时的需求。虽然选择廉价物品可以显著降低成本，但同时可能带来质量、安全或环境问题。因此，在满足基本需求的前提下，要进行明智的权衡，确保所选择的替代品既经济又满足其他关键指标，同时考虑其对环境和整体生命周期的影响，以实现真正的成本效益和可持续性。

发明原理 28：机械系统替代原理

1. 具体描述

机械系统替代原理鼓励使用外部或环境资源、场（如电磁场、声场等）或其他非机械手段来替代机械部件或解决机械问题。其目标是简化设计、减轻重量、减少摩擦、提高效率或避免其他机械限制。

2. 举例

（1）光触摸屏：传统的按键或触摸板被光传感器替代，使得触摸屏操作更为直观。

（2）无线充电：通过电磁场，无须插头和电缆即可为设备充电。

（3）磁悬浮列车（maglev）：使用磁场使列车悬浮，从而消除了车轮与轨道之间的摩擦。

（4）数字存储替代物理存储：音乐CD、磁带或书籍等传统存储方式被数字格式所替代，如MP3、eBook等。

3. 使用技巧

首先，要考虑哪些机械组件或功能可以通过使用场或其他非机械方式来替代。其次，评估这种替代是否能提高系统的效率、可靠性或其他关键性能指标；是否存在技术、成本或其他障碍，并评估其对整体设计的影响。最后，要对新引入的技术或解决方案，进行适当的测试和验证，确保其满足所有性能和安全要求。

发明原理 29：气压和液压结构原理

1. 具体描述

气压和液压结构原理建议使用气体和液体来完成工作，尤其是当传统的机械方法不适用或效率低下时。气压和液压系统可以提供强大的力量、平滑的动作和精确的控制。

2. 举例

（1）液压升降机：利用液压力，这些设备可以平稳地抬起重物或人员到高处。

（2）气动工具：如气钉枪和气动扳手，使用压缩空气作为动力来源，提供高效率和可靠性。

（3）汽车刹车系统：大部分现代汽车使用液压刹车系统，利用液体的不可压缩性来传输压力并制动。

（4）血压计：使用气袋和泵来测量人体内的血液压力。

3. 使用技巧

应用气压和液压结构原理时要先识别那些可能受益于液压或气压系统替代的机械功能或过程。这种替代通常可以提供更大的力量、更平稳的运动或更好的控制。为了保持效率和安全性，要定期检查和维护这些系统，确保没有泄漏或其他故障，并始终按照适当的规格和标准操作。

发明原理 30：柔性壳体或薄膜原理

1. 具体描述

柔性壳体或薄膜原理鼓励使用柔性的材料、壳体或薄膜代替传统的坚硬材料，以降低成本、减少重量、提供更大的灵活性，或适应不规则的形状。薄膜和柔性材料可能对某些外部影响因素具有更高的适应性。

2. 举例

（1）弯曲屏幕：使用柔性的显示材料制造的手机和电视，允许屏幕弯曲或折叠，为设计带来了更大的自由度。

（2）防水衣物：薄膜材料，如 Gore-Tex，可以制造出同时具备透气和防水功能的服装。

（3）真空包装：柔性薄膜可以紧密地包裹食品或其他物品，从而更好地保存它们。

（4）太阳能薄膜板：与传统硅片太阳能板相比，柔性太阳能薄膜板更轻、更易安装，并且可以应用于各种曲面。

3. 使用技巧

应用柔性壳体或薄膜原理要先确定柔性材料是否能满足所需的功能性和结构性要求。柔性材料可能更易受损或有更短的使用寿命，因此需权衡其与传统硬质材料的优劣。另外，由于柔性材料的独特性质，可能需要特定的生产或加工技术。其次，要经常检查和维护，确保柔性材料的完整性和功能性不受损害，并考虑其环境影响，特别是在回收和处置时。

发明原理 31：多孔材料原理

1. 具体描述

多孔材料原理建议使用多孔材料或使材料变得有孔，以便提供某种特定功能或解决问题。多孔性可以增加材料的表面积，允许气体或液体流经，或为其他物质提供一个存放空间。

2. 举例

（1）过滤器：多孔材料，如活性炭可以吸附和移除水或空气中的杂质。

（2）轻质结构：多孔的金属或塑料可以在保持结构强度的同时降低重量，如航空领域的多孔材料构件。

(3) 声学材料：多孔的泡沫或纤维可以吸收声波，提供良好的声学隔离或吸声效果。

(4) 骨替代材料：在医学领域，生物相容的多孔材料可以作为骨骼替代物，允许新骨生长。

3. 使用技巧

在应用多孔材料原理时，首先，要确定多孔性是否能满足预期的功能。选择正确的多孔尺寸、分布和形状，以满足特定的应用需求。例如，过滤应用可能需要细小的孔，而声学应用可能需要不同大小和形状的孔。对于多孔材料的选择和设计，还需要考虑其强度、耐久性和生产成本。其次，要确保材料对预期的环境和使用条件具有良好的稳定性和性能。例如，某些多孔材料可能容易吸水或受潮。

发明原理32：改变颜色原理

1. 具体描述

改变颜色原理关注通过改变物体的颜色来实现某种目的，不仅仅局限于视觉上的效果，还包括物体的其他性质，如吸热、反射、透光性等。颜色的改变可以是静态的或动态的（根据条件变化）。

2. 举例

(1) 热敏杯：随着液体温度的变化，该杯子的颜色会发生改变，从而告诉用户液体的温度。

(2) 太阳能吸热板：使用深色来吸收更多的太阳能量，提高转换效率。

(3) 防伪标签：某些标签上的颜色在特定的光线或角度下会发生改变，以区分真伪。

(4) 隐形眼镜：某些隐形眼镜有颜色，可以改变或增强眼睛的颜色。

3. 使用技巧

首先，要确定颜色的改变是否能带来所需的功能效果。不仅要考虑颜色的视觉效果，还要考虑物理属性，如反射、吸收和透光性。动态颜色变化可能需要特定的刺激，如温度、湿度、光线或电压，因此在设计时要确保有适当的刺激来源。其次，颜色的选择和应用还应考虑成本、环境影响、稳定性和与其他材料的相容性。对于需要长时间保持颜色的应用，应选择耐候、不褪色的颜色材料。

发明原理33：同质性原理

1. 具体描述

同质性原理强调使物体或系统中的材料或操作过程相互一致或同质化，从而提高效率、降低成本或简化设计。当材料或元素具有相同的性质或行为时，它们更容易相互协作，减少摩擦或不匹配。

2. 举例

(1) 塑料玩具：很多塑料玩具是由同一种塑料材料制成的，这样在生产、装配和回收时都更加简单和高效。

(2) 3D打印：使用同一种材料进行3D打印，可以确保产品的一致性和减少打印中的复杂性。

(3) 生物医学应用：在移植或替代组织中使用患者自身的细胞，以减少排异反应或拒绝。

(4) 化学过程：使用同种溶剂或催化剂来进行一系列反应，从而简化生产流程和减少所需的资源。

3. 使用技巧

当使用同质性原理时，首先要确定哪些材料、部件或过程可能受益于同质化。实施同质化可能需要对现有设计进行大量修改，但长远来看，它可以提供更高的效率、降低成本和提高可靠性。在选择材料或元素时，确保它们可以满足所有预期的功能要求。其次，要考虑到与其他系统或过程的兼容性，以确保同质化不会导致其他问题或限制。最后，在生产和操作中，同质性可以简化培训、维护和修复，但也要注意避免单一故障点或其他潜在的脆弱性。

发明原理 34：抛弃与再生原理

1. 具体描述

抛弃与再生原理建议在完成其主要功能后抛弃某些部分，或在需要时恢复或再生这些部分。这可以简化设计，减少不必要的重量或成本，并提高系统的总体效率。

2. 举例

(1) 火箭助推器：在升空过程中，当火箭助推器耗尽燃料后，它们被丢弃以减轻主火箭的重量。

(2) 一次性餐具：用完后即可丢弃，无须清洗，节省时间和资源。

(3) 打印机墨盒：在墨水用完后可以更换，而不是购买新的打印机。

(4) 自修复材料：当这些材料受到损伤时，它们可以自我恢复，恢复其原始功能。

3. 使用技巧

当考虑应用抛弃与再生原理时，需要确定哪些部分在完成其任务后可以被抛弃，以及哪些部分可以在需要时被恢复或再生。对于那些可以被丢弃的部分，要考虑其在整个生命周期中的成本效益，以及如何安全、有效地丢弃它们。对于那些可以被恢复或再生的部分，需要考虑恢复过程的复杂性、成本和时间。此外，这个原理可能会引起一些环境和可持续性问题，尤其是在抛弃部分时，因此在实施时需要进行全面的评估和优化。

发明原理 35：物理或化学参数改变原理

1. 具体描述

物理或化学参数改变原理关注通过改变物体或系统的物理或化学参数来实现目标或解决问题。这可以涉及温度、压力、浓度、结构等的改变。

2. 举例

(1) 形状记忆合金：当受到某个特定温度时，这种合金会自动回到其原始形状，常用于医疗设备中。

(2) 冷冻食品：通过改变温度，食品可以长时间保存而不会变质。

(3) 超导材料：在超低温下，某些材料成为超导体，无电阻，常用于磁悬浮列车和医疗成像。

(4) 溶液的 pH 值调节:在某些化学反应中,通过调整溶液的 pH 值可以优化产率。

3. 使用技巧

当应用物理或化学参数改变原理时,需要明确哪些参数的变化能够带来预期的效果。这通常需要一定的科学和技术背景知识。对于每个可能的参数改变,都应评估其对系统性能、效率和成本的影响。在实施参数变化时,可能需要特定的设备、材料或技术。此外,还要确保改变后的参数不会对系统的其他部分或功能产生负面影响。在某些情况下,参数的微小变化就可以产生显著的效果,而在其他情况下,可能需要大的变化才能达到预期的效果。

发明原理 36:相变原理

1. 具体描述

相变原理涉及利用物质从一个物理状态(如固态、液态、气态)转变到另一个物理状态来实现某种功能或解决问题。相变通常伴随着能量的吸收或释放,以及物质性质的明显变化。

2. 举例

(1) 冷冻干燥:将液体在低压下直接转化为气体,从而从固体材料中去除水分,常用于制作即食食品和保存医疗样品。

(2) 液晶显示器:液晶分子在电场的作用下重新排列,从而改变光的透射方式,实现图像显示。

(3) 冰热袋:某些化学物质从液态变为固态时会释放热量,可以用于外伤的初步处理。

(4) 冰淇淋机:通过快速冷却和搅拌,将液态混合物转化为半固态,制成冰淇淋。

3. 使用技巧

首先,要了解可能发生的相变以及与其相关的物质性质。这通常需要一定的科学知识和实验数据。要评估相变所需的条件,如温度、压力和浓度,以及如何实现这些条件。其次,还要考虑相变过程中可能发生的副作用,如体积膨胀或收缩、能量吸收或释放等。应确保相变后的物质性质满足设计要求,并不会对系统的其他部分产生不良影响。在实际应用中,可能需要特定的设备或技术来控制和管理相变过程。

发明原理 37:热膨胀原理

1. 具体描述

热膨胀原理利用物体因为温度变化而发生的体积变化来实现某种功能或解决问题。当物体受热时,它通常会膨胀;当其冷却时,它会收缩。这种变化可以用来传递运动、产生力或触发其他机械或物理效果。

2. 举例

(1) 双金属片温度计:由两种不同金属紧密地粘合在一起制成,由于两种金属的热膨胀系数不同,温度变化会使双金属片弯曲,从而驱动指针或触发开关。

(2) 恒温阀:使用特定材料制成的元件会因温度的变化而膨胀或收缩,这种变化可以用来自动调整水流或其他流体,以保持恒定的温度输出。

(3) 铁路轨道:在铺设铁路轨道时,考虑到铁轨会因温度变化而发生膨胀和收缩,因此轨道之间会留有间隙,或使用特殊的连接件。

3. 使用技巧

应用热膨胀原理时要评估所选材料的热膨胀系数,以确定其在特定温度范围内的体积变化。根据应用的需求,可能需要选择具有高或低热膨胀系数的材料。要确保热膨胀或收缩不会导致结构失效或其他不良影响。在设计中,可以结合其他原理或技术,如杠杆、齿轮或液体,来放大、传递或控制热膨胀所产生的运动或力。此外,应注意热膨胀可能导致的疲劳问题,并采取相应的措施来减轻或避免这种问题。

发明原理38:强氧化剂原理

1. 具体描述

强氧化剂原理强调利用氧或其他强氧化剂对物质进行化学反应,从而实现所需的功能或解决问题。氧化剂能够接受电子并使其他物质氧化,这种化学变化通常伴随着能量的释放或物质性质的变化。

2. 举例

(1) 火箭推进:火箭燃料在强氧化剂的作用下燃烧,释放出大量的热能和气体,从而产生推力。

(2) 漂白剂:如过氧化氢,它可以氧化并破坏某些有色物质或微生物,使衣物变白或消毒。

(3) 电池:在某些电池中,氧化剂用于促进电化学反应,释放电子并产生电流。

(4) 水处理:使用强氧化剂,如臭氧来处理饮用水或废水,可以杀死病菌并去除有害物质。

3. 使用技巧

应用强氧化剂原理时需要了解目标物质与氧或其他氧化剂的反应性。这可能需要进行实验或查阅文献。要注意氧化剂可能带来的风险,如火灾、爆炸或有毒物质的产生,并采取相应的安全措施。在选择和使用氧化剂时,要考虑其浓度、反应温度、接触时间等参数。此外,也应评估氧化过程的副产品和环境影响,并尽量选择环保和经济的方法。在某些应用中,可以结合其他原理或技术,如加热、催化或分隔,以优化氧化过程并实现所需的功能。

发明原理39:惰性环境原理

1. 具体描述

惰性环境原理是指在一个不活跃或不参与化学反应的环境中进行操作或过程,以保护材料或系统免受有害物质或条件的影响。常用的惰性气体如氮气、氩气、氦气等,可以防止氧化、爆炸或其他不良反应。

2. 举例

(1) 焊接:在进行某些类型的焊接时,如氩弧焊,会使用氩气作为保护气,以防止焊接区域与空气中的氧和湿气反应,从而获得高质量的焊缝。

(2) 化学实验:在需要避免氧或水的化学实验中,常在惰性气体如氮气的保护下进行。

（3）食品包装：为了延长食品的保质期，某些食品包装会在密封前充入惰性气体，如氮气，以减少氧气的含量并抑制氧化和微生物生长。

（4）生产半导体：在半导体生产过程中，需要在高纯度的惰性气体环境中进行，以防止杂质的污染。

3. 使用技巧

首先，要确定需要防护的物质或系统，并了解其对外界条件的敏感性。其次，选择合适的惰性气体或环境，并确保其纯度和稳定性满足要求。在设计中，需要考虑如何引入和维持惰性环境，以及如何避免不良气体或条件的渗入。此外，还应评估惰性环境的成本、安全性和环境影响，并根据应用的特点进行优化。在某些情况下，可以结合其他原理或技术，如隔离、净化或反馈，以增强惰性环境的效果和效益。

发明原理40：复合材料原理

1. 具体描述

复合材料原理涉及使用两种或更多的材料来制造一个新的材料，这种新材料结合了其组成部分的特性，并往往表现出优于任何单一材料的性能。复合材料可以是不同种类的分子、纤维、颗粒等的组合。

2. 举例

（1）碳纤维复合材料：由碳纤维和树脂组成，这种材料兼具强度高和重量轻的特点，常用于航空、赛车和运动器材。

（2）混凝土：由水泥、砂、碎石和水混合而成，混凝土充分利用了其组件的特性，提供了强度和稳定性。

（3）层压玻璃：由两片或多片玻璃和一个或多个塑料层组成，层压玻璃在受到冲击时不容易碎裂，广泛应用于汽车挡风玻璃和建筑物。

3. 使用技巧

首先，明确所需的性能和特性，其次，评估不同材料和它们的组合方式如何满足这些需求。复合材料的设计和制造过程可能需要通过实验和模拟来优化。在选择组件时，关键是考虑其相互作用和相容性，如某些纤维和树脂可能不兼容，导致复合材料的性能下降。此外，还要注意复合材料的成本、可用性和加工性。在某些情况下，复合材料可能需要特殊的工具、技术或条件才能生产或加工。复合材料的环境影响和可回收性也是重要的考虑因素。例如，一些复合材料可能难以分解或回收，这可能对其在某些应用中的可行性产生影响。

第三节　TRIZ法的工具

TRIZ法是一种综合性的创新思维工具，其中包含了许多实用的工具，如矛盾矩阵、物质场分析、九窗法等。

一、矛盾矩阵

TRIZ法的创始人根里奇·阿奇舒勒对大量专利的研究中发现有39项工程参数在彼此相对改善和恶化,而这些专利都是在不同的领域上解决这些工程参数的冲突与矛盾,这些矛盾不断出现,又不断被解决,由此,他将这些冲突与冲突解决原理组成一个39个改善参数与39个恶化参数构成的矩阵,这就是著名的技术矛盾矩阵。

在技术矛盾矩阵中,矩阵中的首行与首列均为39个标准参数组成,矩阵的横轴表示希望得到改善的参数,纵轴表示某技术特性改善引起恶化的参数,横纵轴各参数交叉处的数字表示用来解决系统矛盾时所使用创新原理(上一节已阐述)的编号。矩阵中的39个工程领域常用参数涉及物理、几何、技术性能等,如温度、速度、形状等,在通常情况下,只要用标准参数定义了技术冲突①,就可以从矩阵中叹绝发现可用的发明原理,这39个工程参数如表3-2所示。

表3-2 工程参数列表

序号	名称	序号	名称
1	运动物体的重量	18	光照度
2	静止物体的重量	19	运动物体的能量
3	运动物体的长度	20	静止物体的能量
4	静止物体的长度	21	功率
5	运动物体的面积	22	能量损失
6	静止物体的面积	23	物质损失
7	运动物体的体积	24	信息损失
8	静止物体的体积	25	时间损失
9	速度	26	物质或事物的数量
10	力	27	可靠性
11	应力或压力	28	测试精度
12	形状	29	制造精度
13	结构的稳定性	30	物体外部有害因素作用的敏感性
14	强度	31	物体产生的有害因素
15	运动物体作用时间	32	可制造性
16	静止物体作用时间	33	可操作性
17	温度	34	可维修性

---

① 这里所指的技术冲突是两参数之间的矛盾,是在改善系统的某个性能参数时另一个性能参数却变差的情况,在机械工程中,技术冲突是最为常见的一类冲突。例如,在增加飞机发动机功率的同时,一般也会增加发动机的质量,由于飞机发动机通常悬挂于机翼,实际上又相当于削弱了机翼的强度;通过增加螺栓的直径以获得较大的联结强度时,却导致了重量和尺寸的相应增加等。

(续表)

序号	名称	序号	名称
35	适应性及多用性	38	自动化程度
36	装置的复杂性	39	生产率
37	监控与测试的困难程度		

由 39 个工程参数构建的矩阵中,首行与首列长达 39 个标准长度,难以全部显示,这里只列出局部,矛盾矩阵(39 * 39)的局部如表 3-3 所示。

表 3-3 局部矛盾矩阵示例

序号	改善的参数	恶化的参数				
		1	2	3	4	5
		运动物体的重量	静止物体的重量	运动物体的长度	静止物体的长度	运动物体的面积
1	运动物体的重量	+	−	15, 8, 29, 34	−	29, 17, 38, 34
2	静止物体的重量	−	+	−	10, 1, 29, 35	−
3	运动物体的长度	8, 15, 29, 34	−	+	−	15, 17, 4
4	静止物体的长度	35, 28, 40, 29	−	−	+	17, 7, 10, 40
5	运动物体的面积	2, 17, 29, 4	−	14, 15, 18, 4	−	+

由表 3-3 可知,矛盾矩阵中间单元上的数字给出了 TRIZ 法建议的、用于解决相应技术冲突的发明原理号,与 40 条发明原理中的序号相对应。

需说明的是,由于矛盾矩阵是专为解决两个不同参数之间所存在的冲突而设计的,而在对角线元素上的冲突双方为同一参数,根据定义,当冲突发生在同一参数的两个方向时,就不再是技术冲突而成为物理冲突,不可能用矛盾矩阵求解,矛盾矩阵的对角线元素均为空元素。此外,TRIZ 法的矛盾矩阵中还存在一些空白元素,这说明对于由这些标准参数元素所构成的矛盾对,TRIZ 法的研究者尚未发现相应的原理解。

矛盾矩阵给我们提供了一个强有力的参考工具,通过查找矛盾矩阵中改善这些工程参数的发明原理,可以对潜在的技术解决方案进行预测,一旦评估这些空白区的技术方案具有可行性,就可以跟进研发和创新立项,用新的专利申请占领空白区域,从而高效地、系统性地实现专利挖掘与布局。整体遵循的实施思路如图 3-1 所示。

实操过程中,具体的挖掘流程一般可分为以下三个环节:

(1) 深入了解方案,确定技术问题。

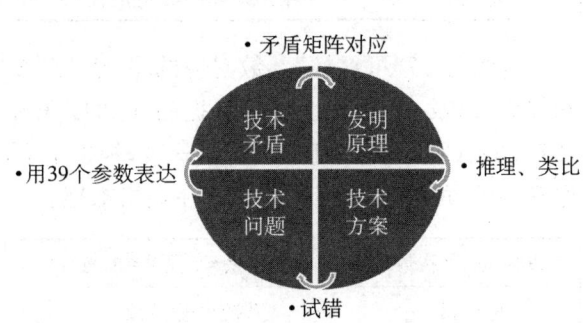

图 3-1 矛盾矩阵实施的整体思路

这里涉及的技术问题可以是方案、产品本身缺陷导致的，也可以是从市场及客户调研处发掘而来，如根据客户需求问卷调查而获得。

（2）转化工程参数，构建技术矛盾组。将确定的技术问题或与技术问题对应的好效果转化为对应的工程参数，用39个通用工程参数重新表达技术问题，确定需要改善的特性，以及与改善特性对应所需要承受的恶化特性，两者可组成一对技术矛盾对。这一步需要研发人员充分理解这39个工程参数，很多参数的实际含义和字面上的理解存在差异，由于篇幅有限，在这里不对每一个参数含义做具体解释。

（3）检索发明原理，筛选并确定可行方案技术矛盾对后，根据矛盾矩阵检索到TRIZ法推荐对应的发明原理，可以组织发明人、专利人员、市场人员等讨论，将推荐的发明原理逐条应用到具体问题上，探讨其实际可行性。在此过程中，研发人员可以与市场部、销售部进行充分讨论，从经济性、成本、政策、地理环境、人文等因素进行改进方案的筛选。

接下来，以某公司开展提高LED灯的亮度和可靠性的研发项目为例，对矛盾矩阵实施环节做具体说明。

环节一：

某公司基于市场用户调查，获得目前用户对其LED灯的亮度和可靠性不够满意这一信息，某公司决定开展提高LED灯的亮度和可靠性的研发项目。

环节二：

根据39个工程参数，将增加明亮度的功效转化为编号18的"光照度"参数，提高可靠性转化为编号27的"可靠性"参数。与编号18的"光照度"参数对应的恶化工程参数为17号温度，16号静止物体的作用时间，27号可靠性，20号静止物体的能量消耗；因此从提高照明度角度出发构建的矛盾组为：(18-17)、(18-16)、(18-27)、(18-20)。基于矛盾矩阵表，根据上面的矛盾组在表中检索到与矛盾组对应的发明原理如下，取发明原理的并集列在表格末尾：

改善-工程系数	恶化-工程系数	对应的发明原理	发明原理并集
光照度	温度	19，32，35	1，15，19，32，35
光照度	静止物体的作用时间	—	
光照度	可靠性	—	
光照度	静止物体的能量消耗	1，15，32，35	

与编号27"可靠性"参数对应的恶化工程参数为36号系统的复杂性，26物质的量，25时间损失，以及18照度。因此从提高照明度角度出发构建的矛盾组为：(27-36)、(27-26)、(27-25)、(27-18)。基于矛盾矩阵表，根据上面的矛盾组在表中检索到与矛盾组对应的发明原理如下，取发明原理的并集列在表格末尾：

改善-工程系数	恶化-工程系数	对应的发明原理	发明原理并集
可靠性	系统的复杂度	1，13，35	1，3，4，10，11，13，21，28，30，32，35，40
可靠性	物质的量	3，21，28，40	

(续表)

改善-工程系数	恶化-工程系数	对应的发明原理	发明原理并集
可靠性	时间损失	4, 10, 30	1, 3, 4, 10, 11, 13, 21, 28, 30, 32, 35, 40
可靠性	光照度	11, 13, 32	

由于我们这次改进的目标是既提高LED的照明亮度又提高可靠性,两个好效果都要满足。我们需要对上两个表格中的发明原理取交集后得出后续改进可行的思路,上述发明原理取交集后为:(1,32,35),TRIZ原理指引我们,既想提高LED的照明亮度又想提高可靠性的技术方案,可以从编号为"1(分割原理),32(颜色改变原理),35(物理或化学参数改变原理)"的发明原理着手去探索。

环节三:

得到选中的发明原理后,邀请市场人员、技术人员、专利人员进行座谈会,在座的技术人员们针对其中的颜色改变原理与物理或化学参数改变原理积极地提出了创意构想:根据颜色改变原理,技术人员们提出了使用不同颜色的荧光粉这一创意构想,让LED激发后透过不同颜色的荧光粉产生光亮度的白光;根据物理或化学参数改变原理,技术人员提出了改变晶体结构,如在磊晶层中采用双异质结构或量子结构;改变LED的外形如使用TIP结构;改变晶粒的表面粗化等。在技术人员积极提出方案后,还要结合实际问题和多个角度进行方案的筛选工作,这时候需要专利人员和市场人员、财务人员等辅助技术人员从多个角度对提出方案进行可行性筛选。例如,针对"使用不同颜色的荧光粉"这一创意构想,专利人员检索到"蓝色LED+黄色荧光粉"的方案在日亚化学手上,在这个方向进行研发很有可能存在侵权法律风险,因此最后经过多方探讨,决定把研发方向定在研究高效能的红绿荧光粉以提升白光LED的发光亮度及可靠性。

资料来源:颜一. TRIZ理论和矛盾矩阵该如何使用[EB/OL]. (2022-05-31)[2023-09-19]. https://www.zhihu.com/question/400008515/answer/2509985572.

二、物质场分析

物质场分析是TRIZ方法中的一个工具,用于分析和优化系统中物质和场的相互作用。它帮助识别系统中的关键要素、作用和矛盾,以便找到改进和创新的方向。物质场分析基于两个主要概念:物质和场。物质是指系统中的实体、物质组成部分或对象。它可以是物理对象、化学物质、能量等。物质在系统中具有特定的性质、功能和相互作用。场是指系统中存在的力、能量或信息的分布。它可以是电场、磁场、重力场、温度场等。场对物质施加力量、影响和作用。

物质场分析的基本步骤如下。

1. 确定系统及其功能

在进行物质场分析之前,需要明确要分析的系统以及它的功能和目标。这有助于我们将分析的重点放在特定的系统和其所需的功能上。系统可以是任何一个我们感兴趣的对象、设备、过程或组织,它可以是一个独立的实体或一部分更大的系统。在确定系统时,我们需要明确它的边界和范围,以便限定分析范围。功能是指系统所需执行的任务、目标或期望的效果。它描述了系统的主要用途和目的。在确定系统的功能时,我们应该考虑到用户的需求和期望,以及系统在特定环境下的性能要求。例如,选择一个自动售货机作为系统,并明确它的功能,即提供便捷的自动售货服务。这个功能可以包括接收支付、选购商品、交付商品和提供交易记录等。

2. 确定物质和场的要素

在这一步中,我们需要识别和列举出系统中的物质要素和场要素。物质要素代表了系统中的实体、物质组成部分或对象,而场要素代表了系统中存在的力、能量或信息的分布。首先,仔细研究要分析的系统,了解它的结构、组成和工作原理。这可以包括阅读相关文献、观察实际运行的系统或与领域专家讨论。其次,识别系统中的物质要素,即系统中的实体、物质组成部分或对象。这些物质要素可能是直接参与系统功能实现的组件、材料或部件。例如,在一辆汽车系统中,物质要素可以包括发动机、车轮、座椅、轮胎等。再次,识别系统中的场要素,即系统中存在的力、能量或信息的分布。这些场要素可能是与物质要素之间相互作用的力、能量场或信息流。例如,在电子设备中,场要素可以包括电场、磁场、热场、光场等。最后,将识别出的物质要素和场要素进行列举和记录,这可以使用表格、图表或其他形式进行整理,以便后续的物质场分析。

3. 建立物质场图

物质场图是一种图形化的表示方式,用于显示系统中的物质要素和场要素之间的相互作用关系。它可以帮助我们更清晰地理解和分析系统的组成部分以及物质与场之间的关系。具体步骤包括:①选择一个适当的绘图工具,如纸和笔、电子绘图软件等,准备绘制物质场图的画布。②根据之前确定的物质要素列表,将它们一个一个地绘制为节点或符号。每个物质要素都可以在画布上表示为一个节点。③根据之前确定的场要素列表,使用箭头、线条或其他合适的图形,表示场要素与物质要素之间的相互作用关系。这些相互作用关系可以是力的传递、能量的转移、信息的流动等。连接线可以从场要素指向相应的物质要素。④在物质场图的连接线上标记相应的相互作用类型。例如,可以使用箭头表示力的传递方向,使用符号表示能量的转移类型等。⑤根据需要和逻辑关系,组织物质要素和场要素的布局。可以根据它们之间的关系、层次结构或逻辑流程来安排节点和连接线的位置。

4. 分析物质和场的相互作用

分析物质和场的相互作用是物质场分析的关键步骤之一。通过分析物质和场之间的相互作用,我们可以深入了解系统的行为和特性,并找到改进和创新的方向。具体方法包括:①回顾物质场图中的连接线,识别和确定物质要素和场要素之间的相互作用关系。考虑每个连接线的方向、类型和含义。②对于每个相互作用关系,深入分析它是如何影响物质要素和场要素的。考虑作用的方式、力量的传递、能量的转移、信息的流动等。③确定相互作用是否是单向的或双向的。有些作用是单向的,其中一个要素对另一个要素有影响,而反过来则不成立。而另一些作用是双向的,两个要素相互影响。④分析相互作用对系统功能、性能或其他方面的影响。识别任何潜在的矛盾或不一致之处,如相互作用的强弱、相互制约或相互冲突。⑤基于对物质和场相互作用的分析,思考如何改进或优化这些相互作用,以实现系统的目标和改进其性能,寻找可能的创新方向和解决方案。

5. 识别矛盾和改进方向

识别矛盾和改进方向是物质场分析的重要一步,它帮助我们发现系统中的矛盾点,并为改进和创新提供指导。在物质场分析中,矛盾是指两个或多个相互依赖的要素之间存在的冲突或不一致。识别矛盾和改进方向的具体方法包括:①回顾物质场图和物质与场的相互作用分析,识别存在的相互作用矛盾。这些矛盾可能涉及不一致的力量、能量流、信息传递等。②对于识别出的矛盾,根据TRIZ方法中的矛盾矩阵或其他相关工具,确定其矛盾类型。例如,是技术矛盾、物质矛盾、时空矛盾等。③深入分析矛盾的特征和本质。考虑矛盾的双方要素之间的关系、约束条件、限制和影响。④根据识别出的矛盾类型和矛盾特征,借助TRIZ方法中的发明原理、解决原则或相关工具,探索潜在的解决方案和改进方向。这些原则可以为克服矛盾和改进系统性能提供启发和指导。⑤对于发现的改进方向,进行评估和权衡。考虑改进的可行性、成本效益、可行性等因素,以确定最合适的改进方案。

假设我们要改进一个温室系统,以提高植物生长的效果。我们可以使用物质场分析来分析系统中的物质和场的相互作用。具体包括:

(1)确定系统和其功能。系统是温室,其功能是为植物提供适宜的生长环境。

(2)确定物质和场的要素。例如,物质要素可以包括土壤、水、植物、肥料等,场要素可以包括温度、湿度、光照等。

(3)建立物质场图。根据确定的物质和场要素,我们可以建立一个物质场图。例如,我们可以用节点表示土壤、水、植物、肥料等物质要素,用连接线表示温度、湿度、光照等场要素。连接线可以显示物质和场之间的相互作用关系。

(4)分析物质和场的相互作用。通过观察物质场图,我们可以分析物质和场之间的相互作用。例如,土壤的湿度会受到水的供应和蒸发的影响,植物的生长会受到光照和温度的影响。

(5)识别矛盾和改进方向。在分析过程中,我们可能会发现一些矛盾或问题。例如,温室中的温度可能不均匀,湿度可能过高或过低,导致植物生长不均匀或不健康。这些矛盾可以作为改进的方向,通过优化物质和场的相互作用来解决。

通过物质场分析,我们可以更好地了解温室系统中的物质和场要素之间的关系,并找到改进的方向。例如,我们可以调整灯光布置、增加温度控制设备、改善水分管理等,以提高温室的生长条件和植物的生长效果。

三、九窗法

九窗法是TRIZ方法中的一种工具,用于帮助识别和解决问题时的系统性思考。TRIZ法的创始人根里奇·阿奇舒勒称其为"天才发明九屏法",它通过将问题和解决方案分解为九个不同的视角或窗口,促使我们从不同的角度审视问题,挖掘潜在的解决方案。

九窗法是以空间为纵轴来考察"当前系统"及其"组成"(子系统)和"系统的环境与归属(超系统)";以时间为横轴,来考察上述三种状态的"过去""现在"和"未来"。这样,就构成了被考察系统至少九个屏幕的图解模型,如图3-2所示。

九窗法的目的是寻找资源,分析清楚系统的构成与环境。第一,从技术系统本身出发,考虑可用资源。第二,考虑技术系统的子系统、超系统中的资源。第三,考虑系统的过去和未来,从中寻找可利用的资源。第四，考虑超系统和子系统的过去和未来。具体实施步骤如下：

（1）把问题系统放中间。画出三横三纵的表格，如图 3-3 所示，将要研究的技术系统填入格子 1，这个技术系统就是要解决的问题的当前系统，系统界定要适中。例如，一辆汽车的轮胎问题，如果我们把当前系统界定为轮胎或车轮较为合适，若界定为整个汽车，显然过大；若界定为轮胎上的花纹，又显然过小。

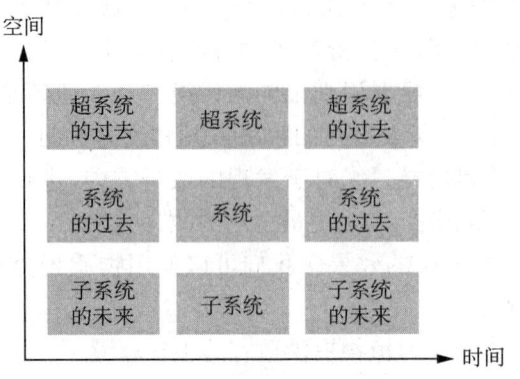

图 3-2　九窗法图解模型

资料来源：TRIZ：九屏幕法[EB/OL].（2023-03-10）[2023-10-01]. https://www.163.com/dy/article/HVG31Q4K0518WKOQ.html.

超系统		3	
系统	4	1	5
子系统		2	
	过去	现在	未来

图 3-3　九窗图

（2）考虑技术系统的子系统和超系统，分别填入格子 2 和格子 3。子系统也就是当前系统向下一级的系统，超系统也就是包含当前系统的系统，如汽车与行走系统之间的关系。

（3）考虑技术系统的过去和未来，分别填入格子 4 和格子 5。从时间或者是时序的角度来考虑当前系统的发展状态，而这个时序或者时间区间可长可短，因当前系统的设立而定，若当前系统是要解决一个实际问题时，这个时间区间建议选择问题发生的前一时刻，或者是前一工序，这个时间尽可能短一些，比如其前一个动作或前一道工序；若当前系统是研究产品开发，研发新的产品问题时，这个时间跨度可能要长一些，比如当前产品的上一代产品，上二代产品……，下一代产品，下二代产品……。

（4）考虑超系统和子系统的过去和未来，填入剩下的格子中。按步骤（3）同样的原则去考虑。

（5）针对每个格子，考虑可用的各种类型资源。资源主要分为六大类：物质资源、场资源、信息资源、空间资源、时间资源及功能资源。

（6）考虑利用这些资源，解决技术系统的问题。思考如何利用这些资源解决格子 1 中的问题，激发出解决问题的思路。

案例与解析

一、案例材料

环保型电池的开发

随着环境保护意识的不断加强和全球可持续发展战略的推进，对于企业产品的绿色、环保、低碳和可再生要求越来越高。在电池行业,随着科技产品的普及,电池的需求也在飞速增长。不过,传统的电池存在两个主要问题:电池寿命短和难以回收。

PowerTech 是一家在全球市场有一定影响力的电池制造公司。在过去的几年里,其产品已经在多个国家和地区销售,但也遭受了消费者和环保组织的批评,主要针对其电池的环保性和寿命。市场调研显示,现代消费者更倾向于选择那些既环保又耐用的产品。许多国家和地区的政府也开始实施更加严格的环境标准和法规,要求生产企业对其产品在整个生命周期中的环境影响负责。

PowerTech 的主要竞争对手已经开始探索使用新技术和材料来提高其电池产品的环保性和寿命。如果 PowerTech 不能及时调整和改进其产品,公司可能会失去市场份额,甚至面临法律诉讼和巨额罚款。

在这样的背景下,PowerTech 的高层管理团队认识到,他们需要采取创新方法来重新设计其电池产品,以满足市场的需求并符合未来的法规要求。

为了找到有效的解决方案,PowerTech 决定引入 TRIZ 法。这是因为 TRIZ 法提供了一种系统化的方式来识别和解决技术矛盾,而技术矛盾正是 PowerTech 在电池设计中面临的主要问题。

二、案例解析

PowerTech 通过对 TRIZ 法的系统应用,成功地解决了一直困扰电池行业的难题。这个过程从问题的定义开始,经过矛盾的识别、原理的应用、原型的开发,最终实现了具有市场潜力和环保特性的新产品。这为其他企业提供了一个关于如何结合理论与实践,成功开展创新的典范。

(1) 问题定义:如何设计一种既持久又环保的电池。

在这个问题定义中,PowerTech 应明确地揭示当前电池行业面临的两大挑战:寿命和可持续性。这是基于对市场需求、消费者偏好和全球可持续性趋势的敏锐洞察。

(2) 矛盾分析:利用 TRIZ 法的矛盾矩阵,PowerTech 很快地识别出核心的技术矛盾。这一步是 TRIZ 法的核心,因为它帮助公司从根本上理解问题,而不是仅仅对症下药。

(3) 创新原理应用:PowerTech 的选择展示其如何结合 TRIZ 法的 40 个创新原理,为矛盾问题找到答案。例如,分段原理的应用使电池在某一部分出现问题时,不需要整体更换,从而实际上增加了整体的使用寿命。预先损伤原理和合并原理的应用则是从更宏观的视角来解决回收性和容量的问题,以确保新电池在各个方面都优于传统电池。

(4) 概念验证与原型开发:只有将理论转化为实践,一个好的想法才能真正创造价值。PowerTech 通过实际制作新电池的原型,验证其理论的可行性。这也展现了其在创新过程中,从概念到实现的完整转化能力。

PowerTech 成功地将 TRIZ 法与实际的产品开发相结合,开创一种新型的电池。这不仅增强了公司在市场上的竞争地位,而且对其长期的可持续发展战略起到了积极作用。

延伸阅读 3-1 TRIZ：适时的正确解决方案

延伸阅读

Book Summary: TRIZ: The Right Solution at the Right Time

by Yuri Salamatov

This summary provides a glimpse into the key concepts and themes covered in "TRIZ: The Right Solution at the Right Time" by Yuri Salamatov, 1999. Here are some key highlights and essential concepts covered in the book.

Introduction to TRIZ: The book begins by introducing the background and history of TRIZ, highlighting its origins and development by Genrich Altshuller. It explains the fundamental principles of TRIZ, emphasizing its purpose as a systematic problem-solving approach.

Contradictions and Ideality: Salamatov explains the concept of technical contradictions, which arises when improving one aspect of a system leads to a deterioration in another. He emphasizes the importance of achieving ideality, where all desired functions are fulfilled without any drawbacks.

TRIZ Tools and Techniques: The book provides an overview of the various TRIZ tools and techniques that can be used to analyze problems and generate innovative solutions. It covers tools such as Function Analysis, Substance-Field Analysis, Contradiction Matrix, and the 40 Inventive Principles.

Laws of Technological System Evolution: Salamatov discusses the laws that govern the evolution of technological systems, such as the Law of Ideality Increase, Law of Increasing Dynamism, and Law of Transition to a Higher Level.

Case Studies and Examples: The book includes numerous case studies and real-world examples to illustrate the application of TRIZ in different industries and problem domains. These examples showcase how TRIZ principles and tools have been utilized to solve complex problems and achieve breakthrough innovations.

Implementation and Integration: Salamatov explores the practical aspects of implementing TRIZ within organizations and integrating it into existing problem-solving methodologies. He provides guidance on how to overcome barriers and challenges during the implementation process.

Future Directions: The book concludes by discussing the future prospects of TRIZ and its potential applications in fields such as business, sustainability, and system thinking. Salamatov highlights the need for continuous improvement and advancement in TRIZ methodology.

 **课堂活动**

活动名称: 创新解题之旅——TRIZ 法应用于垃圾分类

活动目标: 通过实践活动,帮助学生学会 TRIZ 法解决垃圾分类问题,提升他们的创新思维和解决问题的能力。

活动步骤:

(1) 问题选择和信息收集。将学生分成若干小组,每个小组选择一个与垃圾分类相关的具体问题,如提高垃圾分类效率、减少垃圾污染等。小组成员收集与所选问题相关的信息和数据。

(2) 矛盾矩阵应用。引导学生使用 TRIZ 法的矛盾矩阵,根据垃圾分类问题中的矛盾要素,找到相应的创新原理和解决方案。鼓励学生尝试不同的矛盾解决策略。

(3) 创新方案生成。小组成员合作运用 TRIZ 法的创新原理和解决方案模板,生成创新解决方案来改进垃圾分类问题。方案可以包括技术改进、社会宣传、教育培训等方面。

(4) 方案分享与讨论。每个小组派出一名代表,向全班展示他们的创新解决方案,并解释他们运用 TRIZ 法的过程和所选的创新原理。其他小组成员可以提出问题、提供反馈和建议。

(5) 解决方案改进。小组成员根据反馈和讨论,改进他们的解决方案。他们可以进一步优化方案的细节和可行性,以提高解决垃圾分类问题的效果。

(6) 思考总结。引导学生总结他们在活动中的思考和学习。讨论 TRIZ 法在解决垃圾分类问题和促进创新方面的实际应用价值,并鼓励学生思考如何在实际生活或工作中应用所学的 TRIZ 法解决问题的技巧。

 **课后思考**

1. 选择一个现实生活中的问题,并应用 TRIZ 方法中的一个发明原理来解决它。描述你选择的发明原理以及如何将其应用于解决该问题。分析这个发明原理对解决问题的有效性和可行性。

2. 选择一个产品或系统,并利用九窗法来分析其存在的问题和潜在的改进方向。以不同的窗口为视角,识别系统中的矛盾和限制,以及可能的创新解决方案。

3. 从 TRIZ 方法中的 40 条发明原理中选择一条,解释该原理的内涵和应用领域。通过提供一个实际的例子,说明如何使用该发明原理来解决一个技术矛盾或改进一个产品或系统。

4. 将物质场分析应用于一个实际问题。选择一个系统,并绘制物质场图以展示系统中的物质要素和场要素之间的相互作用。解释这些相互作用对系统功能和性能的影响,并提出潜在的改进方向。

5. 对 TRIZ 方法进行综合评估和反思。根据你对 TRIZ 方法的学习和理解,讨论它在解决问题和促进创新方面的优势和局限性。提出你对 TRIZ 方法的建议或改进想法,以进一步推动其应用和发展。

三、实践篇

第一章 设计思维

 学习目标

1. 理解设计思维的定义、起源、发展及其在创新过程中的应用。
2. 学习以用户为中心、理解文化环境、关注人的情感需求、整合技术实现性和促成商业成功等设计思维的关键要素。
3. 通过学习设计思维的五个基本步骤(研究与发现、问题定义、创意思考、原型制作、测试与反馈),学生能够运用设计思维来解决实际问题。

 案 例

基恩士的成功

基恩士是一家日本制造企业,在全世界制造企业中,它是利润率最高的公司之一。目前,基恩士的市值超过 1 000 亿美元,是仅次于丰田的日本市值第二的企业。但是,丰田有 36 万员工,全年营收 2 700 多亿美元,基恩士只有 8 000 多人,年营收 60 亿美元上下。此外,基恩士的毛利率高达 80% 以上,而以高盈利出名的苹果的毛利率也才 43% 左右。基恩士员工的年均收入是 2 000 万日元,约合 120 万元人民币,而日本上市的其他普通制造企业员工的年均收入才 600 万日元。2021 年,基恩士的创始人滝崎武光,拿下了日本首富的位置。

基恩士的成功不在于其掌握的技术本身,而在于它独特的经营模式。

第一,用工程师降维打击同行销售。基恩士的模式是直销,好处是容易控制价格、控制折扣、没有代理商赚差价。但是,直销肯定也面临同行竞争,怎么办? 基恩士的做法是,在销售方面重投入。基恩士建立了一支专业能力媲美工程师的销售团队。

第二,不在边界内玩游戏,而是跟边界本身玩游戏。也就是,面对一个约束条件,别人想的是,怎么在这个约束条件下把东西做好。而基恩士想的是,怎么改变这个约束条件本身。例如,有个产品叫荧光显微镜,这是一种生物医学仪器,用来观察细胞涂抹特殊试剂后发出的微弱光芒。但是因为这种光太弱,仪器通常都需要在暗室里操作,再加上图像获取和软件分析,耗时很久。当时,几乎所有的同行,都在努力把分析速度提上去。但是,基恩士就在这个问题的基础上,多问了一个为什么。为什么慢? 是因为全程要暗室操作。为什么要暗室操作? 因为这一行从一开始,大家都是这么干的。那么,有没有可能,直接改变这个约束条

件,取消暗室操作?在这个思路下,基恩士就全力投入,研发出了不需要全程暗室操作的荧光显微镜,把荧光观察分析所需要的时间,缩短到了原来的十分之一。

所以,解决问题的关键也许不在于你给出一个什么样的答案,而在于,你敢不敢改变问题本身。

资料来源:得到头条.制造公司基恩士如何缔造日本首富[EB/OL].(2023-01-12)[2023-08-20].得到 app《得到头条》第二季第20期.

思考:

1. 你认为基恩士成功的关键是什么?
2. 为什么说解决问题的关键不在于你给出一个什么样的答案,而在于你敢不敢改变问题本身?

第一节 设计思维概述

一、设计思维的内涵

设计思维是一种解决问题和推动创新的方法和思维方式,它的核心是以人为中心,以用户的需求和体验为出发点,通过多学科合作和交叉思考,不断迭代和改进来创造有意义的产品、服务和体验。

设计思维的内涵包括以下五个核心要点。

(一)以人为本

在设计思维中,人是最核心的要素,即以人为本。这个概念的核心是把人的需求和期望置于设计的中心,通过深入了解用户的需求和情境,创造出能够解决他们问题的解决方案。

在设计思维的流程中,要持续关注用户和他们的需求,不断地和他们进行沟通和交流。这样可以确保设计出的产品或服务符合用户的需求和期望,能够为用户带来真正的价值。与传统的以技术或商业为中心的方法不同,以人为本的设计思维更加注重人的体验和情感。

以人为本的设计思维也要求设计师具备同理心,能够站在用户的角度思考问题,理解用户的真实需求和情感体验。通过与用户的互动和观察,设计师可以获取深入的洞察,发现问题的本质,进而提出更好的解决方案。

总之,以人为本是设计思维中不可或缺的重要概念,强调设计必须以人的需求和情感为中心,以此来解决问题并创造价值。

(二)理解人的文化环境

在设计思维的理念中,理解人的文化环境是非常重要的一环。这是因为人们的行为和需求是受到他们所处的文化环境和社会背景影响的。了解人们所在的文化环境,可以让设计师更深入地了解用户的需求和习惯,从而更好地设计出满足他们需求的产品和服务。

在设计思维的实践中,设计师需要通过多种方式获取关于人们所在文化环境的信息,如与用户交流、参与他们的日常活动和观察他们的行为。通过这些方式,设计师可以更全面地了解用户的需求和行为,并且更好地理解他们的文化环境。

(三) 源于人的情感需求

在设计思维中,人的情感需求是非常重要的一环。设计思维强调以人为本,设计师需要深入了解用户的情感需求和体验,以此为基础来设计和开发产品和服务。

情感需求包括人们的情感状态和体验,如幸福、愉悦、紧张、不安等。这些情感状态是人类基本的生理和心理需求,与人的价值观、文化、个性等因素密切相关。

在设计思维的实践中,设计师需要通过用户研究、观察、交流等方式深入了解用户的情感需求。他们需要考虑用户在使用产品或服务时所产生的情感体验,如用户的满足度、愉悦度、信任感等。通过深入了解用户的情感需求,设计师可以更好地开发出具有人性化的产品和服务。

(四) 整合技术实现性

"整合技术实现性"是设计思维中的一个重要概念,它强调设计思维不仅仅是关注人的需求,还需要考虑技术的可行性和商业的可持续性。设计思维的目标是创造出有实际应用价值的创新解决方案,因此技术实现性和商业可行性是实现这个目标的必要条件。

在设计思维的过程中,设计师需要了解和掌握相关的技术,包括材料、工具、技巧等,以此来满足人的需求。例如,在设计一个新产品时,设计师需要了解该产品所需要的技术要求,包括可行性、制造成本、市场营销等,从而确保产品能够在市场上得以实现和成功营销。

同时,设计思维也鼓励设计师和企业家不断探索新的技术和材料,寻找新的可能性。通过不断尝试、探索和创新,设计师可以更好地整合技术实现性,打造出更为实用、有用、具有竞争力的产品或服务,进而推动企业的创新发展。

(五) 促成商业成功

设计思维的核心目的是促成商业成功,具体需要考虑以下几点。

1. 竞争力

在设计出的产品或服务中,必须要考虑到市场上的竞争情况,确保自己的产品或服务具有竞争优势,能够在市场上获得更高的认可度和更好的销售业绩。

2. 可持续性

产品或服务的商业成功不仅需要考虑到现在的市场需求,还需要考虑到未来的市场趋势和发展方向,确保产品或服务在未来也能够具有持续的市场竞争力。

3. 用户满意度

用户满意度是商业成功的重要指标之一。设计思维中,产品或服务的设计必须始终以用户为中心,满足用户的需求和期望,从而提高用户的满意度。

4. 创新性

商业成功需要不断推陈出新,持续创新,才能在市场上保持领先地位。设计思维中的创新不仅是技术创新,还包括商业模式、产品设计、用户体验等多个方面的创新。

5. 利润

商业成功需要创造价值,并最终转化为利润。设计思维中的商业成功不仅需要考虑产品或服务的使用价值,还需要考虑到生产成本、市场销售等多个方面的利润和回报。

二、设计思维的起源与发展

设计思维是一种创新性的思维方式,能够帮助人们理解问题,发现机会,并创造出更好的解决方案。设计思维最初起源于设计领域,如今已经成为一种普遍应用于不同领域的方法。

设计思维的起源可以追溯到20世纪初的德国,当时的设计师们开始采用一种以人为本、注重实际应用的设计理念,这种理念在设计领域中被称为"功能主义"或"现代主义"。这种理念强调产品的实用性和美观性,以及生产效率和经济性,逐渐被应用到其他领域中。

20世纪60年代,设计师们开始认识到,设计不仅仅是制造美观和实用的产品,更是一种问题解决的方法。设计师们开始使用人类行为科学、心理学和其他学科的知识来理解用户需求,从而设计更好的产品。这种设计理念被称为"人机工程学"或"人因工程学"。

20世纪80年代,设计思维的概念逐渐形成。设计师们开始将设计思维应用到解决商业和社会问题,这种方法不再只是为了制造好的产品,而是帮助人们找到更好的解决方案。设计思维被应用于不同领域,包括商业、教育、医疗、政府和非营利组织等。

设计思维的出现和发展,也离不开科技和文化的发展。20世纪初,工业革命的爆发,使得生产力水平得到了极大提升。随着大量产品的生产和出售,设计变得越来越重要。同时,新文化运动的兴起也让人们意识到,传统美学的约束和束缚需要被打破。设计师们开始追求简洁、实用、人性化的设计。

在设计思维的演进过程中,一些重要的思想家和组织对其影响深远。例如,20世纪初,德国建筑师沃尔特·格罗皮乌斯提出了"形式追随功能"的设计原则,这个原则强调了设计应该以功能为出发点,而不是形式。此外,工业设计师们的组织——工业设计师协会(IDSA)也起到了重要的推动作用,它为设计师们提供了交流、合作和学习的平台。

提到设计思维的起源,不得不提的是位于美国加利福尼亚州帕洛阿尔托的全球顶尖的设计咨询公司IDEO。它以其卓越的创新设计和设计思维方法而闻名于世,其客户包括苹果、可口可乐、福特、迪士尼等众多世界级企业。20世纪80年代,IDEO的创始人们开始尝试将设计思维应用到商业上。他们认为,设计思维是一种解决问题的方法,可以帮助企业更好地了解用户需求、创新产品、优化服务,并取得商业成功。通过多年的实践和改进,IDEO将设计思维方法发展成了一套系统化的流程,IDEO也成为当今最著名的设计咨询公司之一。

IDEO的成功不仅体现在商业上,还推动了设计思维方法在教育和非营利组织等领域的应用。如今,越来越多的人认识到设计思维方法的重要性,其思维方式和工具被广泛应用于各种领域,成为一种解决问题和推动创新的强有力工具。

三、设计思维的特点

设计思维是一种独特的方法论和思考模式,与传统的分析思维和逻辑思维有所不同。它注重从人的角度出发,通过迭代的过程,创新性地解决复杂问题。具体包括以下几个特点。

1. 以用户为中心

设计思维强调以用户为中心,这意味着在解决问题或创新时,始终将用户的需求、感受和动机置于首位。通过深入的观察、访谈和同情理解,设计者能够真正深入了解用户的内在需求和挑战。这种方法不仅确保了提供的解决方案或产品与用户的实际需求紧密相连,而且有助于创造更具吸引力、更具参与性和更具持续性的体验。将用户放在决策中心,可以确保每一次创新都与其目标受众产生真正的共鸣,从而增加成功的可能性。

2. 迭代过程

设计思维采纳了一个特有的迭代过程,这是一个允许连续试错、修正和优化的过程。而这一过程中的每一个步骤都是基于前一个步骤的反馈和学习来进一步发展的。这种逐步完善的方法不仅可以更有效地应对问题和挑战,还可以确保解决方案在实际应用中达到预期的效果。通过多次的迭代,设计师们能够更加透彻地了解问题所在,并逐渐逼近最佳的解决策略。这种不断的反馈和调整机制使得设计思维特别适应于解决复杂和模糊的问题,为创新带来更大的灵活性和适应性。

3. 跨学科合作

在设计思维中,跨学科合作占有核心地位,因为面对复杂的问题,单一的学科或专业领域往往难以提供全面的答案。鼓励来自不同背景和专业的人员共同协作,可以汇集各种知识、技能和视角,从而产生更为全面和创新的解决策略。这种协同合作的方式能够揭示问题的多个层面,从而确保解决方案既实用又全面。此外,由于不同学科和领域的专家们拥有各自独特的方法和经验,这种跨界合作也有助于快速发现并测试新的方法和解决路径,使得创新过程更为高效和有针对性。

4. 原型思维

设计思维中的原型思维着重于早期和快速地创建可见、可触的原型,以便于测试、评估和优化解决方案。而这一原型不需要是完美的或完成的,它的主要目的是传达一个思想、概念或方向。通过制作原型,设计者可以将抽象的想法具体化,这不仅使得团队成员之间的沟通变得更为直观,也让潜在的用户和利益相关者能够更好地理解和提供反馈。此外,原型能够迅速揭示概念中的缺陷和不足,从而使设计者在进一步的开发中避免更大的风险和成本。这种早期的实验和试验方法加强了学习和迭代的过程,确保解决方案更为贴近用户的真实需求和预期。

5. 问题再定义

设计思维中的"问题再定义"是一种关键方法论,强调在寻求解决方案之前,先深入探索和理解问题的真正本质。这意味着,设计师不应只接受表面的问题描述,而应持续质疑、挖掘,并从不同角度重新审视问题,从而揭示其背后的深层次需求和挑战。通过这种方法,设计者经常能够识别出传统方法所忽视的新视角和机会。重新定义问题有助于确保资源和努力不是在解决错误或表面的问题上被浪费,而是真正针对那些能够产生显著影响的核心问题。这种对问题的重新理解和框定为创新过程提供了清晰的方向和焦点,使得解决方案更为有效和有意义。

6. 鼓励创新

在设计思维中,鼓励创新不仅仅是一个口号,而是深植于整个思考和行动的过程中。这种鼓励创新的氛围意味着提倡冒险、试错以及挑战现状的勇气。创新往往源于对常规做法的质疑和超越,而设计思维为此提供了一个安全的环境,使人们敢于提出和实验那些看似

"疯狂"的想法。这种环境鼓励多样性和多元化的观点,因为正是这些多样的观点往往能够揭示出新的机会和解决路径。鼓励创新也意味着持续的学习和适应,以应对不断变化的环境和挑战。在这样的氛围中,失败被视为学习和成长的一个部分,而不是终结,为持续的探索和进步打下坚实的基础。

视频 1-1
How to solve problems like a designer

第二节 设计思维的基本步骤

设计思维的基本步骤通常包括研究和发现、定义问题、创意思考、原型制作、测试和反馈五个阶段。

这五个阶段并不是严格的线性过程,而是可以循环迭代、交叉重叠的。设计团队可以在任意阶段回到前面的阶段,或者在后续的阶段调整前面的内容,以便最终得到更好的设计方案。

一、研究和发现

研究和发现阶段是非常重要的,它能够帮助团队了解用户、市场和行业,收集信息和灵感,明确问题和挑战。其目的是深入了解用户和他们的需求,为后续的设计过程提供基础性的信息和洞察力。

在研究和发现阶段,设计思维的核心在于以人为中心,通过深入观察和交流,从而发掘用户的需求和问题。在这个过程中,设计者需要放下自己的偏见和想法,站在用户的角度,真正了解他们的需求、痛点和期望,为他们提供更好的解决方案。

(一)具体方法

在这一阶段,设计者需要采用各种方法收集、整理和分析用户的信息和数据,具体包括以下几种方法。

1. 观察用户

通过亲自观察用户在实际环境中如何与产品或服务互动,设计者可以获得直观的见解。这不仅可以帮助设计者捕捉到用户的直接需求,还可以揭示出那些用户自己可能都没有意识到的潜在需求和挑战。观察用户还可以帮助设计者理解用户的情感和动机,从而更好地同情和理解他们的体验。

为了进行有效的用户观察,设计者通常会选择代表性的用户,观察他们在特定的情境和任务中的行为,这包括注意他们的行为、语言、选择和反应等。此外,设计者也需要注意那些用户不说但确实做的事情,因为这些无声的行为往往包含了大量的有用信息。

2. 用户访谈

用户访谈用于收集有关用户需求、经验和期望的深层次信息。与简单的问卷或调查不同,用户访谈通常涉及更深入、更个性化的对话,使设计者可以更加深入地了解用户的观点、情感和挑战。在进行用户访谈时,设计者会准备一系列开放式的问题,鼓励受访者分享他们的经验、感受和想法。而不是寻求具体的答案,设计者更关心的是受访者的故事和情境。听取用户的真实故事可以为设计团队提供宝贵的见解,并揭示那些在表面上不容易观察到的细节。

为了确保访谈的效果,设计者需要确保创建一个放松和无压力的环境,使受访者感到舒适并愿意分享。此外,设计者还需要具备良好的倾听技巧,确保不对受访者的答案产生偏见或提前下结论。

3. 问卷调查

问卷调查可以快速地获得许多用户的数据,为设计团队提供定量的信息,从而辅助他们在后续的设计过程中做出决策。设计好的问卷通常包含一系列结构化的问题,旨在探索用户的需求、偏好和痛点。这些问题可以是选择题、量表评分或开放式问题,取决于设计者想要收集的信息类型。通过结构化的问题,设计者可以确保收集到的数据具有一致性,便于后续的分析。

在进行问卷调查时,设计者需要确保问题的清晰性和中立性,避免导致受访者的误解或偏见。此外,为了提高回复率,问卷应该简短且容易完成。使用明确的语言、保持问题的简洁性并考虑用户的时间是关键。完成问卷调查后,设计者将对收集到的数据进行统计和分析,以识别出用户的共同需求、模式和趋势。虽然问卷调查提供的是定量数据,但它可以与其他研究方法(如用户访谈和观察)结合,为设计团队提供一个全面的用户视角。

4. 用户体验测试

用户体验测试的目的是评估和了解用户在使用某个产品或服务时的实际体验。这种测试通常涉及用户在受控环境中与产品或服务进行互动,同时,设计者或研究者会观察和记录他们的行为、反应和反馈。

在用户体验测试中,参与者被要求完成一系列的任务,这些任务代表了他们在真实环境中可能遇到的常见情境。设计者通过观察用户如何完成这些任务,可以发现可能的痛点、挑战和潜在的改进领域。例如,如果用户在某个界面上反复点击,或者显得困惑和沮丧,这可能意味着界面的设计不够直观或友好。

用户体验测试的优势在于它提供了真实的、来自真实用户的反馈。它超越了主观的观点和假设,直接观察用户的实际行为和反应。这为设计团队提供了宝贵的洞察,帮助他们了解哪些方面的设计是有效的,哪些方面需要改进。

为了确保测试的有效性,测试环境应该尽可能模拟真实的使用情境,并确保用户感到舒适和自然。同时,设计者应该避免在测试过程中干预或引导用户,以确保收到的反馈是无偏见的。

(二)注意事项

在研究和发现阶段,设计者的态度和方法至关重要。他们应保持一颗开放的心,尊重所有用户的反馈,避免陷入预先设定的观念或过早地做出结论。多样化的信息收集方法可以帮助他们获得更广泛、更深入的洞察。为了更具针对性地满足用户需求,设计者不仅要细致分析不同的用户群体,还要识别他们的特点和需求。通过汇总和分析所收集到的各种信息,设计者还应建立用户画像,这不仅能更真实地描绘用户的行为和需求,还为后续的设计提供了明确的方向。

案例 1-1　　精准洞察消费者需求的优秀典范之一：传音手机

2022年年初，国际数据公司 IDC 公布了 2021 年非洲手机市场数据。数据显示，在全球手机市场已经饱和的情况下，非洲是增长最快的新兴市场之一。不过，受全球疫情和供货短缺的影响，2021 年第四季度非洲的手机出货量明显下滑，同比减少了 11.3%。非洲出售的手机当中，有 55% 是功能机，45% 是智能手机。在智能手机市场，中国厂商仍然占据显著优势。2021 年非洲智能手机出货量，第一名是被称为"非洲手机之王"的传音，占 47.9% 的市场份额；第二名是三星，占 19.6% 的市场份额；第三名是小米，占 7.1% 的市场份额。在功能机市场，传音的优势更大，占非洲 78% 的市场份额。

传音手机在非洲崛起的故事，如果用一句话来概括，就是极致的本土化，其实也就是精准洞察消费者的需求。例如，针对黑皮肤拍照的"智能美黑"技术；能用手机喇叭实现低音炮效果的功放技术；针对非洲人爱流汗而开发的耐腐蚀手机外壳；适应非洲网络环境而开发的"四卡四待"技术等，无不体现了极致的本土化特点。

资料来源：得到 App《得到头条》第 211 期，2022 年 4 月 6 日。

案例 1-2　　精准洞察消费者需求的优秀典范之二：谷歌手机

传音的极致本土化，为国内手机厂商出海提供了很好的榜样。目前，小米、OPPO、vivo 等都在努力扩大在非洲、中东、东南亚、拉丁美洲等新兴市场的市场份额。不过，想要吃到新兴市场的红利可不只是国内厂商，国际巨头也正在加紧布局。例如，几年前，谷歌就在新加坡组建了一个团队，专门针对东南亚等新兴市场进行产品的本地化打磨。这个项目被谷歌称为"下一个十亿用户"计划。具体策略包括以下几个方面：

第一，在非洲市场，人们用的大多是低端智能机，80% 以上的手机价格低于 200 美元。低端手机内存小，内存一满，手机就卡。所以，针对非洲市场的应用，一定要轻量化。谷歌针对非洲市场推出了一个简化版的安卓系统，专门适配内存 1G 以下的低端智能机。在这个系统上，谷歌又开发了一系列轻量级预装应用，这些应用的体积只有常规款的一半。例如，2020 年，谷歌把自己花大力气研发的"谷歌相机"软件做出了轻量版，安装在新兴市场只卖约合人民币 200 至 600 元的手机上。

第二，像非洲、印尼这样一些新兴市场的用户有一些独特的手机使用习惯。例如，新兴市场中有高达 1/4 的手机用户，在屏幕摔坏的情况下，不会选择马上送去维修换屏，或者买新手机，而是将就继续使用碎屏的手机。所以，谷歌在很多应用中都设计了竖屏和横屏两种模式。如果屏幕上的碎裂点刚好遮住了交互按钮，用户可以把竖屏切换成横屏继续操作，不影响软件的使用。

第三，导航系统包括步行、公交地铁、驾车、打车等模式，这基本覆盖了大部分的出行方式。不过，在印度、印尼这些国家，摩托车出行占据很大的比例，摩托车在印度叫"双轮车"，在印尼被称为"马达"。谷歌地图就在这些地区推出了"双轮车模式"或者"马达模式"，根据摩托车的骑行速度来计算时间，路线推荐中优先选择摩托车能穿过的小巷子。

第四,新兴市场的新网民往往跳过台式机、笔记本电脑时代,第一次上网用的就是智能手机。这意味着,对于很多互联网普及术语,如"注册账号"是什么意思,用户可能并不清楚;还有很多默认的操作习惯,如滑动、长按等,用户也不熟悉。在成熟市场,应用系统会默认这些是不需要说明的。就算软件有新手引导教材,也仅仅是在第一次打开软件时演示一次操作步骤,之后就不会再出现,这对于第一次"触网"的用户来说,根本记不住。谷歌在安卓系统的很多应用中,针对新兴市场大幅改进了引导流程。除了图文、动画引导,还有详细的操作视频,可以供用户重复观看。在视频讲解中,不但会说明软件本身怎么用,也会对互联网的常用概念做科普。此外,在新兴市场,部分成年人其实也是没有阅读能力的。谷歌在一些应用中设置了语音模式,系统页面上的所有文字,都可以通过语音朗读出来。

同理心是设计思维的起点。就像谷歌做新兴市场的本土化,不仅要深入当地用户的生活场景,更要洞察到他们没有表达出来的需求。

资料来源:得到头条.谷歌怎么做新兴市场本地化[EB/OL].(2022-04-06)[2023-09-18].得到app《得到头条》第一季第211期.

二、定义问题

在设计思维中,定义问题是研究和发现阶段后的第二步,目的是明确核心问题和需求,明确解决方案的目标和方向,为后续的创意和设计过程提供指导。

(一)具体步骤

定义问题通常包括以下步骤。

1. 总结研究和发现阶段的信息

在定义问题阶段,设计者需要对研究和发现阶段收集的信息进行总结和整合。这包括对用户反馈、观察结果、数据分析等相关信息进行深入分析,提炼出核心的用户需求和挑战。这一步确保了设计者深入理解问题,并能够基于真实的用户需求来明确问题的定义。

2. 形成问题陈述

设计者要将所收集和分析的信息转化为明确、简洁的问题叙述。这个问题陈述应该准确地描述用户面临的核心挑战,并为后续设计工作指明方向。形成问题陈述的重要性在于,它为设计者提供了一个清晰、集中的焦点,帮助他们避免在后续阶段迷失方向。这个陈述应该尽量避免使用行业术语或技术性词汇,而是采用用户的语言来描述他们的需求和痛点。

3. 建立目标和关键绩效指标

在定义问题阶段,建立目标和关键绩效指标(KPI)是一个关键环节。这不仅为设计方案提供了明确的方向,还为后续的评估和优化提供了具体的参考标准。目标通常描述了一个理想的未来状态或预期的成果,如"提高用户对产品的满意度"或"降低用户完成任务的时间"。这些目标应该是具体、明确并可以衡量的,以确保设计团队在整个设计过程中有一个清晰的方向。而KPI则为这些目标提供了衡量的标准。例如,如果目标是"提高用户满意度",那么相应的KPI可能是"用户满意度调查中的平均得分"。通过定期测量和评估这些KPI,设计团队可以了解其方案的实际效果,并据此进行必要的调整。

(二) 具体方法

在定义问题的过程中,设计者需要采用多种方法和工具,从不同角度和层面深入思考和分析,以更好地定义问题和制定解决方案,为后续的创意和设计过程提供指导和支持。具体包括以下几个方面。

1. 问题定义矩阵

设计者可以使用问题定义矩阵(problem definition matrix),将研究和发现阶段的信息进行分类和归纳,明确核心问题和需求,以便更好地形成问题陈述。

问题定义矩阵是一种将信息进行分类和归纳,帮助设计者明确核心问题和需求的工具。根据构成维度不同,其分为以下两种:

第一种问题定义矩阵通常由两个维度构成,一个是用户需求的类型,另一个是用户需求的优先级。通过将研究和发现阶段的信息放入问题定义矩阵中,设计者可以更好地理解用户需求的本质和优先级,形成问题陈述,并为后续的创意和设计过程提供指导。

(1) 需求类型。这个维度通常包括以下类别:功能需求、非功能需求、用户体验需求、商业需求等。将信息按照这些类别进行归纳和分类,可以帮助设计者更好地了解用户的核心需求,确定解决方案的关键点和目标。

(2) 需求优先级。这个维度通常包括以下级别:必需的、重要的、有用的、愿望的等。将信息按照这些级别进行归纳和分类,可以帮助设计者更好地了解用户需求的优先级和重要性,确定解决方案的优先级和目标。

例如,假设设计者正在开发一款新的在线学习平台,他可以将研究和发现阶段的信息根据需求类型和需求优先级放入问题定义矩阵中,如表1-1所示。

表1-1 问题定义矩阵示例

需求类型	必需的	重要的	有用的	愿望的
功能需求	√	√	√	√
非功能需求	√	√	√	
用户体验需求	√	√		
商业需求	√			

在这个问题定义矩阵中,设计者可以清晰地看到不同类型的需求和优先级,有助于明确平台的核心问题和目标,并为后续的创意和设计过程提供指导。

第二种问题定义矩阵包含用户、需求、动机和环境四个维度,它可以用于探索、定义和解决问题。

(1) 用户:谁是我们的目标用户,我们需要考虑哪些用户需求?

(2) 需求:我们的用户需要什么功能和特点,以及在哪些方面我们可以提供更好的解决方案?

(3) 动机:用户使用我们的产品或服务的动机是什么,他们希望实现什么目标或效果?

(4) 环境:我们的产品或服务将在什么环境下使用,有哪些限制或要求?

通过填写问题定义矩阵,设计者可以更加深入地了解用户需求和痛点,明确问题的核心所在,并以此为基础进行后续的创意和设计。

问题定义矩阵示例如表 1-2 所示。

表 1-2　问题定义矩阵示例

用户	需求	动机	环境
家庭用户	易用性、可靠性	提高生活质量,节省时间和精力	家庭环境,有限的预算和技术能力

在表 1-2 中,问题定义矩阵帮助设计者明确了目标用户、用户需求、用户动机和环境限制等方面的内容,为后续的创意和设计提供了更加准确的方向。

2. 人物设定

在设计思维的定义问题阶段,采用人物设定方法可以帮助设计者更好地定义问题,尤其是在涉及用户体验和人类行为方面的问题时。

通过为用户或利益相关者设计人物形象,可以帮助设计者更深入地理解用户的需求、期望、习惯、行为方式等,从而更好地定义问题陈述。人物设定可以让设计者从用户的角度出发,考虑用户的需求和情境,以此为基础确定问题的核心内容。

例如,在设计一款社交媒体应用时,可以通过设计一个代表目标用户的人物形象,来帮助设计者更好地理解目标用户的需求、行为方式,以及年龄、职业、兴趣爱好等方面的信息。通过这些信息,设计者可以更加准确地定义问题陈述,如"如何设计一款社交媒体应用,以满足年轻用户分享和发现兴趣爱好的需求,提高用户的参与度和留存率"。

在人物设定的过程中,还可以考虑不同人物之间的关系和交互,如家庭关系、友情、竞争等,从而更好地理解用户的情境和需求。这些信息可以帮助设计者更好地定义问题,提出更加具体、有针对性的问题陈述,以此为基础进行后续的创意和设计。

3. 利益相关者分析

在设计思维的定义问题阶段,采用利益相关者分析(stakeholder analysis)可以帮助设计者更好地了解问题所涉及的各方利益和需求,从而更加准确地定义问题和确定设计目标。

利益相关者分析是指对问题涉及的各方进行分类、识别、描述、评估、沟通和管理的过程。利益相关者可以是直接受到影响的人群,也可以是对问题有利害关系的其他组织或个人。通过对利益相关者的分析,可以更好地了解问题所涉及的各方面向、需求和影响程度,从而制定更加全面、有效的设计方案。

利益相关者分析可以分为以下几个步骤:

(1) 识别利益相关者。利益相关者分析是项目管理和决策制定的核心部分,尤其在设计思维的背景下。在设计决策和实施的各个阶段,确保所有关键参与者都得到了妥善的考虑是至关重要的。明确项目的目标和预期结果是识别利益相关者的关键。这有助于确定哪些群体或个人可能会受到设计决策的影响。可能的利益相关者包括直接使用设计成果的人、可能间接受到影响的人、项目相关的团队成员、在组织中有决策权的高层管理人员以及为项目提供关键资源和技能的供应商和合作伙伴。正确地识别并与这些利益相关者互动,确保他们的需求和期望得到满足,是确保项目成功的关键。

(2) 评估利益和影响。首先,要了解每个利益相关者的基本需求和期望。例如,内部团队可能期望项目满足某些技术标准,而最终用户可能更关心用户体验和功能。其次,根据他们在项目中的角色和权力评估他们的影响。例如,高层管理人员可能会对预算和时间表有决定性的影响,而日常用户可能会对产品接受度产生影响。最后,评估利益相关者的影响和利益之间的关系。这可以帮助设计团队确定哪些人群的需求和期望应该优先考虑,以及如何在项目过程中与他们进行有效沟通。这种评估确保设计团队在整个项目中始终保持与利益相关者的紧密联系,确保项目的方向与各方的利益相一致。

（3）优先级排序。首先,基于前面的评估,列出所有利益相关者以及他们的需求和关注点。其次,根据他们对项目的潜在影响以及他们的需求的紧迫性为他们分配分数或权重。例如,如果某一利益相关者对项目的资金提供有很大的影响,他们可能会被分配更高的优先级。再次,考虑每个利益相关者的长期与短期利益。某些利益相关者可能对项目的早期阶段有着较高的紧迫性,而其他人则更关注项目的长期成功。最后,利用这些评分和权重,为利益相关者创建一个优先级列表。这不仅可以指导资源分配,还可以帮助团队确定与哪些利益相关者建立更紧密的沟通和合作。

（4）开展沟通和咨询。与利益相关者保持开放、透明且及时的沟通可以加深他们对项目的理解,增强他们的参与度和承诺度,同时也可以尽早发现和处理潜在的问题和冲突。确定与每个利益相关者沟通的频率、方式和内容,以满足他们的需求和期望。例如,高优先级的利益相关者可能需要定期的项目进展更新,而其他利益相关者可能只需要关键时刻的通知。现代技术提供了多种沟通工具,如电子邮件、会议电话、视频会议和项目管理软件等,设计者可以根据利益相关者的偏好和项目的需求进行选择。

（5）记录和更新。与利益相关者互动时,记录和更新信息是至关重要的。确保所有与项目相关的沟通、反馈、决策和更改都被妥善记录,可以帮助项目团队跟踪进度、解决问题。首先,创建一个集中的文档或数据库,以存储所有与利益相关者相关的信息。这可以包括他们的联系信息、职责、反馈、关注点以及与他们的所有沟通历史。这样团队可以快速找到所需的信息,并确保没有任何重要的细节被遗漏。其次,每次与利益相关者沟通后,都要更新这些记录。无论是正式的会议、电子邮件交流还是非正式的对话,确保所有的信息都被记录下来。这不仅有助于跟踪项目的进度和决策,还可以在项目结束后为评估和复盘提供宝贵的数据。再次,定期审查并更新这些记录,确保其准确性和及时性。随着项目的进展,某些信息可能会变得过时或不再相关。定期更新可以确保团队始终拥有最新、最准确的信息。最后,确保这些记录易于访问并被适当地分享。根据项目的需要,可以考虑将某些信息与项目的所有利益相关者或特定的群体分享,以确保透明度和合作。

通过利益相关者分析,设计者可以更好地了解问题所涉及的各方利益和需求,避免决策的盲目性和主观性,从而更加准确地定义问题和确定设计目标,提高设计方案的成功率和效果。

4. 设计挑战

设计挑战是指通过提出具有挑战性的问题,鼓励设计者尝试从不同角度思考问题,挖掘解决问题的创意和方案。

在设计思维的定义问题阶段,采用设计挑战（design challenge）可以帮助设计者更好地定义问题和明确设计目标。设计挑战是对问题的重新界定和概括,以启发设计者发掘潜在的解决方案。

设计挑战要求将问题重新定义为一个更具有挑战性的问题陈述,鼓励设计者思考并提出多种可能性。它不仅可以帮助设计者明确问题,还可以启发创新思维,鼓励思考不同的解决方案。设计挑战包括以下几个步骤:

(1) 明确问题背景。当我们面对一个设计问题时,需要先深入了解其背景。这包括了解问题的历史、文化、技术和社会环境因素。例如,设计一个新产品时,要考虑其在市场上的定位、目标受众、竞争对手等因素。了解这些背景信息可以帮助我们更准确地定义问题,避免盲目设计。

(2) 思考问题本质。要真正解决一个问题,设计者需要深入思考问题的本质。这意味着从表面的现象中抽象出核心的要点,考虑问题的根本原因和深层次的影响。例如,一个表面上的交通拥堵问题可能源于城市规划、交通策略或社会行为等多种因素。考虑这些因素可以帮助设计者更全面地理解问题,从而更有效地解决。

(3) 重新界定问题。在了解了问题的背景和本质后,我们可能会发现最初定义的问题过于狭隘或过于宽泛。此时,我们需要重新界定问题,使其更具有挑战性,更能刺激设计者的思维活跃性。这也意味着我们可能需要从不同的角度或层次来看待问题,而不是固守原有的思维模式。

(4) 制定设计挑战。根据重新定义的问题,设计者可以制定具体的设计挑战。这可能是一个明确的目标、一个想要实现的效果或一个要解决的具体问题。设计挑战应该具体、有挑战性并可度量,这样可以确保设计团队在后续的设计过程中有明确的方向。

以下是一个具体的例子,展示如何运用设计挑战方法来定义问题:

(1) 明确问题背景:假设你是一个自行车公司的设计师,公司计划推出一款新型自行车。该自行车将主要用于城市通勤,需要具有高效的性能和良好的舒适性。公司希望你能够提出一个具有挑战性的设计挑战。

(2) 思考问题本质:自行车的本质是什么?它是一种能够让人们快速、便捷地移动的交通工具。

(3) 重新界定问题:如何设计一款能够让人们更快、更轻松地进行城市通勤的自行车?这个问题将挑战设计师的创新能力和思维模式。

(4) 制定设计挑战:设计一款能够在城市通勤中表现优异的自行车,该自行车应该具有如下特点:①高效性能:能够快速、轻松地行驶,以应对拥挤的城市交通。②舒适性:具有良好的减震和缓冲能力,使骑行更加舒适。③实用性:方便携带、存储,并满足城市通勤的实际需求,如放置购物物品等。

通过设计挑战的方法,设计师可以更好地理解问题,明确设计目标,并提出多样化的解决方案。这有助于提高设计的效率和质量,满足市场需求。

三、创意思考

创意思考是设计思维的第三个步骤,它是指通过创造性的方式,产生尽可能多的解决方案。在这个阶段,设计团队应该摒弃固有的思维定势,以开放、包容的态度,寻求不同的角度和方法,以达到解决问题的最佳方案。

(一) 创意思考的技巧

1. 多方面思考

多方面思考鼓励设计者从各种角度、维度或视角审视问题。这不仅限于解决问题的直接方式,还可以探索问题的原因、影响和背后的深层次因素。这样的思维模式可以打破传统的思维框架,帮助团队发现新的、未被觉察的机会。

2. 头脑风暴

头脑风暴是一个集体活动,鼓励团队成员自由发表意见,无论这些意见是否现实。其关键是创造一个无批判、开放的环境,方便成员毫无拘束地提出创意。

3. 绘制思维导图

思维导图是一种图形化的表达方式,它可以显示思维的结构和层次。通过绘制思维导图,设计者可以更好地组织和关联思路、信息和概念,帮助团队看到整个系统的大图。

4. 角色扮演

角色扮演能够帮助设计者更好地理解用户、客户或其他利益相关者的需求和挑战。通过模拟不同角色的体验,设计者可以从多个视角审视问题,从而更有深度地理解问题背后的真实情境。

5. 利用随机词汇

随机词汇可以启发思维和帮助打破思维定势。例如,当面对一个关于交通的问题时,随机选择"气球"这个词汇可能会引发新的思考,如"空中交通"的可能性。

6. 借鉴其他领域的思路

跨学科的思考可以为解决问题提供新的角度。例如,一个产品设计者可以从建筑学或生物学中获得启示,为他们的设计提供独特的创新元素。

7. 尝试逆向思考

逆向思考要求设计者先定义最坏的、最不可能的解决方案,然后反向推导出有效的方法。这样的方法有时可以揭示那些在传统思维模式中被忽略的潜在机会。

在创意思考的过程中,不要批判性地评价任何想法,鼓励团队成员放开想象,充分发挥自己的创造力和想象力。在产生足够的想法后,团队应该对每个想法进行评估和筛选,选择最优解决方案。

(二) 创意思考的注意事项

在创意思考的阶段,团队需要尽可能多地提出各种可能的解决方案。但在实际操作中,往往有以下一些常见的问题需要注意。

1. 过度批判

批判性思维在某些情况下是必要的,但在创意产生的初步阶段,过多的批判可能会阻止某些有潜力的想法的诞生。团队成员可能因为害怕被评判或批评而不敢提出他们的想法,这在长远来看会损害创新的潜力。为了促进开放性的思考,团队可以设置"无评判"的时间段,确保每个人都有机会毫无拘束地表达自己的观点。

2. 缺乏多样性

多样性在创意思考中具有重要地位。来自不同的背景的团队成员可以带来不同的观点和方法。如果团队中的所有成员都持有相似的观点，可能会导致"团体迷思"，限制新的和独特的想法的产生。团队应当努力寻找拥有不同背景、专业和经验的人才，确保在团队中有多样性的声音。

3. 没有具体方向

虽然创意思考需要开放性，但无目的的头脑风暴可能不会产生有效的结果。没有明确的方向会让团队陷入无效的探索中，浪费时间和资源。在开始创意思考之前，团队应该先明确设计的挑战和问题的定义，这可以为团队提供一个方向，并确保所有的想法都与核心问题保持一致。

4. 忽略评估

在创意思考阶段产生的想法都是原始的，需要进一步评估和细化。没有适当的评估，团队可能会选错方向，或者错过某些有潜力的解决方案。团队应设定评估的标准和过程，确保每个想法都得到适当的考虑。这可以包括技术可行性、成本、影响或其他相关的标准。

四、原型制作

在设计思维的原型制作阶段，设计者将在之前阶段获得的想法和信息的基础上，开始制作实际可行的原型。原型制作的目的是将抽象的想法转化为具体、可触摸或可体验的形式，这样可以更好地测试和验证设计解决方案。

（一）原型制作的特点

1. 低成本

在原型制作的过程中，低成本是一个核心原则。这是因为原型的主要目的是快速、有效地验证和测试想法，而不是生产一个完美或高质量的最终产品。通过使用简单且不昂贵的材料，如纸张、笔或在线工具，设计者可以迅速展现一个概念，收集用户反馈，并根据这些反馈进行迭代。这种方法降低了项目失败的风险，减少了资源浪费，并鼓励了大胆的探索和创新。

2. 快速制作

快速制作在原型设计中占有至关重要的位置，其主要目的是在最短的时间内制作出能够展示和测试设计概念的原型。这种方法旨在早期验证想法，从而避免在项目后期浪费大量的时间和资源。使用简易的材料和数字工具，设计者可以迅速专注于原型的核心功能和交互。虽然这样制作出的原型可能并不完美，但其真正的价值在于获取及时的反馈和迭代，为终端产品的设计提供方向和依据。

3. 可迭代

可迭代性是原型制作的另一个关键特点，它强调原型设计的灵活性和可调整性，使设计者能够根据反馈和测试结果不断完善和优化设计。这意味着原型不是一个静态的成果，而是一个持续进化的工具，它可以根据用户反馈、团队评审或技术评估进行调整和优化。这种迭代过程确保设计持续地与实际需求和约束相一致，同时为设计者提供了一个试错和学习的机会。通过多次迭代，设计者可以逐渐完善产品功能，优化用户体验，以及解决潜在问题，从而确保最终解决方案的成功。

(二) 原型制作的方法与工具

1. 物理原型

物理原型是设计过程中的一种实物展现，旨在模拟和展示产品的外观、功能和交互。与纯数字化的模拟相比，它为用户和设计者提供了真实的触觉和视觉体验，使人们能够直观地感受和理解产品的尺寸、重量和使用方式。常用的方法包括使用简单材料如纸、纸板或塑料泡沫进行快速建模，或者使用3D打印和其他数字制造工具进行更为精细的模型制作。

此外，物理原型不仅限于表现产品的静态形态。通过整合电子元件，如Arduino板、传感器和电机等，设计者可以模拟产品的实际功能和交互，为用户提供接近真实的操作体验。这种功能性的模拟在产品如工具、玩具或任何带有物理交互的设备中尤为重要。

物理原型制作在初期阶段应避免过度复杂。早期的模型应该简洁，集中展示核心概念和功能。随着设计的迭代和完善，原型可以逐渐增加细节和复杂性，以满足测试和验证的需要。

2. 数字原型

数字原型是基于数字技术的模拟，通常用于表示软件、应用或数字界面的交互流程和设计。与物理原型不同，数字原型关注于屏幕上的体验，展示如何导航、如何完成任务以及用户如何与界面互动。

数字原型的制作通常使用专门的设计软件，如Sketch、Figma、Adobe XD或InVision。这些工具允许设计者创建高度逼真的界面模拟，展示颜色、字体、布局以及动画效果。更为重要的是，数字原型可以模拟实际的用户交互，如点击、滚动、拖放或切换，使团队和利益相关者能够体验和评估设计的实用性和吸引力。

数字原型的优势在于它的灵活性和迭代速度。设计者可以迅速修改颜色、图标或界面元素，立即看到效果，并进行必要的调整。此外，数字原型还便于共享和远程协作，设计者可以轻松地与团队成员或客户共享链接，收集反馈并进行改进。但同样，设计者也需要注意不要过早陷入界面的细节，而忽视了用户的核心需求和体验。

3. 故事板

故事板是一种视觉叙述工具，经常被用来描述和展现用户的经历或产品的用户流程。通过一系列的框架或图像，故事板呈现了一种线性或非线性的叙述，揭示了用户如何与产品或服务互动，从而提供了宝贵的洞察，以指导产品或服务的设计和优化。

故事板起源于电影和动画产业，它作为一种计划和可视化的手段，可以帮助团队理解和共同达成对某一故事或情境的认识。在设计领域，故事板被用作一种方法，将用户研究的发现转化为容易理解的故事，描述用户如何在不同情境中使用产品，并面临各种挑战和机会。

故事板的制作通常开始于手绘草图，描述关键的用户行为和情境。这些草图可能会被进一步细化或转化为数字图形。故事板不仅帮助设计团队理解用户需求，还为交叉功能团队提供了一个共同语言，确保每个人都对产品的目标和方向有清晰的认识。此外，故事板也是一个极佳的沟通工具，能够帮助团队与利益相关者、客户或投资者共享设计概念和愿景。

4. 角色扮演

角色扮演的起源可追溯至戏剧和心理治疗人们通过扮演特定角色来探索和理解人们的

情感和行为。在设计领域,角色扮演成了一种强大的工具,使设计者能够从第一人称的角度体验产品或服务,从而更直接地了解用户可能遇到的问题和困惑。

进行角色扮演时,团队成员会扮演不同的用户角色,模拟真实的情境和任务,如使用一个新应用来完成购物、在没有指示的情况下组装一个家具等。其他团队成员可能会观察这些模拟,记录关键的观察和反馈。角色扮演可以揭示真实使用中可能遇到的问题,如界面的困惑、指示的模糊或工具的不便。

(三)原型制作的注意事项

在原型制作阶段,设计者需要注意以下几个方面。

1. 简化

原型设计不是关于精细和完美,而是关于表达核心观念和功能。在设计过程中,避免过于复杂的细节可以帮助团队和利益相关者专注于关键功能和交互。这种简化的方法有助于提高效率,让团队能够迅速捕捉和迭代核心概念。

2. 快速迭代

原型设计的核心思想是快速失败,从而快速学习。每个迭代都提供了一个学习机会,设计者可以了解哪些方面工作得很好,哪些方面需要改进。速度可以帮助团队尽快获得反馈,进行必要的调整。

3. 用户体验

尽管原型可能是简化或初步的,但它仍然需要传达一个清晰的用户体验。此时收集用户的反馈尤为重要,因为它可以为后续的设计决策提供宝贵的见解。

4. 材料选择

原型可以采用不同的材料进行制作,如纸质原型、3D打印原型、互动原型等。设计者需要根据实际情况选择适合的材料。选择正确的原型材料可以帮助团队更加有效地传达设计的意图。例如,纸质原型可能更适合早期的概念验证,而数字原型则更适合测试特定的用户交互。

5. 保持简洁

原型应该尽可能地简洁和易于理解,不要陷入细节和技术的深度,重点落在用户需求和体验。一个拥挤、复杂的原型可能会混淆或误导用户和利益相关者。简洁的设计能够确保团队和测试用户都明确理解原型的目标和功能。

6. 确保可行性

原型的目的是展示一个概念的实际应用。这意味着,设计中的每个元素,无论是功能、形状还是尺寸,都必须是实际可实现的。团队需要与工程师或其他实施专家紧密合作,确保设计是实际可行的。在制作原型的过程中,设计者需要确保原型的可行性,即是否可以实现该设计方案。如果原型不可行,设计者需要及时进行调整,以保证最终设计方案的可行性。

7. 测试与验证

原型制作完成后,需要进行测试和验证,以检查原型的功能、性能和用户体验是否满足需求。如果原型存在问题,需要及时进行修改和改进。测试不仅仅是为了检查功能性,它也提供了关于用户接受度、易用性和效率的重要反馈。通过测试,设计者可以了解原型的长处和短处,并据此做出决策。

8. 不断迭代

设计思维强调的是持续的学习和改进。原型是实现这一过程的工具，允许团队不断地优化和完善其设计，以更好地满足用户的需求和期望。这种迭代过程鼓励团队与用户建立持久的关系，确保设计始终与用户的需求保持一致。

总之，原型制作是一个非常重要的阶段，它是将设计思维转化为实际可行的产品或服务的关键一步。设计者需要注重用户体验和可行性，保持简洁和快速迭代，并不断进行测试和验证，以最终实现一个满足用户需求和期望的设计方案。

五、测试和反馈

测试和反馈是设计思维流程中至关重要的步骤。在这个阶段，设计团队将已制作的原型提交给实际用户，以评估其效果并收集宝贵的反馈。这一步不仅确认设计是否满足用户需求，还提供了对原型改进和完善的机会。

（一）测试的准备

1. 选择正确的参与者

选择正确的测试参与者是确保有效和真实反馈的关键。为了获得有代表性和多元化的数据，设计者需要明确目标用户的特性并确保所选的参与者涵盖了这些特性。同时，选择能够清晰表达自己观点的参与者也是至关重要的，因为他们能够提供更具洞察力的反馈。为避免偏见，设计者应避免选择与项目或公司有直接关系的人，并结合多种筛选方法来寻找合适的参与者。需要注意的是，与参与者进行前期沟通和建立信任关系是确保真实和开放反馈的基础。

2. 模拟真实环境

模拟真实环境在产品测试中是至关重要的。这是因为真实环境中的各种细微变量，如外部噪声、光线、设备限制或用户当时的心情状态，都可能对用户体验产生深远的影响。为了获得真实和准确的用户反馈，测试应当尽可能接近实际使用场景。这意味着如果产品是为户外设计的，那么应在户外进行测试；如果是长时间使用的应用，测试也应持续相应的时间。只有这样，才能确保我们获得的数据真实反映了用户在现实生活中使用产品时的体验，从而为产品的优化提供有价值的指导。

3. 准备测试材料

在进行用户测试时，适当地准备测试材料至关重要，这确保了测试的有效性和准确性。首先，有一个清晰的测试指南或脚本可以为整个测试过程提供结构，并确保每位参与者遵循相同的流程。其次，一个功能齐全的原型允许用户在一个近似真实的环境中体验产品，从而提供有关其功能和使用性的宝贵反馈。最后，准备问卷或反馈表格可以确保收集到参与者的详细和具体的意见。如果可能，录像或录音可以捕捉到用户的即时反应，为后期的分析提供额外的见解。

（二）测试的实施

1. 观察与记录

在用户测试的实施过程中，观察与记录是核心的组成部分。观察者需细致地监控用户与产品或原型的每一次互动,捕捉他们的直观反应、使用流程和遇到的难点。与此同时,准确的记录确保了所有关键信息都被妥善地捕获,无论是通过时间戳、文字描述,还是音视频资料。这两个环节的结合为设计团队提供了宝贵的洞察,使其能够更深入地了解用户的真实需求和体验,进而优化产品并增强其用户友好性。

2. 开放性提问

开放性提问是用户测试中的一种关键技巧,旨在鼓励参与者不受约束地分享他们的感受、观点和建议。与封闭式或有限的问题不同,开放性提问避免了单一或预设的答案,从而促使用户更深入地探索和描述他们的体验。例如,提问"你如何描述你与这个功能的互动体验"会比简单询问"你喜欢这个功能吗"产生更多的见解。这种提问方式不仅揭示了用户的实际使用过程中的情感和感受,还可能暴露设计中未曾察觉的问题或机会,为产品的优化提供有价值的方向。

(三) 收集和分析反馈

1. 收集和分析用户的反馈

在用户测试结束后,收集和分析用户的反馈是至关重要的环节。对用户的反馈进行分析意味着深入挖掘其中的信息,解读参与者在测试过程中的行为、选择和意见。这不仅包括直接的评价和建议,还涉及对非言语信息、情感反应和使用难点的解读。分析的目的是找出模式、趋势和共同点,从而形成对产品或服务的全面认识。这样的洞察可以为设计团队提供明确的指导,帮助他们了解哪些功能受到欢迎,哪些地方需要改进,以及潜在的创新点在哪里。最终,这一步骤确保了设计团队能够基于真实的用户数据,而非仅仅是直觉,进行决策和优化。

2. 汇总关键发现

汇总关键发现是对用户测试反馈的结构化处理,帮助团队整理和突出那些最为核心的见解和建议。在这一阶段,设计者和研究员会筛选出所有反馈中的重点,对其进行归纳、分类并将其细分为明确的主题或类别。这不仅可以帮助团队快速地理解用户的主要关注点和问题领域,还为接下来的决策和产品迭代提供了结构化的参考。例如,所有关于用户界面的反馈可能会被归纳在一个类别下,而关于性能的反馈则归纳在另一个类别。这种汇总方式确保了所有的反馈都被妥善考虑,并为设计团队提供了一个清晰、有组织的视图,使他们能够明确下一步的优先事项和行动方向。

(四) 迭代与改进

1. 基于反馈进行优化

基于反馈进行优化是设计思维过程中至关重要的环节。当团队收集并分析了用户的反馈后,必须采取行动来改进和完善解决方案。这意味着需要对那些用户提到的问题点、疑虑或建议进行响应,并将这些见解转化为实际的设计改进。优化可能涉及对用户界面的调整、功能的添加或删除、对用户流程的重新设计等。关键在于,每一个修改的决策都应当基于真实的用户数据和观察,而不是基于团队成员的个人观点或偏好。此外,优化应当持续、迭代进行,确保产品或服务随着时间的推移不断进化和提升。最终,基于反馈的优化工作将产生一个更符合用户需求、更具吸引力和更高效的解决方案,从而提高用户满意度和产品的成功率。

2. 多次测试

多次测试是确保产品或服务达到其最佳状态的关键策略。一次测试往往只能捕捉到一部分的问题或需求,而通过反复的、迭代的测试,团队可以深入了解用户的行为和期望,不断地完善设计。每一次测试都会提供新的洞察和反馈,使设计团队得以修正前一轮可能遗漏或误解的问题。这样的重复过程不仅确保了设计的持续优化,还有助于建立一个与用户之间的持续对话,确保产品始终与市场和用户的变化保持一致。简言之,多次测试的目的是在产品发布之前消除尽可能多的潜在问题,确保最终提供给用户的是一个高质量、经过充分验证的解决方案。

💡 案例与解析

视频 1-2
What Is Design Thinking

一、案例1

IDEO 公司重新设计超市购物车

（一）案例材料

美国广播公司"夜线"（Nightline）与 IDEO 公司合作,用摄像机带领观众"亲眼看看创新的产生"——IDEO 设计师要在五天内重新设计超市购物推车。

第一天,跨学科创新团队成立。团队中,有人观察消费者的采购行为;有人钻研购物推车和相关技术;有人跑去请教采购和维修购物推车的专家;有人则到超级市场考察购物流程;有人甚至刺破了一些儿童座椅和娃娃车,研究其内部构造。通过一整天的"体察民情",创新团队基本确定了新的购物车要达到的三项目标:让采购更加便捷、让儿童更加安全、防止偷窃。

第二天上午,创新团队围绕第一天明确的三项目标展开了头脑风暴,经典的集体讨论原则被印在墙上,其中就包括"鼓励奇思妙想"和"不妄下结论"。成员们拿出带有各种颜色的便利贴和小玩意儿,以便刺激情绪,让各种新奇的想法充实大家的头脑。经过几个小时的讨论,当几百种奇异的点子和草案挤满了墙壁之后,大家开始投票选举最棒的设计,同时要注意它们不能太过理想化,因为必须在几天之内就能生产出来。

在第二天上午投票选取出代表性的创意之后,创新团队重新分组,与 IDEO 的机械师、模型制作师一起,限时 3 小时,开始动手制作第一轮模型。第一轮的几组模型各有千秋,创新团队结合这些模型的优点,就马不停蹄地开始了下一轮的模型制作。经过第三天、第四天的不断修改、迭代,创新团队终于在第五天的早晨交付了令人满意的成果。

当这辆全新设计的购物车出现在 Whole Foods 超市的购物通道上时,赢来了无数惊奇的目光:它不再是四四方方,而是拥有优雅流畅的线条;敞开式的框架使得五个手提篮可以灵活地放置于购物车的上下两层,这样购物者可以把购物车当作存储基地,只需要带着手提篮进入可能会有些拥挤的货架区拿取商品;儿童座位则借鉴了游乐园的安全护栏;车上还有一个用来结账的条码扫描头、两个咖啡杯座和可以巧妙调节方向的后轮;取下手提篮后的购物车只剩下几根铁架子,几乎派不上什么用场,可以有效规避被偷盗的风险,要知道以往有许多购物车都被偷走当储物篮或烧烤架了。

资料来源:购物车玩出新花样,向 IDEO 公司学习创新三步骤[EB/OL]. (2016-07-14)[2023-10-09]. https://www.sohu.com/a/105848156_264647.

（二）案例分析

IDEO 公司重新设计超市购物车的过程可以总结为以下几点。

研究和发现：IDEO 团队对购物车进行了大量的研究和观察，发现购物车存在的问题，例如购物车体积过大，不方便在商店内移动，容易翻倒等。

定义问题：在了解了购物车存在的问题后，IDEO 团队对问题进行了进一步的定义和分析，确定了购物车需要满足的基本需求和功能，如稳定性、安全性、便携性和易使用性等。

创意思考：基于问题定义和分析的基础上，IDEO 团队进行了创意思考，尝试提出多种不同的解决方案。在这一过程中，IDEO 团队采用了创意工具——头脑风暴法，帮助团队成员激发创造力和想象力，产生更多的创意。

原型制作：在创意思考的基础上，IDEO 团队对多种不同的购物车方案进行了原型制作和测试。他们采用了多种不同的原型制作方法，如 3D 打印、纸板模型和木板模型等。通过原型制作和测试，团队可以更好地了解每个方案的优缺点，并最终确定最适合的设计方案。

测试和反馈：最后，IDEO 团队进行了测试和反馈，邀请了多个人群对购物车进行测试，并听取他们的反馈和建议。通过测试和反馈，团队可以进一步完善购物车的设计，并最终确定了最终的购物车设计方案。

事实上，在设计了原型之后，IDEO 团队又对原型进行了多轮测试，从而发现并解决了一些潜在的问题。其中一项问题是购物车的底部容易变形，无法支撑重物。团队决定添加钢筋支撑来加固购物车的结构，并将原型进一步改进。最终，经过多次迭代和测试，IDEO 团队成功设计出了全新的购物车，并在 2007 年推向市场。这款购物车不仅在结构上更加稳固耐用，使用体验得到了显著改善，而且购物车的外形也更加现代化和时尚，受到了消费者的欢迎。

IDEO 团队重新设计超市购物车的成功案例，表明了设计思维方法在解决实际问题中的实用性和有效性。该方法不仅能够让设计师更好地理解用户需求和问题本质，还能帮助设计师通过迭代和测试不断改进设计方案，从而得到最终的成功解决方案。

二、案例 2

The Good Kitchen Story

（一）案例材料

The Danes, like citizens in most developed countries, recognized that the aging of their population presents many challenges. One of these is serving the more than 125,000 senior citizens who rely on government sponsored meals. Danish municipalities deliver subsidized meals to people who suffer from a reduced ability to function. Whether that is due to illness, age, or other conditions.

Many of these seniors have nutritional challenges and a poor quality of life simply because they do not eat enough. It is estimated that 60% of elders living in assisted living have poor nutrition, and 20% of elders are actually malnourished.

In response to this growing social problem, the municipality of Hustobrow decided to dedicate their efforts to improve meal service for seniors. And they invited Danish innovation firm Hatch & Bloom to work with them to figure out how to improve the

视频 1-3
ABC Nightline-IDEO Shopping Cart

nutrition of their elderly population.

The municipal leadership saw the project initially as straightforward. In order to get seniors to eat more, the current menu just needed to improve, and they wanted Hatch & Bloom to ask elderly clients about their menu preferences. This is a great example of how too narrow a definition of the problem to be solved can drive a lot of innovation right out the window before you even get started.

The opportunity turned out to be much greater. And what Hatch & Bloom ultimately produced was much more than just a new menu. It was a completely redesigned meal service that offered higher quality, more flexibility and increased choice. This dramatic reframing of the opportunity emerged from the user-centered design approach that Hatch and Bloom brought to the process, in which they discovered that merely fixing the menu wouldn't solve the nutrition problem.

Let us look at some specifics about how they did it. They began by exploring "Empathize". Digging deep into seniors' behaviors, needs, and wishes. Using observation and interviewing to identify their elderly clients' living situations and try to get at their unarticulated needs. The approach they chose to use was ethnographic. The specific tool they used was "Journey Mapping". Journey mapping follows a customer or stakeholder as they receive a product or service or go through a process. It pays attention to what designers call the job to be done. In some ways, journey mapping is not that different from the kind of flow charts or supply chains we might use in business, but there are some crucial differences. Journey mapping recognizes that most of us are trying to do jobs that are both functional and emotional. A lot of the unarticulated needs turn out to be on the emotional side, making this tool very valuable for uncovering hidden opportunities to create better value for people.

Hatch & Bloom used journey mapping to trace the experience of the elderly from beginning to end. They rode with food service employees who delivered the meal. They accompanied them into the homes. They watched as clients prepared the food, added ingredients, set the table, and then finally ate the meal. They also interviewed the supervisor of the food preparation process in her workplace. And what they saw in the kitchen surprised them. Working in a public service kitchen was a low status job in Denmark and kitchen employees seemed demoralized and unmotivated. It was not going to be enough to focus on the needs of the elderly team members realized. They would need to address the problems of the employees producing the meals as well. And so, the team decided it was important to broaden the scope of the project beyond just improving the menu and they helped the municipal officials understand why this was necessary. From this dual focus on the people preparing the meals and, on the seniors, receiving them, a set of interesting insights began to emerge. They discovered that both the seniors and the kitchen workers had important emotional needs that were not being met. They were both experiencing feelings of disconnection and alienation. The social stigma of even having to receive such assistance weighed heavily on the clients.

1. They were embarrassed. Help for cleaning was considered acceptable in Danish culture. But help for more personal needs was much less so. It also mattered who was providing the help. In Denmark, a senior hoped to receive assistance from a relative or friend. If that was not possible, perhaps one could hire someone. But it was the last resort to receive assistance from the government.

2. Also painful to seniors was the loss of control over their food choices. "We discover that deciding what kind of food they put in their mouths was the second most important thing for the elderly after taking care of their personal hygiene", the head of the Hatch & Bloom team said.

3. They hated eating alone, because it reminded them that their families were no longer around.

All of these factors contributed directly to the nutrition problem and put it in a broader context. The less they enjoyed their situations, the smaller their appetites.

The kitchen workers, Hatch & Bloom learned, were making the same boring, low-cost meals over and over, not because they lack skills or because they just did not care, but because of the perceived economic and logistical constraints that prevented them from doing something more interesting.

The team also found positive things however. They discovered that the generation of seniors they studied was very responsible and capable in the kitchen. And had a key sense of the seasons and positive associations with seasonal food such as apples in the fall and strawberries in the summer. They also often tried to customize their meals by adding spices or using their own potatoes or vegetables. The Hatch & Bloom team also discovered that the kitchen workers really did care and wanted to do a good job.

Once team members had finished their ethnographic research, they moved into the "Ideate" stage. For this, they wanted to enlist a broader group of stakeholders in understanding the nature of the challenges and participating in creating a new and better meal service. They wanted to co-create with their important stakeholders. To accomplish this, they had a series of workshops that brought together a diverse set of stakeholders. It included public officials, volunteers, experts in elderly issues, kitchen workers, and employees of residential care facilities. Together, they reviewed the ethnographic research and developed insights and design criteria to form idea generation. This kind of co-creation is another important design tool. Inviting stakeholders into the creation process creates ownership and engagement, as well as producing better ideas. The co-creation tool will turn out to be useful in every one of the four questions, as you will see later. In the second question, Hatch & Bloom used a brainstorming process in which facilitators used analogies as trigger questions to help shift participant's mental models of food service as they generated ideas. The facilitators asked participants to think of the kitchen as a restaurant. Triggering a creative rush. The kitchen workers, they assumed then, must be the chefs. And if they were the chefs, who were the waiters? This began to bring ideas like the condition of the vehicles used for meal delivery into the discussion. They continued to work with the restaurant analogy as they considered the food itself. Until that point, the menus had been minimalist factual descriptions of the food, perhaps detailing how it was prepared. For instance, one item read liver potatoes and sauce. That is not exactly a description that will make your mouth water, is it? But now participants in the workshop started to wonder, maybe we should look at actual restaurant menus. Maybe we should describe our meals in a completely different, more enticing way.

The third workshop moved them into the what wows stage, and continued to emphasize the design tool of co-creation. But this time, co-creation was used to test ideas rather than generate them. This third workshop was much more hands on. And involved prototyping at least in a rough way, the solutions coming out of the what if workshops. For example, Hatch & Bloom worked with participants on three different versions of the menu. Asking them which they liked and how they felt about various aspects such as the colors they favored and whether they preferred photos or illustrations. They used a design tool called visualization to make these different options feel more real to participants. Visualization is one of the essential design tools. It is not about drawing, a skill that many of us don't have. It is about using imagery to make an abstract idea more public and more concrete, so that it will be more visible, clear, and understandable to others. Hatch & Bloom did not talk to people about the different options. They showed them the different options. They then moved into what works. Testing prototypes with different combinations and ways of presenting the food with actual customers. The learning from this initial set of experiments, resulted in a second project with some quick packaging design changes that allowed for more modular meals, where components were separated instead of being mixed together. The process also yielded new uniforms for employees and a new name, the Good Kitchen, that reflected everybody's aspirations. It also included new communication channels using newsletters and comment cards to keep clients and the kitchen staff in close touch with each other. And so, a process that began with a simple mandate, fix the menu, evolved into something much more significant as it moved through the five stage of design thinking. Using design tools like journey mapping, co-creation, prototyping and experimentation. That process yielded a host of dramatic changes. A new menu, new uniforms for staff, new feedback mechanisms. But equally important it made everyone involved cognoscente of the real people they were serving or being served by. Today who is to browse seniors know who is shaping their meatballs and preparing the gravy in the kitchen. And this relationship between the kitchen staffs and the customers. Which is now both personal and professional, has increased greatly the satisfaction of both. The results spoke for themselves. Reorganizing the menu and improving the descriptions of the meals drove a 500% increase in meal orders in the first week alone. But the results were much more about the number of meals served. One of the most important elements of the transformation was this shift in employees' perception of themselves and their work. The kitchen workers are now much more satisfied and motivated. As a result, customers are happier with their food. If you have professional pride, you will also cook good food.

（二）案例分析

Good Kitchen 是一家为年长者提供订餐服务的公司，致力于提供高质量的食品，使年长者保持健康饮食和社交活动。Good Kitchen 使用设计思维方法解决了年长者面临的问题。该公司通过在人类中心的设计方法中深入了解用户的需求和生活方式，创建了一个能够满足他们需要的创新的订餐服务。

Good Kitchen 的设计思维方法包括以下五个主要阶段。

1. 探索用户需求

使用人类中心的方法探索用户的需求、生活方式和愿望。Good Kitchen 使用 journey mapping 工具来跟踪老年人的整个用餐体验，了解他们的功能和情感需求。

2. 定义问题

Good Kitchen 团队发现，许多老年人的饮食和社交需求都没有得到满足，所以他们把这些问题作为他们解决的问题。

3. 创造解决方案

Good Kitchen 团队制定了多种解决方案，包括增加餐点的灵活性和选择性、提高食品质量和服务水平，并创建一个社交平台，让老年人可以一起用餐。

4. 原型制作

Good Kitchen 团队建立了一个可行性的原型，包括新的菜单和服务，同时加入了社交因素。他们测试了原型，并通过对老年人和员工的反馈不断完善它。

5. 推广实施

Good Kitchen 团队最终实施了他们的解决方案，包括新的菜单、社交平台和高质量的服务水平。他们还与政府合作，拓展了他们的服务，使更多的老年人能够受益。

在这个设计思维的过程中，Good Kitchen 团队使用了一系列的设计工具和方法，如 journey mapping 工具、人物画像和创意会议等。这些工具和方法帮助他们更好地理解老年人的需求和挑战，从而制定出最优的解决方案。

延伸阅读

How Reframing A Problem Unlocks Innovation

By Tina Seelig on 4 April, 2013

"What is the sum of 5 plus 5?"

视频 1-4
GoodKitchen

延伸阅读 1-1
重新构架问题如何解锁创新

"What two numbers add up to 10?"

The first question has only one right answer, and the second question has an infinite number of solutions, including negative numbers and fractions. These two problems, which rely on simple addition, differ only in the way they are framed. In fact, all questions are the frame into which the answers fall. And as you can see, by changing the frame, you dramatically change the range of possible solutions. Albert Einstein is quoted as saying, "If I had an hour to solve a problem and my life depended on the solution, I would spend the first fifty-five minutes determining the proper question to ask, for once I know the proper question, I could solve the problem in less than five minutes."

We create frames for what we experience, and they both inform and limit the way we think.

Mastering the ability to reframe problems is an important tool for increasing your imagination because it unlocks a vast array of solutions. With experience, it becomes quite natural. Taking photos is a great way to practice this skill. When Forrest Glick, an avid photographer, ran a photography workshop near Fallen Leaf Lake in California, he showed the participants how to see the scene from many different points of view, framing and reframing their shots each time. He asked them to take a wide-angle picture to capture the entire scene, then to take a photo of the trees close to shore. Forrest then asked them to bring the focus closer and closer, taking pictures of a single wildflower, or a ladybug on that flower. He pointed out that you can change your perspective without even moving your feet. By just shifting your field of view up or down, or panning left or right, you can completely change the image. Of course, if you walk to the other side of the lake, climb up to the top of one of the peaks, or take a boat onto the water, you shift the frame even more.

A classic example of this type of reframing comes from the stunning 1968 documentary film *Powers of Ten*, written and directed by Ray and Charles Eames. The film, which can be seen online, depicts the known universe in factors of ten:

Starting at a picnic by the lakeside in Chicago, this famous film transports us to the outer edges of the universe. Every ten seconds we view the starting point from ten times farther out until our own galaxy is visible only as a speck of light among many others. Returning to earth with breathtaking speed, we move inward-into the hand of the sleeping picnicker-with ten times more magnification every ten seconds. Our journey ends inside a proton of a carbon atom within a DNA molecule in a white blood cell.

This magnificent example reinforces the fact that you can look at every situation in the world from different angles, from close up, from far away, from upside down, and from behind. We are creating frames for what we see, hear, and experience all day long, and those frames both inform and limit the way we think. In most cases, we do not even consider the frames—we just assume we are looking at the world with the proper set of lenses. However, being able to question and shift your frame of reference is an important key to enhancing your imagination because it reveals completely different insights. This can also be accomplished by looking at each situation from different individuals' points of view. For example, how would a child or a senior see the situation? What about an expert or a novice, or a local inhabitant versus a visitor? A wealthy person or a poor one? A tall person or a short one? Each angle provides a different perspective and unleashes new insights and ideas.

At the Stanford d. school, students are taught how to empathize with very different types of people, so that they can design products and experiences that match their specific needs. When you empathize, you are, essentially, changing your frame of reference by shifting your perspective to that of the other person. Instead of looking at a problem from your own point of view, you look at it from the point of view of your user. For example, if you are designing something, from a lunch box to a lunar landing module, you soon discover that different people have very diverse desires and requirements. Students are taught how to uncover these needs by observing, listening, and interviewing and then pulling their insights together to paint a detailed picture from each user's point of view.

Another valuable way to open the frame when you are solving a problem is to ask questions that start with "why". In his need-finding class, Michael Barry uses the following example: If I asked you to build a bridge for me, you could go off and build a bridge. Or you could come back to me with another question: "Why do you need a bridge?" I would likely tell you that I need a bridge to get to the other side of a river. Aha! This response opens up the frame of possible solutions. There are clearly many ways to get across a river besides using a bridge. You could dig a tunnel, take a ferry, paddle a canoe, use a zip line, or fly a hot-air balloon, to name a few.

You can open the frame even farther by asking why I want to get to the other side of the river. Imagine I told you that I work on the other side. This, again, provides valuable information and broadens the range of possible solutions even more. There are probably viable ways for me to earn a living without ever going across the river.

The Simple Process of Asking "Why" Expands The Landscape of Solutions for A Problem

The simple process of asking "why" questions provide an incredibly useful tool for expanding the landscape of solutions for a problem. Being able to look at situations using different frames is critically important when tackling all types of challenges. Consider the fact that before 1543, people believed that the sun and all the planets revolve around the earth. To all those who looked to the sky, it seemed obvious that the earth was the center of the universe. But in 1543, Copernicus changed all of that by proposing that the sun is actually at the center of the solar system. This was a radical change in perspective or frame that resulted in what we now call the Copernican revolution. This shift in point of view, in which the earth is seen as but one of many planets circling the sun, dramatically changed the way individuals thought about the universe and their individual roles within it. It opened up the world of astronomy and provided a new platform for inquiry. You, too, can spark a revolution by looking at the problems you face from different perspectives.

Some artists and musicians specialize in shifting our frame of reference to encourage us to see the world with fresh eyes. M. C. Escher, for example, is famous for graphic art in which he plays with perception, challenging us to see the foreground as the background and vice versa. In one of his famous works, the foreground and background consist of fish and birds. As you view the image from top to bottom, the birds in the foreground recede into the background as the fish in the background emerge. Another example comes from the composer John Cage, who created a work called 4'33 (pronounced "four minutes, thirty-three seconds"). It was composed in 1952 for any instrument or combination of instruments. The score instructs the performers to sit quietly, not playing their instruments for the entire duration of the piece. The goal is for the audience to focus on the ambient sounds in the auditorium rather than performed music. This controversial piece is provocative in that it shifts our attention to the sounds with which we are surrounded all the time.

Another musical example involves the renowned violinist, Joshua Bell. He normally plays to packed houses of patrons who pay hundreds of dollars to see him perform. In 2007, Washington Post columnist Gene Weingarten asked Bell to play in the Metro subway station in Washington, D. C. , to see how people would respond to him in a different context. He was dressed casually, wearing a baseball cap, while he played a magnificent piece of music on his Stradivarius violin. Weingarten placed a hidden camera in the station to watch the response of those who passed by. Among 1,097 people who saw Bell that day, only 7 of them stopped to listen, despite the fact that he was playing the same music he plays on stage. For his 45-minute performance, Bell earned only \$32.17 in tips, including \$20 from someone who recognized him. When he performed in this unconventional context, and the audience was not seated in an auditorium, despite the beauty of his music, listeners barely noticed his existence. In these new frames, passersby did not see Bell in the same light that they saw him when illuminated on stage.

We can practice shifting frames every day. For instance, turn a rock or piece of driftwood into art by placing it on display. Look at the young assistant in your office as a future CEO. Or, sit on the floor to see how a young child sees the world. Another way to shake up your frame of reference is to change your environment altogether. A wonderful example is described by Derek Sivers, founder of CD Baby, in his TED talk called "Weird, or Just Different?" He described the way cities in Japan are organized. Instead of naming the streets and numbering the buildings as we do in the United States, in Japan the city blocks are numbered. The streets are seen as the spaces in between the blocks. In addition, on each block buildings are numbered in the order of when they were constructed rather than where they are located. This appears to be intuitive for those who have grown up in the neighborhood and have watched all the buildings go up over time. This example points to the fact that the way we do most things is arbitrary. It is up to you to see the discretionary nature of many of your choices and to find a way to shift your point of view so that you can uncover alternative approaches.

We make the mistake of assuming that the way we do things is the one right way. For example, we believe that specific types of clothing are appropriate for different occasions, we have preconceived ideas about how to greet someone, and we have fixed ideas about what should be eaten at each meal of the day. However, a quick trip to China, Mexico, Pakistan, or South Korea reveals completely different norms in all of these areas. If you go to a restaurant for breakfast in China, for instance, you will probably be served rice porridge flavored with shrimp or "thousand-year-old" eggs; in Mexico you might be served an omelet with huitlacoche, a delicacy made from corn smut; in Pakistan you could get soup made from the head and feet of a goat; and in South Korea you will certainly be served fermented vegetables.

On the topic of food, some innovative chefs are completely reframing what a restaurant is and what it could be. Instead of places that will attract customers for a long time and build a loyal following, some chefs are setting up "pop-up" restaurants that are designed to exist for a short period of time and then disappear. These flash restaurants are more like theater performances. This reframing shifts the possibilities for restaurant decor, menu, serving staff, and advertising strategy.

This type of thinking can be applied to any industry anywhere in the world. For example, the directors of the Tesco food-marketing business in South Korea set a goal to increase market share substantially and needed to find a creative way to do so. They looked at their customers and realized that their lives are so busy that it is actually quite stressful to find time to go to the store. So, they decided to bring their stores to the shoppers. They completely reframed the shopping experience by taking photos of the food aisles and putting up full-sized images in the subway stations. People can literally shop while they wait for the train, using their smartphones to buy items via photos of the QR codes and paying by credit card. The items are then delivered to them when they get home. This new approach to shopping boosted Tesco's sales significantly.

All Companies Need to Continually Reframe Their Businesses in Order to Survive

Reframing problems is not a luxury. On the contrary, all companies need to continually reframe their businesses in order to survive as the market and technology change. For example, Kodak defined its business as making cameras and film. When digital cameras made film photography obsolete, the company lost out badly, because it was not able to open its frame early enough to see its business as including this new technology. On the other hand, Netflix began delivering DVDs of movies by mail. It framed its goals much more broadly, however, seeing itself as in the movie-delivery business, not just the DVD-delivery business. When technology allowed online delivery of movies, it was poised to dominate in this new arena, too. We are also seeing the same thing happen with books. Amazon was originally set up to deliver hard copies of books, but it has enthusiastically reframed its business and embraced the sale of electronic books, and even designed its own digital book reader.

Framing and reframing of problems also opens up the door to innovative new ventures. Scott Summit, the founder of Bespoke, created a brand-new way to envision prosthetics for people who have lost a limb. The word "bespoke" comes from Old English and means "custom-tailored". That is exactly what his company does: It makes custom-tailored limbs for those who have lost them. Summit's biggest insight was that some people with artificial limbs are embarrassed by their disability and want to hide their unsightly artificial limbs as much as possible. He reframed the problem by looking at an artificial limb not just as a functional medical device but as a fashion accessory. Essentially, he decided to make prosthetics that are cooler than normal limbs.

Bespoke makes its customized limbs using a brand-new technique for 3D printing. Its designers first do a 3D scan of the surviving limb to make sure that the new limb is completely symmetrical with the surviving one. After they print the new limb, they cover it with materials that match the user's lifestyle. For example, a new leg can be designed to look like a leather cowboy boot, or it can be covered in brushed chrome to match the user's motorcycle, or it can be cut out to look like lace to match a fashionable dress. Not only is the leg functional but the wearer is actually proud to display it publicly. Essentially, the prosthetic was transformed from a medical device into a fashion statement.

Innovative educators are also reframing what it means to be a teacher and to be a student. In a standard history class, for example, students are traditionally given textbooks that are filled with facts and dates, and they are charged with memorizing the information. But if you step back and reconsider the goal, you might design the classroom experience completely differently. This is exactly what was done in the Unified School District in San Francisco. Faculty from the School of Education at Stanford University designed a brand-new history curriculum that dramatically changes the students' points of view. Instead of being passive students, they become active historians.

According to Deborah Stipek, the dean of the School of Education at Stanford University, instead of textbooks, high-school students are now given original sources to study, such as copies of letters from a wide range of people who lived during the period being studied, historical maps of the region, and local newspaper articles that covered the story from different perspectives. In the new "reading like a historian" project, led by Abby Reisman and Sam Wineburg, the students get to study the information from all different points of view and come up with their own opinions about what really happened during that period. They discuss and debate the issues with their classmates. Not only does this approach provide a much deeper understanding of the material, but the students also make insightful connections and discoveries, which propels them to discover even more.

When evaluated on the mastery of the factual material, the students in the history classes that used original sources did better than those who were in standard classes using textbooks. Beyond the test scores, there were many other benefits. These students were more engaged and much more enthusiastic about history. They viewed themselves as historical investigators and gained critical-thinking skills that they would never have learned had they merely memorized a list of facts. By redesigning the way history is taught, giving students diverse and often contradictory information, we help students learn how to look at the world with different frames of reference.

There are some entertaining ways to practice changing your perspective. One of my favorites is to analyze jokes. Most are funny because they change the frame of the story when we least expect it. Here is an example:

Two men are playing golf on a lovely day. As the first man is about to tee off, a funeral procession goes by in the cemetery next door. He stops, takes off his hat, and bows his head.

The second man says, "Wow, you are incredibly thoughtful."

The first man says, "It's the least I could do. She and I were married for 25 years."

As you can see, the frame shifts in the last line. At first the golfer appears thoughtful, but he instantly turns into a jerk when you learn that the deceased person was his wife.

Another classic example comes from one of the Pink Panther movies:

Inspector Clouseau: Does your dog bite?

Hotel clerk: No.

Clouseau: [bowing down to pet the dog] Nice doggie. [The dog bites Clouseau's hand.]

Clouseau: I thought you said your dog did not bite!

Hotel Clerk: That is not my dog.

Again, the frame shifts at the end of the joke when you realize they are talking about two different dogs. Take a careful look at jokes, and you will find that the creativity and humor usually come from shifting the frame.

Reframing problems takes effort, attention and practice, and allows you to see the world around you in a brand-new light. You can practice reframing by physically or mentally changing your point of view, by seeing the world from others' perspectives, and by asking questions that begin with "why". Together, these approaches enhance your ability to generate imaginative responses to the problems that come your way.

 课堂活动

活动名称： 改善学生食堂用餐体验

活动目标： 通过实践活动，帮助学生学会运用设计思维解决学生食堂用餐体验问题，培养他们的创新思维和解决问题的能力。

活动步骤：

（1）学生食堂用餐问题定义。学生分成若干小组，每个小组选择一个具体的学生食堂用餐问题，如排队时间长、食物选择不够多样化等。要求明确问题的定义和关键挑战。

（2）用户洞察与需求分析。小组成员进行用户访谈或观察，了解学生对食堂用餐体验的需求和痛点。收集关于用餐环境、食物质量、服务等方面的信息。

（3）创新设计思考。引导学生运用设计思维的基本步骤，如问题定义、观察与研究、头脑风暴、原型制作和测试等，来生成创新解决方案。

（4）创意头脑风暴。小组成员合作进行头脑风暴，提出各种创意和解决方案。鼓励学生跳脱常规思维，提出多样化和创新的改善食堂用餐体验的方案。

（5）原型制作与测试。每个小组选择最有潜力的创意，制作简单的原型或模型，并进行测试和评估。鼓励学生关注用户体验、可行性和可持续性等方面。

（6）方案分享与反馈。每个小组派出一名代表，向全班展示他们的创新设计方案，并解释他们运用设计思维的过程和所选的解决方案。其他小组成员提供反馈和建议。

（7）方案改进与总结。小组成员根据反馈和讨论，改进他们的设计方案。他们可以优化方案的细节和可行性，并总结设计思维的应用体验和学习。

 课后思考

1. 什么是人本主义设计？在实际设计中，如何将人本主义设计的理念融入设计中？

2. 什么是设计思维？你认为设计思维与其他思维方式（如科学思维、逻辑思维等）有何不同？

3. 什么是原型设计？你认为在设计过程中，为什么要进行原型设计？如何进行原型设计？

4. 什么是用户体验设计？在产品设计中，如何更好地考虑用户体验？请列举一些实际的例子。

5. 你认为设计思维在哪些领域中具有应用价值？请列举一些实际的例子。

第二章 商业模式及其创新

 学习目标

1. 理解商业模式创新的内涵、特点以及实现方式。
2. 了解和分析商业模式创新在不同领域的应用实例,如实体零售、电子商务、O2O、快时尚等不同类型的商业模式。
3. 通过分析多个真实案例,深入理解商业模式画布在实际商业活动中的应用。

 案例

咖啡 DTC 品牌三顿半

根据 Frost & Sullivan 数据,中国咖啡消费总杯数从 2013 年 44 亿杯/人均 3.2 杯增长到 2020 年 112 亿杯/人均 8.8 杯,市场规模从 2015 年的 467 亿元增长至 2020 年的 815 亿元,预计 2025 年将破 2 000 亿元。如表 2-1 所示,中国咖啡市场 2015—2020 年复合年增长率(CAGR)为 13.8%,位列软饮行业 Top1,预计 2020—2025 年复合年增长率为 17.2%,增速更大幅度领先其他软饮品类,这反映了咖啡行业具高成长属性。中国咖啡市场的迅猛增长为众多品牌提供了巨大的发展机遇。

表 2-1 中国软饮品类 2015—2020 年复合年增长率(CAGR)数据

软饮品类	2015—2020 年 CAGR	预计 2020—2025 年 CAGR
茶	9.8%	14.6%
瓶装水	9.7%	7.3%
蛋白饮料	3.3%	4.3%
果汁	2.0%	6.9%
碳酸饮料	3.0%	2.8%
能量运动饮料	11.7%	9.8%
咖啡	13.8%	17.2%

(续表)

软饮品类	2015—2020 年 CAGR	预计 2020—2025 年 CAGR
其他	−1.7%	1.0%
总计	6.5%	9.6%

在这样的大背景下,三顿半咖啡品牌凭借其独特的商业模式创新,在竞争激烈的市场中脱颖而出。三顿半于2015年成立,最初的定位是填补咖啡馆与传统速溶咖啡之间的市场空白,提供更接近现磨咖啡的便捷产品。2018年,三顿半在天猫开设了第一家旗舰店,当年增长率达到惊人的373.7%,在线上增速远超星巴克等传统咖啡品牌。2019年至2021年的各大购物节,如"双11"和"618",三顿半的销量持续领先。

当麦当劳、肯德基、全家、中石化等玩家纷纷加入咖啡赛道,让现磨咖啡成为主流,创立于2015年的三顿半却另辟蹊径,以精品速溶咖啡为核心产品,仅用短短5年时间登顶咖啡类目榜首,三顿半究竟做对了什么?

1. 产品创新与市场定位

三顿半突破了传统速溶咖啡的限制,创新采用低温萃取工艺,提供接近现磨咖啡的口感和便捷性。这一创新不仅满足了市场对高品质即饮咖啡的需求,也填补了速溶咖啡和精品咖啡之间的市场空白。

2. 用户驱动的产品迭代

三顿半实施了"领航员计划",与用户紧密合作,不断收集反馈来优化产品。这种需求驱动的创新方式使三顿半能够快速应对市场变化,保持产品的竞争力。

3. 内容营销与社交种草

在营销上,三顿半通过社交媒体和KOL合作,侧重于创造优质内容来吸引和参与用户。品牌在小红书、微博等平台上展示不同的消费场景,利用用户生成内容(UGC)进行口碑传播,有效地扩大了品牌影响力。

4. 数据驱动的销售策略

通过分析大数据,三顿半精准地确定了消费者形成咖啡消费习惯的关键指标,据此设计了产品包装和促销策略,提高了销售效率。

5. 创新的分销模式

三顿半利用直接面向消费者(DTC)的模式,减少中间环节,直接与消费者沟通和销售。这种模式使品牌能够更快地响应市场需求,同时增强了用户的品牌忠诚度。

三顿半咖啡通过其独特的商业模式创新,在竞争激烈的市场中取得了显著成功,成为中国咖啡行业的一个杰出案例。这一成功不仅体现在其快速的市场占有率增长和品牌影响力的扩大上,还表现在对整个行业趋势的引领和改变上。三顿半的故事突显了创新在商业成功中的重要性,尤其是在快速变化和高度竞争的市场环境中。品牌通过精准的市场洞察、灵活的运营策略以及与消费者的紧密互动,不仅满足了市场的现有需求,还预见并引导了消费者的潜在需求。

资料来源:创新社区. 咖啡DTC品牌三顿半10倍超速增长的三大策略[EB/OL]. (2023-01-06)[2023-10-11]. https://runwise.co/dtc/170654.html.

思考：
1. 三顿半的商业模式是怎样的？
2. 你如何看待三顿半未来的市场前景？

第一节　商业模式创新概述

一、商业模式的定义

关于商业模式的定义，不同学者和专家给出了不同的看法，如表 2-2 所示。

表 2-2　商业模式定义汇总

序号	学者（年）	定义
1	Geoffrey Colvin（2001）	商业模式就是企业赚钱的方式
2	王波，彭亚丽（2002）	企业在动态的环境中怎样改变自身以达到持续盈利的目的
3	Rappa（2002）	企业如何通过价值链定位赚钱
4	魏炜，朱武祥（2010）	商业模式本质上就是利益相关者的交易结构
5	Petrovic（2001）	通过一系列业务过程创造价值的商务系统
6	Chesbrough Rosenbloom（2002）	商务模式是连接技术开发和经济价值创造的媒介
7	袁新龙，吴清烈（2005）	商业模式可以概括为一个系统，由不同部分、各部分之间的联系及其互动机制组成，是指企业能为客户提供价值，同时企业和其他参与者又能分享利益的有机体系
8	芮明杰（2010）	商业模式包括企业经营的环境、企业需要实现的财务目标，以及在给定环境中实现既定的财务目标所需要的内部活动和能力。商业模式是一种系统的设计，用于衡量和打造一家企业的健康状况和盈利方法
9	Weil 和 Vital（2002）	在一家企业利益相关者中，如消费者、联盟和供应商之间识别产品流、信息流、货币流和参与者主要利益的角色和关系
10	Allan Afuah（2003）	互联网商业模式是企业利用互联网在长期内获利的方法，它是一个系统，包括各组成部分、连接环节以及动力机制
11	Osterwalder, Pigneur Tucci（2005）	商业模型是一个理论工具，它包含大量的商业元素及它们之间的关系，并且能够描述特定企业的商业模式。它能显示一家企业在以下一个或多个方面的价值所在：客户、公司结构以及以营利和可持续性营利为目的，用以生产、销售、传递价值及关系资本的客户网
12	李政勇（2009）	为实现客户价值最大化，把能使企业运行的内外各要素整合起来，形成一个完整的、内部化的或利益相关的、高效率的、具有独特核心竞争力的运行系统，并通过最优实现形式满足客户需求、实现客户价值，同时使系统达成持续盈利目的的整体解决方案

(续表)

序号	学者(年)	定义
13	马格利,杜波森(2002)	企业为了进行价值创造、价值营销和价值提供所形成的企业结构及其合作伙伴网络,以产生有利可图且得以维持收益流的客户关系资本
14	托马斯(2001)	商业模式是开办一项有利可图的业务,是涉及流程、客户、供应商、渠道、资源和能力的总体构造
15	Morris(2003)	商业模式是一种简单的陈述,旨在说明企业如何对战略方向、运营结构和经济逻辑等方面具有内部关联性的变量进行定位和整合,以便在特定的市场上建立优势

资料来源:方志远.商业模式创新战略[M].北京:清华大学出版社,2014.

综合上述定义,商业模式是指一个组织在何时(when)、何地(where)、为何(why)、如何(how)和多大程度(how much)地为谁(who)提供什么样(what)的产品和服务(即7W),并开发资源以持续这种努力的组合。

上述7W商业模式框架,具体如下:

何时(when):确定产品或服务的时间框架,包括销售季节、推出新产品的时机等。

何地(where):确定产品或服务的销售地点、分销渠道、物流网络等。

为何(why):明确产品或服务的核心价值主张,为什么人们需要这种产品或服务,如何满足市场需求。

如何(how):描述企业如何生产产品或提供服务,以及如何与客户互动,包括市场营销、销售和客户服务等方面的策略。

多大程度(how much):描述产品或服务的范围和规模,包括生产能力、销售目标、市场份额等方面。

为谁(who):定义目标客户群体,确定企业的目标客户是谁,包括年龄、性别、地域、收入水平、购买能力等方面。

什么(what):定义企业提供的产品或服务,包括产品或服务的特点、定位、定价策略等方面。

二、商业模式的本质

商业模式的本质可以概括为以下三个方面。

1. 价值主张

商业模式的核心是企业向客户提供的价值主张,也就是企业能够解决客户问题或满足客户需求的方式。价值主张包括产品或服务的特点、定价策略、品牌形象等,它们决定了客户为什么选择企业的产品或服务。

2. 价值链

商业模式是由一系列的活动构成的,这些活动被称为价值链。价值链包括产品研发、生产、销售、物流等环节,以及与客户的互动、服务等环节。商业模式通过优化价值链的各个环节来提高效率、降低成本、提高竞争力。

3. 盈利模式

1997年，硅谷最著名的风险投资顾问之一——罗伯森·斯蒂文对商业模式的本质进行了精准概括，一块钱通过你的企业绕了一圈，变成一块一毛钱，商业模式是指这一毛钱在什么地方增加的。商业模式的最终目的是创造利润。商业模式的盈利模式决定了企业如何赚取利润，包括定价策略、销售模式、收费模式等。盈利模式需要考虑企业的成本、客户的需求、市场的竞争情况等因素，以确保企业的盈利能力和可持续性。

三、商业模式创新的内涵及特点

（一）商业模式创新的内涵

商业模式创新是指在企业的商业运作和盈利方式中引入新颖元素，以创造独特的价值主张和竞争优势。这种创新可以涉及价值创造、价值提供和价值获取的各个方面，不仅限于产品或服务的改进，而是关注整个商业运作的根本性变革，即不只是简单地改变单一方面，如产品的改进或服务的增强，而是涉及企业的整个价值链。这种创新可能会影响到企业的核心理念、市场定位、客户互动方式以及收入和成本的结构。

（二）商业模式创新的特点

商业模式创新具有以下五个显著特点。

1. 整体性

商业模式创新不仅仅关注产品或服务本身，更是涉及企业运作的各个方面。这包括价值创造、交付和获取的方式，以及企业如何与其客户、供应商和合作伙伴互动。

2. 价值链重构

商业模式创新不仅影响企业的内部运作，还影响与外部供应商、分销商和客户的关系。这就要求企业在整个价值链上重新思考和调整，以确保创新能够贯穿整个产品或服务的生命周期。

3. 客户导向

商业模式创新通常围绕着更好地满足客户需求展开，重点在于通过创新的方式提供价值，以满足客户的期望和需求。企业需要通过市场调研、数据分析或直接与客户互动等方式，深入理解客户的需求、偏好和行为模式，从而能够提供更加个性化或定制化的产品和服务。

4. 可持续性和社会责任

可持续性和社会责任是现代商业模式创新中越来越重要的方面，反映了企业对环境、社会和治理因素的关注，这不仅仅是道德上的考虑，也是企业长期成功和竞争力的关键因素。

5. 技术驱动

技术驱动是当前商业模式创新的一个关键特征，它体现了技术进步对企业运营和市场策略的深刻影响。例如，利用云计算、物联网和移动技术来提升客户体验和服务交付，通过在线平台模型来连接不同的用户群体，或利用区块链技术来增加透明度和安全性等。

四、商业模式创新的实现方式

商业模式创新的实现方式涵盖了多种策略和方法，旨在通过根本性的改变来提升企业的市场竞争力和长期可持续性。具体的实现方式通常包括以下五种。

(一) 利用新兴技术

利用新兴技术是商业模式创新的重要途径，包括采用人工智能、大数据、物联网、区块链等技术来改造传统业务模式。通过这些技术，企业能够优化运营效率，如通过自动化流程减少成本和错误率，或者利用大数据分析来获取更深入的市场洞察和客户行为理解。此外，新技术还可以用于开发新的产品和服务，如基于AI的个性化推荐系统或基于区块链的安全交易平台。

(二) 重构价值链

重构价值链是指重新设计企业的生产、分销和服务流程，以提高整体效率和客户价值。其主要包括简化供应链管理，采用更高效的物流系统，或者改进产品设计和制造过程以降低成本并提高质量。在分销和销售方面，企业可以采用直接向消费者销售的模式，减少中间环节，以提供更快速、更个性化的服务。通过这种方式，企业能够更灵活地响应市场变化，同时提高盈利能力。

(三) 开发新的收入模式

开发新的收入模式是指探索除传统销售之外的其他盈利方式，主要包括订阅服务、共享经济模式、基于使用量的定价策略等。例如，软件公司可能从一次性购买转向基于订阅的收入模式，而制造企业则可能通过共享经济模式将未充分利用的设备租赁给其他企业。这些新的收入模式能够为企业带来更稳定和可预测的收入流，同时为客户提供更多的选择和灵活性。

(四) 重新定位市场

重新定位市场涉及改变企业的目标市场或服务对象，寻找新的市场细分领域，或者为原有产品找到新的应用场景。例如，一家企业可能将其产品从消费市场转向商业市场，或者从本地市场扩展到国际市场。市场重定位不仅有助于企业发现新的增长机会，还能帮助企业在竞争日益激烈的环境中维持其相关性和竞争力。

(五) 建立合作伙伴关系和参与生态系统

建立合作伙伴关系和参与生态系统是实现商业模式创新的另一个关键途径，具体是与其他企业、研究机构或政府机构建立合作，以共同开发新产品、进入新市场或共享资源。在生态系统中，每个参与者都能从共同的合作中受益，如通过技术共享、市场信息交换或合作研发。这种合作方式不仅能扩展企业的能力和资源，还能提高创新速度和市场响应能力。

第二节 典型商业模式

在现代商业环境中，存在多种典型的商业模式，每种模式都有其独特的运作方式和关键要素。

一、零售商业模式

零售商业模式是指以零售业为核心的商业模式,通过向消费者提供商品和服务来盈利。具体来说,零售商业模式包括实体零售商业模式、电子商务零售商业模式、O2O 零售商业模式和快时尚零售商业模式。

1. 实体零售商业模式

实体零售商业模式是传统的零售模式,企业通过实体店铺向消费者销售商品和服务,如百货商店、超市、便利店等。该模式需要企业有资金投入充足、地理位置优越和品牌声誉良好等方面的优势,同时还需要关注产品质量和价格等方面的竞争力。

实体零售商业模式的关键要素包括以下七个方面。

1) 位置

实体零售的一个核心要素是商店的位置。优越的地理位置,如市中心、购物中心或主要交通路线旁,通常能带来更高的人流量,从而增加潜在顾客的数量。此外,地点的选择还应考虑目标顾客群体的分布、竞争对手的位置以及租金成本。一个好的位置不仅能提升品牌的可见度,还能提高顾客到店率和销售机会。

2) 店面和布局

店面的外观设计和内部布局对于吸引顾客和增加销售至关重要。明亮、宽敞且易于导航的店面布局可以提升顾客的购物体验,促使他们停留更久并可能增加购买量。此外,有效的商品展示、清晰的标识和舒适的购物环境都能对顾客产生积极的影响。

3) 供应链和库存管理

有效的供应链和库存管理,确保商品能够及时到货并根据市场需求调整库存量,这对实体零售至关重要。良好的库存管理可以减少积压、降低损耗和提高运营效率。同时,快速响应市场变化和顾客需求的能力也是竞争优势的来源。

4) 顾客体验

与在线购物不同,实体零售可以为顾客提供亲身体验,这是其独特优势之一。例如,顾客可以试穿衣服、试用化妆品或实地查看家居用品。优秀的顾客体验可以提升品牌忠诚度和口碑传播,从而吸引新顾客并保持现有顾客的忠诚度。

5) 销售和推广

销售和推广是实体零售商成功的关键因素。零售商可以采用特价促销、季节性打折和节日销售活动来吸引消费者的注意并刺激购买决策。这些促销活动通常在特定时期实施,如节假日或换季时段,以吸引目标客群。此外,通过了解顾客的偏好和购买历史,零售商可以提供更加个性化的购物体验,从而提高顾客满意度和忠诚度。例如,根据顾客过往购买记录发送定制化的优惠券或产品推荐。

6) 员工管理

店员在实体零售中扮演着至关重要的角色,他们不仅负责销售,还需要提供客户服务、解答疑问并维护店面秩序。优秀的员工能够提高顾客满意度,转化为更高的销售业绩。因此,有效的员工招聘、培训和激励机制是提升整体业绩的关键。

7) 与社区的联系

对于许多实体零售商而言,与当地社区建立良好关系是成功的重要部分。这可以通过支持当地活动、参与慈善事业或与其他本地企业合作等方式实现。这种社区参与不仅能提升品牌形象,还能增加顾客忠诚度和社区成员的支持。

2. 电子商务零售商业模式

电子商务零售商业模式是通过互联网和移动设备等渠道向消费者销售商品和服务的商业模式,如淘宝、京东等电商平台。该模式需要企业具备一定的技术和信息化能力,同时还需要提供快捷、安全和优质的物流服务和支付服务。

电子商务零售商业模式的关键要素包括以下七个方面。

1) 网站或移动应用

电子商务的成功极大程度上依赖于网站或移动应用的质量。一个高效、易于使用且功能齐全的平台对于吸引和保留顾客至关重要。这意味着网站或应用不仅需要拥有吸人眼球的设计和直观的用户界面,还需要确保在不同设备和浏览器上的兼容性和响应速度。

2) 在线营销

电子商务零售商通过各种在线营销策略来吸引客户流量和提升品牌知名度。搜索引擎优化确保网站在搜索引擎中获得较高的排名,而付费点击广告则能带来即时流量。社交媒体营销和电子邮件营销用于建立与顾客的长期关系,并促进重复购买。

3) 数字支付

在电子商务中,提供多样化、安全和便捷的支付方式是保证顾客满意度的关键。这包括支持各种信用卡、移动支付(如支付宝、微信支付、PayPal、Apple Pay)和其他在线支付方式。同时,确保支付过程的安全性对于保护顾客信息和增强信任至关重要。

4) 物流和配送

高效的物流和配送系统是电子商务的核心组成部分,它包括快速准确地处理订单、高效的库存管理、可靠的配送服务以及灵活的退货政策。对于跨境电商而言,处理国际运输和关税也是重要的考虑因素。

5) 客户服务

优质的客户服务对于建立和维持顾客忠诚度至关重要。这包括提供多渠道的支持(如在线聊天、电子邮件、电话等)、快速响应顾客的查询和问题,并提供详尽的常见问题解答页面帮助顾客自助解决常见问题。

6) 数据分析

通过收集和分析顾客数据,电商零售商能更深入地理解顾客行为、偏好和购买模式。这些数据可以用来驱动决策,优化营销策略,个性化产品推荐,甚至预测市场趋势。

7) 个性化体验

电商平台通过使用先进的数据分析工具,可以根据用户的历史浏览和购买行为提供个性化的购物体验。例如,个性化的产品推荐、定制化的营销信息和个性化的特价优惠,这些都有助于提高顾客的参与度和转化率。

3. O2O零售商业模式

O2O零售商业模式是将线上和线下相结合的商业模式,即通过线上预约或下单,线下实体店铺提供服务和商品的商业模式，如美团、饿了么等。该模式需要企业具备线上和线下融合的能力和技术支持，同时还需要提供优质的服务和商品，以及关注市场和消费者的需求和趋势。

O2O零售商业模式的关键要素包括以下八个方面。

1）线上营销活动

在O2O模式中，线上营销活动起着至关重要的作用。使用线上广告、社交媒体营销和电子邮件营销等手段来吸引顾客的关注，可以引导顾客访问线下店铺或参加线下活动。这种策略能够增加品牌的可见性，并促使顾客在实体店内进行消费。

2）预订和预购

顾客可以方便地在网上预订或预购商品和服务，然后在实体店铺进行消费或取货。这种模式为顾客提供了更加便捷的购物体验，同时也增加了实体店铺的客流量和销售额。

3）移动支付

在O2O模式中，移动支付扮演着关键角色。顾客可以通过手机等移动设备进行在线支付，然后在实体店享受服务或提取商品。这种便捷的支付方式不仅提升了顾客体验，还加速了交易流程。

4）位置基础服务

利用GPS和其他定位技术，O2O商家可以向顾客提供周边的商家信息或特别优惠。这种服务鼓励顾客访问邻近的实体店铺，有助于增加店铺的客流和销售机会。

5）顾客评价和反馈

O2O模式鼓励顾客在网上为他们在实体店的体验或购买的商品提供评价和反馈。这些评价对于建立其他顾客的信任和提升品牌声誉非常重要。

6）线下体验与线上互动

结合线下体验与线上互动是O2O模式的一个创新方面。例如，通过在实体店内使用二维码，为顾客提供额外的线上信息或优惠；利用增强现实（AR）技术提供更丰富的购物体验。

7）数据整合

在O2O模式下，收集和分析线上和线下顾客的数据至关重要。通过这些数据，零售商能够更好地理解顾客的行为和需求，并据此提供更个性化的服务和营销活动。

8）无缝的退货和换货服务

提供无缝的退货和换货服务是O2O模式中一个重要的方面。例如，顾客可以在线购买商品，但如果他们对产品不满意，可以选择在任何一个实体店进行退货或换货。这种灵活性大大提升了顾客满意度，并增强了品牌的忠诚度。

4. 快时尚零售商业模式

快时尚零售商业模式是以快速更新、低价位、快速反应市场需求为特点的零售商业模式，如Zara、H&M等。该模式需要企业具备快速反应市场需求的能力和灵活的供应链管理，同时还需要关注设计和质量等方面的竞争力。

快时尚零售商业模式的关键要素包括以下六个方面。

1）趋势追踪

通过对时尚秀、社交媒体、街头时尚等的持续观察，快速捕捉并理解最新的时尚趋势。

这是快时尚品牌成功的关键要素之一。快时尚品牌的设计团队需要对时尚界的动态保持高度敏感,以便迅速反应市场的变化。

2)快速设计

一旦识别出新的时尚趋势,快时尚品牌的设计团队会迅速行动,设计出与这些趋势相符的产品。这种快速设计过程允许品牌及时推出符合当前市场需求的服装,从而吸引时尚敏锐的消费者。

3)灵活的供应链

与传统时尚品牌相比,快时尚品牌的一个显著特点是其供应链的灵活性。他们能够快速调整生产计划,以响应市场需求的快速变化。这种灵活性确保了产品能够在短时间内从设计台走向店面。

4)限量生产

快时尚品牌通常采取限量生产的策略。这意味着一旦某款商品售罄,就不再进行补货。这种策略不仅减少了库存风险,还创造了一种购买的紧迫感,促使消费者迅速做出购买决定。

5)频繁的新品上市

为了保持店铺的吸引力和新鲜感,快时尚品牌经常推出新品。这种频繁更新的产品策略确保消费者每次访问都能找到新的、时尚的商品,从而促进重复访问和购买。

6)全球采购

为了降低成本和提高生产效率,快时尚品牌在全球范围内采购原材料和生产商品。这不仅涉及寻找成本效益最高的供应商,还包括在全球范围内寻找能够快速响应订单的制造商。

二、广告商业模式

广告商业模式是指企业通过向广告客户提供广告展示和投放服务,从中获取盈利的商业模式。具体来说,广告商业模式包括广告平台模式、媒体广告模式、广告代理商模式和社交媒体广告模式。

1. 广告平台模式

广告平台模式是通过广告投放平台为广告客户提供广告展示服务,如谷歌广告、百度广告等。该模式需要企业具备强大的技术和数据分析能力,以便为广告客户提供精准的广告展示服务,同时还需要关注用户隐私和数据保护等方面的问题。

广告平台模式的关键要素包括以下六个方面。

1)广告交易

在广告平台模式中,广告交易是核心操作之一。广告主可以购买广告展示的机会,而出版商则提供在其网站或应用上的广告展示位置。这种机制使得广告主能够更容易接触到潜在客户,而出版商则能通过广告获得收入。

2)实时竞价

实时竞价是一个动态的、实时进行的拍卖系统,广告主在其中为广告展示机会出价,最高出价者获得广告展示的权利。这个系统的优势在于它提供了一种高效和透明的方式,使广告主能够根据广告展示的价值来竞价,从而优化他们的广告支出。

3) 广告网络

广告网络扮演着连接广告主和出版商的桥梁角色。通过广告网络,广告主可以一次性地在多个网站或应用上投放广告,而不需要与每个单独的出版商进行直接交易。这不仅为广告主提供了便利,也为出版商带来了更多的广告机会。

4) 定向技术

定向技术是广告平台的另一个关键要素。它包括基于用户行为、地理位置、人口统计数据等的定向,使广告主能够确保其广告被展示给最相关的受众。这种定向技术的应用提高了广告效果,确保广告主的广告支出能够转化为更高的投资回报率。

5) 计费模式

广告平台可以采用不同的计费模式,以适应不同的广告目标和预算。按点击付费模式中,广告主只为点击其广告的用户付费;按展示付费模式中,付费基于展示次数;按实际转化付费模式中,付费基于实际的销售或其他转化活动。

6) 性能追踪和分析

为了帮助广告主和出版商更好地理解他们的广告活动效果,广告平台提供了详细的性能追踪和分析工具。这些工具可以显示广告的点击率、转化率、消费者参与度等关键指标,帮助用户优化他们的广告策略和预算分配。

2. 媒体广告模式

媒体广告模式是通过媒体平台为广告客户提供广告展示服务,如电视、报纸、杂志等传统媒体。该模式需要企业具备强大的媒体资源和品牌影响力,同时还需要关注用户体验和广告效果等方面的问题。媒体广告模式的优势在于其广泛的覆盖范围和与特定受众的深度联系。例如,地方报纸可能会吸引特定地区的居民,而特定的电视节目可能会吸引特定的人口统计群体。然而,随着数字化和互联网的崛起,这种模式面临着来自在线平台和更精确的广告定位技术的竞争压力。

媒体广告模式的关键要素包括以下三个方面。

1) 广告的位置或时间

媒体公司根据其受众和广告的位置或时间来设定广告的价格。例如,黄金时段的电视广告通常比非黄金时段的广告价格高。

2) 目标受众

媒体公司通常有一个明确的受众群体。广告主选择特定的媒体平台,以便他们的广告能够针对特定的人口统计群体。

3) 内容与广告的结合

在某些情况下,广告内容可能会与媒体的内容紧密结合,如通过赞助节目或创建定制内容。

3. 广告代理商模式

广告代理商模式是通过代理广告客户的广告投放,为其提供广告策划、投放和效果评估等服务,如WPP、蓝色光标、华扬联众等广告代理公司。该模式需要企业具备强大的广告策划和投放能力,以及良好的客户关系和市场信誉。广告代理商模式的优势在于其为广告主提供的全方位服务,从策略规划到广告发布都有涵盖。这不仅可以为广告主节省时间和资源,还可以确保广告活动的专业性和效果。然而,随着数字化和自动化技术的发展,传统的广告代理商模式也面临着一些挑战,如与数字平台的集成、适应更为复杂的消费者行为和与其他类型的市场营销代理商的竞争。

广告代理商模式的关键要素包括以下六个方面。

1) 客户服务

广告代理商的一个主要职责是与广告主建立并维护良好的关系。这涉及理解广告主的需求和目标,并确保这些需求在整个广告过程中得到满足。优秀的客户服务包括及时沟通、有效解决问题和调整策略以适应客户需求的变化。

2) 市场研究

深入的市场研究是制定有效广告策略的基础,包括分析市场趋势、消费者行为、竞争对手动态和品牌定位。通过这些研究,广告代理商能够为广告活动提供战略性的建议,帮助广告主有效地达到其市场目标。

3) 创意开发

创意开发是广告代理商的核心职能之一,包括设计和制作引人注目的广告内容,涵盖视觉设计、文案撰写、视频制作等多种形式。创意团队需要不断创新,以确保广告内容既具吸引力又与品牌形象相符。

4) 媒体购买

媒体购买涉及选择和购买最适合广告主目标的媒体平台,包括分析不同媒体的受众、覆盖范围和成本效益,以确保广告预算得到最有效的利用。媒体购买不仅限于传统媒体,还包括数字媒体和社交媒体。

5) 活动执行

广告代理商负责确保广告活动按计划执行,包括协调各种资源,如时间安排、媒体发布和与媒体及其他供应商的沟通管理。活动执行需要精确和高效,以确保广告信息能够及时准确地传达给目标受众。

6) 性能监测和报告

持续监测广告活动的表现对于评估效果和优化未来的广告策略至关重要,包括追踪关键性能指标(如点击率、观看次数、转化率等),并定期向广告主提供详细的报告和分析。这些反馈有助于广告主了解其投资的回报,并为未来的决策提供数据支持。

4. 社交媒体广告模式

社交媒体广告模式是通过社交媒体平台为广告客户提供广告展示服务,如微信公众号、微博、抖音和小红书等。社交媒体广告模式的优势在于其与目标受众的深度互动、高度定制的广告体验以及广告的社交传播效应。同时,这也带来了挑战,如用户对广告的疲劳、数据隐私问题以及平台的不断变化等。

社交媒体广告模式的关键要素包括以下三个方面。

1) 定向能力

社交媒体平台提供了强大的用户数据分析工具,使广告主能够精确地定向其广告受众。利用这些数据,广告可以根据用户的地理位置、兴趣、在线行为和人口统计信息等因素进行个性化定制。这种高度定制的方法不仅提高了广告的相关性，也增加了用户的参与度和响应率。

2）互动广告

与传统的单向广告不同，社交媒体广告鼓励用户的参与和互动。这种互动可以通过点赞、分享、评论或参与在线活动来实现。用户互动不仅增强了广告的可见性和影响力，还为品牌提供了宝贵的用户反馈和市场洞察。

3）内容广告

在社交媒体平台上，广告内容往往与用户的内容流无缝整合，这种方式被称为"原生广告"。这些广告看起来像是用户日常浏览内容的一部分，因此更容易吸引用户的注意力，并减少打扰感。内容广告的关键在于创造有趣、相关且具有吸引力的内容，从而自然地吸引用户的关注。

三、订阅商业模式

订阅商业模式是指企业提供订阅服务，让用户按照一定周期支付费用，以获得产品或服务的使用权。典型的订阅商业模式包括媒体订阅模式、云服务订阅模式、会员订阅模式和电商订阅模式。媒体订阅模式的优势是它为提供者创造了稳定和可预测的收入流，同时减少了对广告收入的依赖。对于用户，这种模式提供了无广告、高质量和经常更新的内容。但是，挑战也存在，如维持和增加订阅者基数、提供与竞争对手区分开的内容和服务，以及管理内容成本。

1. 媒体订阅模式

媒体订阅模式是通过提供新闻、音乐、电影、电视等内容让用户订阅，如腾讯视频、爱奇艺等在线视频平台和网易云音乐、QQ 音乐等音乐流媒体平台。该模式需要企业具备强大的内容创作和获取能力，同时还需要关注用户体验和版权问题。

媒体订阅模式的关键要素包括以下七个方面。

1）固定费用

用户通常需要按月或按年支付一定的固定费用来获取对内容的访问权限。这种定价模式为消费者提供了预算内的稳定内容消费体验，同时为内容提供者带来了稳定的收入流。

2）无限或有限访问

不同的订阅级别为用户提供不同程度的内容访问权限。某些订阅可能允许用户无限制地访问所有内容，而其他较低级别的订阅可能仅提供对特定数量或类型的内容的访问。

3）排他内容

为了吸引和保留订阅者，服务提供者经常提供独家内容、早期访问权或其他特权。这种排他性内容不仅是吸引新订阅者的重要手段，也是提升用户忠诚度的关键因素。

4）跨平台访问

多数媒体订阅服务在多个平台上提供内容，包括个人电脑、移动设备、智能电视等，从而提供更加灵活和便捷的用户体验。

5）个性化和推荐

根据用户的历史观看行为和偏好，订阅服务提供个性化的内容推荐。这种个性化体验使用户能够更容易发现和享受他们感兴趣的内容。

6）自动续订和取消

大多数媒体订阅服务采用自动续订机制，确保用户不会因忘记续费而中断服务。同时，这些服务通常也提供简单的取消选项，以增加用户的便利性和满意度。

7）试用和促销

为了吸引新用户，许多媒体订阅服务提供免费试用期或促销价格。这些活动不仅有助于增加新用户，还为潜在订阅者提供了体验服务的机会，从而降低他们的购买风险。

2. 云服务订阅模式

云服务订阅模式是指公司或个人支付费用以定期访问和使用云基础设施、平台或软件。这种模式允许用户无须在本地硬件和软件上进行大量投资即可获得计算资源和应用程序。它基于"按需付费"和"即用即付"的原则，为组织提供了灵活性、成本效益和访问最新技术的能力，无须进行大规模的前期投资。

云服务订阅模式的关键要素包括以下四个方面。

1）灵活的费用结构

与传统的大规模前期投资不同，用户可以根据使用量或所需特性来支付费用。这种结构通常包括基础订阅费和额外的使用费。

2）可伸缩性

用户可以根据需要增加或减少资源，如计算能力、存储或带宽。

3）跨平台和设备访问

云服务通常可以从任何连接到互联网的设备上访问。

4）自动更新和维护

提供者负责维护、更新和升级服务，用户无需担心这些问题。

3. 会员订阅模式

会员订阅模式是通过提供会员权益和优惠，让用户订阅企业的产品或服务，如 Amazon Prime、优酷 VIP 等。该模式需要企业具备强大的产品或服务体系和品牌影响力，以吸引用户订阅，同时还需要关注会员体验和服务质量等方面的问题。会员订阅模式的优势在于其可预测性和稳定性，这使得企业可以更好地计划和预测未来的收入和成本。此外，它还能加强与顾客的关系，并为顾客提供持续的价值。然而，这种模式也面临着挑战，如顾客的订阅疲劳、高取消率和与其他订阅服务的竞争。

会员订阅模式的关键要素包括以下四个方面。

1）定期费用

会员订阅模式通常涉及向用户收取定期费用，如每月、每季度或每年。这种费用的设置为用户提供了对服务或产品的持续访问权利。定期费用模式为企业提供了稳定的收入来源，同时也使消费者能够预测其支出。

2）独家优惠或内容

为了吸引新的订阅者并保持现有订阅者的忠诚度，企业通常会提供一些仅限订阅者享有的独家优惠、内容或服务，包括特殊折扣、会员专享的产品、提前访问新内容或服务等。

3）层级订阅

多层级的订阅系统允许消费者根据自己的需求和预算选择不同级别的服务。每个级别的订阅都设有不同的价格，并提供不同的服务和特权。这种分层策略使企业能够满足不同用户群体的需求，同时也增加了消费者的选择性和灵活性。

4）社区和网络效应

在某些会员订阅模式中，企业通过创建专属社区或网络来增加服务的附加价值。这种社区或网络提供了一个共享经验、意见和知识的平台，能够促进订阅者之间的互动和连接。这不仅增强了用户的参与感和归属感，还能够促进品牌忠诚度的提升。

4. 电商订阅模式

电商订阅模式是通过提供优惠、快递、特别商品等服务让用户订阅，如 Amazon Prime、京东 Plus 等。该模式需要企业具备强大的商品和服务供应链能力，以便为用户提供高品质的购物体验，同时还需要关注用户需求和服务质量等方面的问题。电商订阅模式的优势是它为商家提供了一种与消费者建立长期关系的方式，并能稳定和增加收入。对于消费者而言，这种模式提供了便利性、可预测性和更有经济效益的购物体验。然而，挑战也是存在的，例如保持消费者的兴趣、处理高退订率、维持产品质量和创新等。

电商订阅模式的关键要素包括以下四个方面。

1）定期交付

在电商订阅模式中，消费者可以按照预设的时间表（如每月、每季度）定期接收产品或服务。这种定期交付方式特别适合那些需要定期补充的商品，如日用品、食品、美妆产品等。它为消费者提供了便捷性和预期性，同时确保了企业有稳定的销售和收入。

2）自动化

电商订阅的另一个关键特点是其交付过程的自动化。一旦消费者订阅，商品或服务的交付就会自动进行，直到消费者选择修改或取消订阅。这种自动化不仅简化了运营流程，也为消费者提供了持续不断的服务体验。

3）定制和个性化

为了满足不同消费者的个性化需求，许多电商订阅服务提供基于消费者的偏好、需求或历史购买行为的定制化的产品选择。例如，一些订阅盒服务会根据消费者的喜好提供个性化的产品组合，如美食、美妆、健康产品等。

4）简化的结算过程

电商订阅模式通常包括一个简化的结算过程。由于消费者的支付信息已被存储在系统中，每次交付时的支付过程通常会自动进行，从而为消费者提供无缝且便捷的购物体验。这种简化的结算过程还有助于减少购物车放弃率，并提高整体的客户满意度。

四、服务商业模式

服务商业模式是指企业以提供服务为主要经营模式的商业模式。该模式依靠专业技能、专业知识和专业设备等，为用户提供各种服务，如咨询、培训、设计、维护、保险等。典型的服务商业模式有专业服务商业模式、平台服务商业模式、售后服务商业模式和订制服务商业模式。

1. 专业服务商业模式

专业服务商业模式涉及为客户提供专业知识、技能或咨询服务,并根据所提供的服务收费。这些服务通常需要特定的资格、培训或经验。这种商业模式通常关注解决特定的问题或满足特定的需求,与提供标准化或商品化产品的企业不同。

专业服务商业模式的关键要素包括以下五个方面。

1) 定制服务

在专业服务行业中,服务通常是根据每个客户的特定需求和情况量身定制的。这种个性化服务确保客户能够获得最适合其独特情况的解决方案。无论是在法律、财务、咨询还是技术服务领域,定制化的服务都是提供高价值体验的关键。

2) 基于时间的计费

许多专业服务提供者,如律师、会计师或咨询师,常常采用基于时间的计费方式。这种计费模式可能包括按小时、按日甚至按周来计费。这种方式适用于那些难以预先确定工作量的服务,允许服务提供者根据实际投入的时间来收费。

3) 项目或包围费用

在某些情况下,专业服务提供者可能会为整个项目或任务收取一次性固定费用。这种收费模式适用于那些可以明确界定范围和成果的服务项目,使得客户可以清楚地了解服务成本。

4) 长期合同与关系

由于许多专业服务涉及持续的工作或复杂的项目,建立长期的客户关系变得至关重要。长期合同不仅能为服务提供者带来稳定的收入,也有助于深入了解客户的业务,从而提供更加高效的服务。

5) 高度的专业化

专业服务行业通常要求服务提供者具有高度的专业化,包括对特定领域或行业的深入了解,以及对最新趋势、技术和法规的持续关注。专业化能力是专业服务提供者区别于其他竞争者的关键因素,也是建立客户信任和声誉的基石。

2. 平台服务商业模式

平台服务商业模式通过建立平台,让服务提供者和服务需求方进行匹配,实现服务交易。例如,滴滴出行、Uber、Airbnb 等共享经济平台,以及各种在线咨询、在线学习等服务平台。平台服务商业模式的优势在于其可扩展性。一旦平台建立起用户群体,它可以迅速扩展到新的市场或地区。

平台服务商业模式的关键要素包括以下四个方面。

1) 互补的用户群体

平台服务商业模式成功的关键在于为两个或更多互补的用户群体提供服务。例如,滴滴出行通过为司机(提供服务的一方)和乘客(接受服务的一方)提供一个共享出行的中介平台,满足双方的需求。类似地,Airbnb 将房东(提供住宿的一方)和旅客(寻求住宿的一方)联系起来。

2) 网络效应

网络效应是指平台的价值随着其用户基数的增长而增加。在平台上,供应方(如司机、房东)的增加吸引了更多的需求方(如乘客、旅客),反之亦然。强大的网络效应可以为平台带来更大的市场影响力和更高的利润潜力,因为它能够创造出更大的用户群体和更多的交易机会。

3) 价值分配

平台通过从每笔交易中提取佣金或收费来实现盈利。这种收费模式是平台为用户提供匹配服务的直接回报。价值分配的策略需要平衡,以确保对供应方和需求方都公平合理,同时也保证平台能够持续盈利和成长。

4) 信任与安全

为了确保用户愿意在平台上进行交易,平台必须建立并维护信任和安全机制,包括评价和评论系统,让用户可以了解服务提供者的质量。例如,身份验证程序,确保用户的真实性和可信度;安全的支付系统,保护用户的财务信息安全。

3. 售后服务商业模式

售后服务商业模式在销售产品后,为用户提供售后服务,包括维修、保养、培训等服务。例如,汽车厂商提供的售后服务,电器品牌提供的维修服务等。售后服务商业模式的优势包括为企业带来稳定的收入流,增加客户满意度和忠诚度,以及为客户提供增值服务,增强其对品牌的认同。

售后服务商业模式的关键组成部分包括以下七个方面。

1) 维修和保养

提供维修和保养服务是售后服务的基本组成部分,尤其对于耐用品和高价值产品尤为重要,包括定期维护、故障排除和修理,以确保产品的正常运行和延长使用寿命。

2) 零件和配件

为客户提供必要的替换零件和配件是确保产品长期运行的关键。这些零件可能是原厂的,或者是兼容的替代品。提供容易获得的零件和配件服务可以减少产品因缺乏维护而提前报废的情况。

3) 升级与更新

随着技术的不断发展,为产品提供软件或硬件的升级和更新服务可以使其获得新的功能或提升性能。这种服务对于电子产品和软件产品尤其重要,有助于保持产品的竞争力和功能性。

4) 培训与教育

对于复杂或需要特定技能操作的产品,提供培训和教育服务可以帮助客户更好地理解和使用产品,减少操作错误的可能性,提高客户的使用满意度。

5) 咨询和技术支持

为客户提供咨询和技术支持是解决产品使用中问题的关键,包括答疑解惑、故障诊断和远程技术支持。及时有效的技术支持可以提升客户对品牌的信任和满意度。

6) 延长保修与保险

提供超出标准保修期的延长保修服务,或针对特定风险提供附加保险,可以为客户提供更多的安心和保障。

7) 定期检查

定期对产品进行检查或评估是确保产品长期性能和安全性的重要服务,有助于及早发现和解决潜在问题,防止故障发生。

4. 订制服务商业模式

订制服务商业模式重视为客户提供与众不同、根据其特定需求和喜好定制的服务。与标准化服务相比,这种模式的目标是为每个客户提供独特的体验和价值。例如,定制化的旅游服务、定制化的家居装修服务等。订制服务商业模式的优势在于能够提供与众不同的服务,满足特定的客户需求,从而获得更高的客户满意度和忠诚度。此外,因为提供的是独特服务,所以企业可以收取更高的费用。

订制服务商业模式的关键要素包括以下五个方面。

1) 深入了解客户

为提供个性化服务,需要先深入了解客户的需求、喜好和预期。这通常需要进行细致的市场调研、客户访谈或利用数据分析工具来收集信息。

2) 灵活性和适应性

订制服务要求企业在提供服务时具备高度的灵活性和适应性,以便根据每位客户的独特需求进行调整,包括调整服务内容、交付方式或时间安排等。

3) 高质量执行

订制服务通常伴随着客户的高期望,因此提供的服务必须达到高标准。

4) 与客户的互动

在创建定制服务的过程中,与客户的持续沟通和反馈是关键。

5) 高度专业化的技能和资源

提供高度订制化的服务通常需要特定的专业技能、工具或资源,包括行业特定知识、定制软件工具、特殊材料或高级设备等。拥有这些专业化的技能和资源是提供高质量、高度个性化服务的基础,它们使得企业能够满足客户的特殊需求并提供独特的价值。

五、租赁商业模式

租赁商业模式是指企业提供某种产品或服务的租赁服务,从中获取收益的商业模式。租赁模式可以让消费者以较低的成本获取需要的产品或服务,同时也让企业能够在产品或服务使用寿命期内多次获取收益。它满足了许多消费者和企业的需求,因为它提供了一个在经济和功能上更加灵活的解决方案。通过租赁而非购买,用户可以更加高效地管理其资金流和资产。典型的租赁商业模式包括车辆租赁、设备租赁、物流租赁、房屋租赁和服务租赁。

1. 车辆租赁

以租车公司为代表,提供短期和长期的汽车租赁服务,让消费者在需要的时候租用汽车,支付租金。这种服务在旅游、商务出差或其他临时需求中尤为受欢迎。例如,Hertz、Avis、神州租车、携程租车等为消费者和商务人士提供了方便,使他们能够在没有购买汽车的情况下享受到驾驶的自由。

2. 设备租赁

以设备租赁公司为代表,提供各种设备的租赁服务,如建筑设备、工程设备、医疗设备等,让消费者按照需要租用设备,支付租金。设备租赁是针对那些只需要短期使用特定设备的企业或个人。例如,建筑公司可能需要特定的机器来完成一个项目,但长期持有这些机器的成本并不划算。又如,医疗设备租赁为医院和诊所提供了获取最新技术的机会,而不必承担购买的高昂费用。

3. 物流租赁

以租船公司和租飞机公司为代表,提供物流租赁服务,让企业在需要的时候租用船舶或飞机,进行物流运输,支付租金。对于大型物流公司,如 DHL、FedEx、东方航空货运、中远海运等,租用飞机和船舶可以更加灵活地满足客户的需求。这些公司可以根据货物量和目的地来选择合适的交通工具,而不是购买和维护自己的船舶和飞机。

4. 房屋租赁

以房屋出租公司和公寓管理公司为代表,提供住房租赁服务,让消费者在需要的时候租用房屋或公寓,支付租金。尤其在房地产价格高涨的城市,租赁住房为消费者提供了一个经济实惠的选择。许多房地产公司和公寓管理公司都提供租赁服务,这使得个人在转移、学习或工作时能够找到合适的住所。

5. 服务租赁

以服务公司为代表,提供各种服务的租赁服务,如人力资源服务、营销服务、金融服务等,让企业按照需要租用服务,支付租金。企业或个人可以"租用"专业服务,使其在没有雇佣全职员工的情况下获得所需的专业知识和技能。

案例 8-1　　　　　国民种草机:小红书

视频 2-1
Business Model Innovation

2021 年 11 月,小红书宣布日活用户达到 2 亿人,并且完成了新一轮 5 亿美元融资。这一轮融资过后,小红书的估值比半年前翻了一倍,达到 200 亿美元。按美股市值,当时知乎是 30 亿美元左右,哔哩哔哩是 185 亿美元左右,百度是 525 亿美元左右。也就是说,1 个小红书等于 6 个知乎,1 个 B 站及小半个百度。胡润《2021 全球独角兽》榜单当中,小红书名列第 16 位。

讲到小红书的商业模式,很多人会想到三个方面,一是"直营电商"带来的商品差价,通过赚取价差获取收入;二是"平台电商"带来的佣金收入;三是"直播电商"带来的基础佣金和平台抽成。事实上,广告收入也是小红书的重要收入来源。除了美妆、穿搭、旅行、居家这些领域,甚至汽车行业也全面进驻小红书,成为小红书的广告大户。

那么,汽车广告为什么会选择入驻小红书?

很大程度上,这不是一种选择,而是一种必然。在现在增长最迅猛的新能源车领域,女性用户成了绝对主导。2021 年前三季度,特斯拉 Model 3、Model Y 的女性用户占比超过 75%,宏光 MINI EV 更是超过了 85%。

可以说,女性用户的崛起,正在颠覆汽车行业的营销逻辑。渠道最先发生变化。汽车类专业网站可能不再是广告投放的首选,而女性用户占 90% 的小红书成了投放重地。

渠道变了,传播的内容也得变。女性是颜值动物,对外观的看重会超过对性能的看重。一些热销的新能源汽车,像欧拉好猫和五菱宏光 MINI EV,它们的营销完全没在性能、参数上下功夫,而是在小红书上发起了一波又一波的"潮创"活动,鼓励用户根据自己的喜好来任意改变车的颜色和内饰。这些改装后的车子往往颜值爆表，在小红书上一曝光，就有了快速炸场的效果，在目标用户心里成功种草。小红书上的汽车视频还有一个最大的特点，就是不以车为中心，而以人为中心。小红书上的汽车博主，会事无巨细地告诉你，他们是怎么上下班的，路上要花多久，堵不堵车，闺蜜们都在开什么车，有了宝宝之后对车做了哪些改装，如果以后换车有哪些考虑等。他们并不是在聊车，而是在聊自己的生活。让我们种草的不是一辆车，而是人人都向往的美好生活。

资料来源：得到头条.汽车营销如何瞄准女性用户[EB/OL].(2022-01-01)[2023-09-24].得到app《得到头条》第一季第142期.

课堂思考

请点评以下商业模式是否合理？
1. 上门理发
2. 上门按摩
3. 上门美容
4. 上门烧饭

视频2-2
Business model innovation (Amazon, Tinder, Spotify)

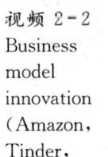

视频2-3
Business model innovation (Airbnb)

第三节　商业模式画布

一、商业模式画布的组成要素

商业模式画布由商业模式先驱亚历山大·奥斯特瓦尔德（Alexander Osterwalder）在其所著的《商业模式新生代》（*Business Model Generation*）一书中提出。它是一种非常实用的工具，可以帮助企业更清晰地定义和描述自身的商业模式，并评估其可行性和优劣。

1. 客户细分

客户细分（customer segments）是描述企业所服务的目标客户群体，包括客户的需求、行为、偏好和购买力等特征。企业应该通过深入了解客户，找到最具有潜力的客户细分，并制定相应的营销策略和服务方案。

例如，亚马逊的客户细分包括消费者、卖家、广告客户和亚马逊网站的服务客户。消费者是亚马逊最主要的客户细分，他们是购买商品和服务的最终用户。卖家是亚马逊平台上的商家，他们通过亚马逊的平台进行销售和分销。广告客户是通过在亚马逊上购买广告来推广他们的产品和服务。亚马逊网站的服务客户则是通过亚马逊云服务等服务获得技术支持和帮助。

2. 价值主张

价值主张（value propositions）是描述企业所提供的产品或服务的独特价值，以及如何满足客户需求、解决客户痛点和创造客户价值。企业应该通过了解客户需求和市场竞争，创造和提供有差异化和竞争优势的产品或服务,以吸引客户和创造利润。

例如,苹果公司的 iPhone 的价值主张是集成式的、易于使用的移动通信和互联网体验。它的独特之处在于它的操作系统和应用程序生态系统,使用户能够使用各种应用程序和服务。它还提供高质量的设计和工艺,以及良好的客户支持和服务。

3. 渠道

渠道(channels)是描述企业通过哪些渠道与客户进行交互和沟通,以及如何传递价值主张和实现销售和分销。企业应该选择最适合自己的渠道,并开发出相应的销售和营销策略,以吸引客户和增加销售。

例如,谷歌公司的搜索引擎是通过互联网渠道向全球用户提供服务的。它通过网站、移动应用程序和浏览器扩展等渠道提供搜索服务。谷歌还通过广告、营销和公关等活动向用户和客户传递其价值主张,并促进其品牌知名度和影响力。

4. 客户关系

客户关系(customer relationships)是描述企业如何与客户建立和维护良好的关系,以及如何提供良好的客户体验和服务。企业应该了解客户需求和期望,以及如何为客户提供定制化和个性化的服务,以吸引客户和提高客户满意度。

例如,星巴克公司的客户关系是建立在其客户体验和社交娱乐等方面的。星巴克提供舒适的咖啡店环境、高质量的咖啡和食品、快捷的服务和便利的移动应用程序等服务,以提高客户满意度和忠诚度。星巴克还通过其社交媒体平台、咖啡师互动和推广活动等方式,与客户建立更紧密的关系,并吸引新的客户和增加销售。

5. 收入来源

收入来源(revenue streams)是描述企业如何获得收入和利润,以及通过哪些方式进行定价和收费。企业应该选择最适合自己的收费模式,并开发出相应的定价策略,以实现盈利和增长。

例如,Netflix 的收入来源主要是通过订阅收费的方式获得的。用户可以通过订阅 Netflix 的服务,获得在线流媒体影视节目和电影。Netflix 通过其广泛的内容库和定制化的推荐算法,提高了用户的满意度和忠诚度,并增加了收入和利润。

6. 关键资源

关键资源(key resources)是描述企业所拥有的关键资源和能力,以及如何支持其价值主张和业务模式的实现。企业应该了解自身的优势和劣势,并找到最合适的资源和能力来支持其业务增长和创新。

例如,特斯拉公司的关键资源包括其电动汽车技术、电池技术、生产能力和品牌知名度。特斯拉的价值主张是提供高品质的、环保的电动汽车,以及提供良好的客户支持和服务。特斯拉通过其关键资源和能力,支持其业务模式的实现和创新,并不断推出新的产品和服务。

7. 关键活动

关键活动(key activities)是描述企业最重要的活动和流程,以及如何实现其价值主张和业务模式的实现。企业应该了解其关键活动所涉及的流程、技能和资源,并找到最有效的方式来执行这些活动。

例如,亚马逊的关键活动包括物流管理、数据分析和在线营销等。亚马逊通过其先进的物流和供应链管理系统,实现了快速、高效的订单处理和配送。亚马逊还通过其数据分析和机器学习技术,优化了搜索结果和推荐算法,提高了用户体验和销售量。亚马逊的在线营销和广告活动也为其带来了大量的流量和销售额。

8. 合作伙伴

合作伙伴(key partners)是描述企业与哪些组织或企业进行合作,以及如何共同实现共同目标和利益。企业应该了解其合作伙伴的特点、需求和优势,并找到最合适的合作方式和模式,以实现共赢和增长。

例如,苹果公司的合作伙伴包括供应商、应用开发者、电信运营商和零售商等。苹果与其供应商合作生产高品质的硬件和零部件,与其应用开发者合作提供丰富的应用和服务,与其电信运营商合作提供移动通信和数据服务,与其零售商合作销售其产品和服务。苹果与其合作伙伴之间的紧密合作,支持其业务增长和市场份额的提升。

9. 成本结构

成本结构(cost structure)是商业模式画布中的一项关键要素,用于描述企业为实现商业模式所需承担的各种成本和开支。成本结构包括直接成本和间接成本,直接成本是指与生产和销售产品或服务直接相关的成本,如原材料成本、人工成本等;间接成本是指与企业运营和管理相关的成本,如行政管理费用、市场推广费用等。

成本结构的设计直接影响到企业盈利能力和生存能力,因此企业需要在保证质量和服务的前提下,尽可能降低成本,提高效率,增强市场竞争力。

以亚马逊为例,其成本结构主要包括以下四个方面:

(1) 采购成本,包括商品采购成本和库存成本,这是亚马逊的直接成本之一。

(2) 运营成本,包括物流运输、仓储管理、客户服务等,这也是亚马逊的直接成本之一。

(3) 技术开发成本,包括云计算、人工智能、大数据等相关技术的研发和维护成本,这是亚马逊的间接成本之一。

(4) 行政管理成本,包括办公室租金、人员工资、会计师事务所费用等,这也是亚马逊的间接成本之一。

在这些成本之中,采购成本和运营成本是亚马逊最主要的成本。为了控制这些成本,亚马逊实行了高度自动化的仓储和物流管理系统,对供应商严格管理,有效降低了采购和库存成本。同时,亚马逊也不断探索创新物流方案,如采用无人机、机器人等技术提高效率,降低运营成本。

二、商业模式画布的应用

商业模式画布作为一种可视化工具,具有广泛的应用。

1. 创业公司

创业公司通常使用商业模式画布来描述其商业模式,以便更好地理解其商业构想并做出相应的调整。商业模式画布可以帮助创业公司确定其目标客户、收入来源、成本结构以及其他关键因素,以确保其商业模式的可行性和可持续性。

2. 大企业

大企业可以使用商业模式画布来重新评估其商业模式,并识别可能的创新机会。商业模式画布可以帮助大企业更好地理解其当前的商业模式,并确定改进的机会。此外,商业模式画布还可以帮助大企业进行新业务的开发,或者更好地了解竞争对手的商业模式。

3. 产品开发

商业模式画布可以用于产品开发过程中,以确保产品与公司商业模式相符。商业模式画布可以帮助产品团队更好地理解目标市场、目标客户和收入来源,并确定产品开发的最佳途径。

4. 市场研究

商业模式画布可以用于市场研究,以评估现有市场上的商业模式,并确定新兴市场上的商业模式机会。商业模式画布可以帮助研究人员更好地理解市场趋势、目标客户和竞争对手,以及如何构建一个可持续的商业模式。

三、商业模式画布的优缺点

(一)商业模式画布的优点

商业模式画布是一种简单但非常实用的工具,可以帮助企业更好地理解自身的商业模式,并优化和改进商业模式。

1. 简单易用

商业模式画布的结构非常简单,包含九个关键要素,易于理解和操作。它可以帮助企业快速梳理自身的商业模式,更好地了解和分析自身的优势和劣势。

2. 全面系统

商业模式画布涵盖了商业模式的各个方面,从价值主张、顾客群体、收入来源、成本结构等多个维度全面考虑,有助于企业全面理解商业模式,并发现不同维度之间的关联和影响。

3. 可视化

商业模式画布是一张图表,可以将企业的商业模式可视化,方便团队间的交流和讨论,有助于达成共识和理解。

4. 适应性强

商业模式画布具有一定的灵活性,可以根据企业的实际情况进行调整和优化。企业可以根据实际情况添加或删除某些关键要素,从而构建出适合自身的商业模式画布。

5. 创新性强

商业模式画布可以帮助企业寻找新的商业机会和创新点。通过对不同关键要素的重新组合和优化,企业可以发现新的商业模式,拓展市场空间。

(二)商业模式画布的缺点

商业模式画布是一种非常实用的工具,但也存在一些缺点。

1. 表面化

商业模式画布的图形化设计和简洁性有时会导致某些复杂的细节和策略层次被忽略或简化。对于那些具有复杂内部工作机制、多个利益相关者或独特价值创造过程的企业,这种表面化可能导致关键的商业模式组件被遗漏或误解。例如,一个在多个国家和市场运营的全球化公司可能会发现商业模式画布无法完全捕捉到各个市场的特殊性。

2. 静态性

商业模式画布是一个静态的工具，可能无法适应或捕捉到外部环境中的快速变化。在快速变化的市场或技术环境中，企业需要持续适应和创新其商业模式。过于依赖这个静态工具可能导致企业错过重要的市场趋势或竞争动态。例如，一个技术行业中的公司如果仅依赖一次性的商业模式画布，可能会错过新兴技术的发展或竞争对手的策略变动。

3. 缺乏执行指导

虽然商业模式画布为企业提供了一个设计商业模式的框架，但它并没有明确如何将这些模式转化为实际的操作或实施。企业可能会面临从策略到操作的转换挑战，因为缺乏明确的实施路径或策略。例如，一家初创公司即使确定了其价值主张和目标市场，但可能仍然面临如何将这些策略具体化为销售或市场推广活动的问题。

4. 与现实脱节

商业模式画布的理论化和抽象特性有时可能使企业与现实的市场环境或消费者需求脱节。这可能导致企业制定出与实际市场情况不符的策略，从而导致资源浪费或机会错失。例如，一个零售企业可能基于画布制定了一个完美的理论策略，但如果没有深入了解实际的消费者行为或市场趋势，可能会发现该策略在实际中并不奏效。

四、商业模式画布的应用举例

（一）某在线教育公司

1) 客户细分

在线教育公司的主要客户包括学生、职场人士、企业等，针对不同客户需求进行细分，提供不同的教育课程和服务。

2) 价值主张

在线教育公司的主要价值主张是为客户提供高质量的在线教育课程和服务，包括丰富的学习资源、灵活的学习方式和优秀的教学团队等。

3) 渠道

在线教育公司的渠道包括官方网站、手机应用、社交媒体等，以及线下的推广活动和合作伙伴等。

4) 客户关系

在线教育公司通过提供优质的教育课程和服务来建立客户关系，包括个性化的学习建议、学习社区等。

5) 收入来源

在线教育公司的收入来源包括课程销售收入、广告收入等。

6) 关键资源

在线教育公司的关键资源包括教学团队、教育课程、在线学习平台等。

7) 关键合作伙伴

在线教育公司的关键合作伙伴包括教育机构、教学团队、技术服务提供商等。

8）成本结构

在线教育公司的成本包括教学团队和技术团队的薪酬、平台维护和开发费用等。

9）关键活动

在线教育公司的关键活动包括教学管理、教学内容开发、技术开发和维护等。

（二）Netflix

Netflix 是一家成立于 1997 年的在全球范围内提供流媒体服务的公司，起初提供 DVD 邮寄租赁服务。随着时间的推移，Netflix 已经成为世界上最大的在线视频流媒体服务之一，提供广泛的电影、电视节目、纪录片和原创内容。以下是对 Netflix 商业模式画布的分析。

1）客户细分

Netflix 的主要客户群体包括电影和电视剧的观众、家庭用户和企业客户等。Netflix 根据不同客户群体的需求，提供不同的内容和服务，如个性化推荐、多用户账户等。

2）价值主张

Netflix 的主要价值主张是提供高品质的视频内容、方便的使用体验和个性化的推荐服务。用户可以通过 Netflix 观看自己喜欢的电影和电视剧，而不必受到时间和地域限制。

3）渠道

Netflix 的渠道包括官方网站、移动应用和 OTT 设备（如智能电视、游戏机等）。同时，Netflix 也通过线下营销活动和合作伙伴（如互联网服务提供商）进行推广。

4）客户关系

Netflix 通过多种方式与用户建立关系，如电子邮件、社交媒体等。在个性化推荐、账户管理、问题解决等方面提供专业的服务，以提高用户的满意度和忠诚度。

5）收入来源

Netflix 的主要收入来源是用户订阅费，同时也会通过广告和授权费用等方式获得收入。

6）关键资源

Netflix 的关键资源包括其拥有的独家内容库、先进的视频流媒体技术、数据分析能力和品牌知名度等。

7）关键合作伙伴

Netflix 的关键合作伙伴包括内容提供商、云服务提供商、设备制造商等，通过合作帮助 Netflix 提供更多、更好的内容和服务。

8）成本结构

Netflix 的成本结构包括内容采购和制作、服务器维护、技术开发和营销费用等。

9）关键活动

Netflix 的关键活动包括内容采购和制作、技术开发和维护、个性化推荐算法的优化和用户数据分析等。

（三）Airbnb

Airbnb 是一家成立于 2008 年的在线市场和住宿服务平台，包括度假租赁、公寓租赁、寄宿家庭、酒店房间等。以下是对 Airbnb 商业模式画布的分析。

1）客户细分

Airbnb 的主要客户群体包括旅行者和房东，旅行者可以在 Airbnb 平台上预订住宿，而房东可以在平台上发布自己的房源并获得收益。

2）价值主张

Airbnb 的主要价值主张是提供独特、个性化的住宿体验，同时也提供安全、可靠的预订服务和保障。旅行者可以享受更多的本地文化体验，而房东可以通过分享房源获得额外的收益。

3）渠道

Airbnb 的主要渠道是其网站和移动应用，通过在线预订和个性化推荐服务吸引和服务用户。同时，Airbnb 还通过线下活动和广告等方式进行推广。

4）客户关系

Airbnb 通过多种方式与用户建立关系，如电子邮件、社交媒体等。在房源管理、问题解决等方面提供专业的服务，以提高用户的满意度和忠诚度。

5）收入来源

Airbnb 的主要收入来源是房东发布房源所获得的佣金，同时还可以通过其他服务（如体验、机票预订等）获得收入。

6）关键资源

Airbnb 的关键资源包括其庞大的房源库、高效的房源管理技术、安全和信任的保障机制以及品牌知名度等。

7）关键合作伙伴

Airbnb 的关键合作伙伴包括房产中介、保险公司、支付公司等，通过合作帮助 Airbnb 提供更好的服务和保障。

8）成本结构

Airbnb 的成本结构包括技术开发和维护、客户服务、广告和市场营销等。

9）关键活动

Airbnb 的关键活动包括房源管理和审核、技术开发和维护、客户服务和市场营销等。

（四）Kelly's Lemonade Stand

Kelly's Lemonade Stand 是一个小型的饮料销售摊位，以出售自制的清凉柠檬饮料为主要产品。以下是对 Kelly's Lemonade Stand 商业模式画布的分析。

1）客户细分

Kelly's Lemonade Stand 主要面向的客户是在夏季天气中寻求解渴饮料的人群，包括当地社区和过路人，尤其是公园游客。这些客户具有相似的需求，即寻找新鲜、清爽的饮料。

2）价值主张

Kelly's Lemonade Stand 的价值主张是提供新鲜、健康和高品质的便携式柠檬饮料，以及良好的客户服务。其自制的柠檬饮料使用新鲜柠檬制作，不添加人工色素和化学物质，符合健康食品的标准。此外，其服务态度友好，让客户感到舒适和满意。

3）渠道

Kelly's Lemonade Stand 使用传统的销售渠道，即在街边摊位出售柠檬饮料。摊主通过在当地社区中分发传单和口碑宣传来吸引顾客。

4）客户关系

Kelly's Lemonade Stand 致力于建立和维护良好的客户关系。摊主会主动与客户沟通，了解客户对饮料的反馈，并及时回应客户的投诉和建议。

5）收入来源

Kelly's Lemonade Stand 的收入来源主要是销售柠檬饮料以及顾客支付的小费。

6）关键资源

Kelly's Lemonade Stand 的关键资源是新鲜的柠檬、清水和其他材料。此外，公司还需要一个街边摊位、制作工具和容器等设备。

7）关键合作伙伴

Kelly's Lemonade Stand 的关键合作伙伴包括供应商（如水和柠檬的供应商）、市政机构。

8）成本结构

Kelly's Lemonade Stand 的成本结构包括原材料费用、营销费用（包括传单等）、摊位费、设备费、员工薪水等。

9）关键活动

Kelly's Lemonade Stand 的核心活动是生产和销售柠檬饮料。这包括购买和准备食材、制作饮料、维护饮料品质、与客户沟通和销售饮料等活动。

（五）Skype

Skype 是一款流行的在线通信应用程序，最初于 2003 年被推出，后被微软公司收购。它为用户提供了一系列的通信服务，包括视频通话、语音通话、即时消息传递和文件共享等功能。Skype 在个人和商业用户之间都非常受欢迎。以下是对 Skype 商业模式画布的分析。

1）客户细分

Skype 的主要客户群体是具有互联网接入和对在线通信需求的人们，包括个人、家庭和企业用户。它在全球范围内广泛应用，尤其受欢迎的是国际长途电话用户。

2）价值主张

Skype 的主要价值主张是提供低成本、高质量的在线通信服务，为用户节省时间和成本。Skype 的语音和视频通话质量非常高，而且在互联网上的语音和视频通话非常便宜，这使其成为国际长途通话的一种经济实惠的替代方案。

3）渠道

Skype 通过互联网提供服务，用户可以直接从 Skype 网站上下载并安装应用程序。此外，Skype 还与一些合作伙伴合作，如电信运营商和设备制造商，将其应用程序集成到其产品和服务中。

4）客户关系

Skype 通过提供高质量的在线通信服务和专业的客户支持来建立和维护客户关系。

Skype提供了24小时在线支持和帮助中心,以帮助用户解决技术问题。

5) 收入来源

Skype的收入来源是其通话服务的收费,其中包括Skype到Skype的语音和视频通话、Skype到手机和固定电话的通话和短信服务。此外,Skype还提供了一些付费功能,如语音信箱、Skype号码和高级呼叫功能。

6) 关键资源

Skype的关键资源是其在线通信技术、服务器和数据中心、应用程序和客户端软件以及其品牌和知识产权。

7) 关键活动

Skype的关键活动是开发和维护其在线通信技术、提供高质量的客户支持、开发新的功能和服务,以及与合作伙伴合作推广其产品。

8) 关键合作伙伴

Skype的关键合作伙伴包括设备制造商、电信运营商、软件开发商、在线广告代理商等,他们提供与Skype应用程序集成的产品和服务,为Skype的用户提供更多的价值和服务。

9) 成本结构

Skype的成本结构包括软件开发费用、客户管理费用等。

(六) Flickr

Flickr是一个流行的在线照片管理和分享平台,于2004年由Ludicorp开发并推出,后来被雅虎(Yahoo!)收购。Flickr以其丰富的功能和庞大的摄影爱好者社区而闻名。以下是对Flickr商业模式画布的分析。

1) 客户细分

Flickr的客户细分是对照片和图像感兴趣的用户,包括摄影师、设计师、艺术家、出版商、博客作者等。

2) 价值主张

Flickr的价值主张是提供一个高质量的图像分享社交平台,允许用户创建、分享和发现美丽的照片和图像,与全球的社区互动和交流。

3) 渠道

Flickr的渠道包括网站和移动应用程序,用户可以通过这些渠道上传、浏览和搜索图像,与其他用户交互和分享他们的作品。

4) 客户关系

Flickr通过建立一个社区来建立和维护客户关系,通过让用户与其他用户交互、分享和评论图像来促进这种关系。

5) 收入来源

Flickr通过销售广告来赚取收入,通过在平台上展示有关摄影、设计和艺术的广告来吸引相关品牌的广告商。

6) 关键资源

Flickr的关键资源是其社区,包括用户上传的照片和图像,以及他们与其他用户建立的联系和互动。

7) 关键活动

Flickr 的关键活动包括管理、存储、展示和分享用户上传的图像；开发和改进平台的功能和性能；增加用户数量和活跃度。

8) 关键合作伙伴

Flickr 的关键合作伙伴包括各种摄影、设计和艺术品牌，他们可以通过 Flickr 平台上的广告和促销来展示他们的产品和服务。

9) 成本结构

Flickr 的成本结构包括服务器和存储、开发和维护平台、人力资源、市场营销和广告成本等。

（七）Gillette

Gillette 是一家以生产男性剃须用品著名的美国品牌，属于宝洁公司的一部分。Gillette 的产品主要包括各种类型的剃须刀、剃须膏、护肤产品等。以下是对 Gillette 商业模式画布的分析。

1) 客户细分

Gillette 主要客户细分是男性，特别是那些注重个人形象和外表的男性。他们通常需要定期刮胡子并使用个人护理产品来维护自己的形象和卫生。

2) 价值主张

Gillette 的价值主张是为客户提供高品质、高性能和易于使用的刮胡刀和个人护理产品。公司专注于创新和技术改进，提供更好的产品和服务，以满足客户不断变化的需求。

3) 渠道

Gillette 的渠道主要是零售渠道和在线渠道。Gillette 在全球范围内通过超市、便利店、药店等零售渠道销售产品，并通过自己的网站和其他在线零售商销售产品。

4) 客户关系

Gillette 通过不断改进产品和服务来维护客户关系。Gillette 通过广告、促销活动、社交媒体和其他渠道与客户进行交流，以了解客户的需求和反馈，并提供卓越的客户服务。

5) 收入来源

Gillette 的收入来源主要是销售剃须刀和个人护理产品。Gillette 提供各种类型的剃须刀和替换刀片，包括传统的手动剃须刀和电动剃须刀。此外，Gillette 还提供多种个人护理产品，包括剃须凝胶、洗面奶、香水等。这些产品通过多种渠道销售，包括零售店、药店、超市、网上商店等。此外，Gillette 还通过品牌授权和许可收入来扩展其收入来源，如通过授权品牌名称和商标让其他公司制造和销售与 Gillette 相关的产品。

6) 关键资源

Gillette 的关键资源包括创新、技术、品牌、知识产权、供应链和销售网络。Gillette 通过持续投资和创新来维护这些关键资源。

7) 关键活动

Gillette 的关键活动包括产品设计和开发、生产、市场营销、供应链管理和客户服务。

Gillette 通过高效的供应链和生产流程,以及创新的市场营销策略来实现业务增长。

8) 合作伙伴

Gillette 的合作伙伴包括供应商、零售商、广告代理商和其他业务合作伙伴。Gillette 与这些合作伙伴密切合作,以提供更好的产品和服务,并实现业务增长。

9) 成本结构

Gillette 的成本结构包括生产成本、广告和促销成本、研发成本、销售和分销成本以及一般和管理成本。Gillette 通过不断提高生产效率和管理效率,以及控制成本来保持业务盈利能力。

视频 2-4
Introduction to the Business Model Canvas

第四节 商业模式创新的类型

基于上一节对商业模式画布九要素的分析,本节提出商业模式创新的八种类型。

(一) 创新客户细分

创新客户细分是商业模式创新的一个重要方面,它是指重新识别和定义目标市场或客户群体。这种创新可以帮助企业更精准地满足特定用户的需求,提高市场针对性和效率。例如,通过对市场细分的深入研究,针对不同年龄、性别、生活方式的消费者开发了不同的产品线。又如,耐克利用运动员和普通消费者之间的差异,推出针对专业运动员和普通爱好者的不同产品系列。

创新客户细分的关键要素包括以下五个方面。

1. 识别新的市场机会

通过市场研究和数据分析,企业可以发现之前未被充分服务的客户群体或市场细分,从而开拓新的业务机会。

2. 细化现有市场

企业可以通过更细致地分析现有市场,识别出具有特殊需求或偏好的子群体,然后为这些子群体提供定制化的产品或服务。

3. 用户画像和行为分析

利用用户画像和行为数据,企业可以更深入地理解不同客户群体的需求和行为模式,从而提供更符合其需求的产品和服务。

4. 利用技术进行分群

高级数据分析和人工智能技术可以帮助企业进行精准的市场细分,甚至预测客户的未来需求。

5. 个性化营销和服务

通过创新客户细分,企业可以实现更个性化的营销和服务,与客户建立更紧密的联系。

(二) 创新价值主张

创新价值主张是商业模式创新的核心要素之一,涉及重新思考和设计企业向客户提供的核心产品或服务的价值。例如,在手机行业中,苹果公司通过推出 iPhone,改变了智能手机的概念。iPhone的创新不仅仅在于其技术,更在于其用户体验的设计,它集成了音乐播放器、摄像机和互联网通信设备于一体,为用户提供了前所未有的便捷性。又如,在汽车行业中,特斯拉制造新型的环保汽车,通过软件更新和自动驾驶功能等创新,重新定义了汽车的使用体验和价值。

具体来说,创新价值主张包括以下六个方面。

1. 满足新的或未满足的需求

通过洞察市场和客户需求,企业可以开发新的产品或服务,以满足市场上未被充分满足的需求。这种创新可以为企业打开新的市场机会。

2. 区分化的产品或服务

创新价值主张往往涉及开发与竞争对手明显不同的产品或服务。这可以是通过独特的设计、改进的性能、附加功能或更好的用户体验来实现。

3. 重定义产品或服务的使用方式

企业可以通过改变产品或服务的使用方式来创造新的价值。例如,将传统产品转化为数字服务,或通过提供共享经济模式来改变传统的所有权模式。

4. 客户参与和共创

创新价值主张也可以通过直接让客户参与产品或服务的创新和开发过程来实现。这种共创过程不仅能增加产品的市场吸引力,还能加深客户的品牌忠诚度。

5. 持续的改进和迭代

与其一次性推出完美产品,不如持续对产品或服务进行改进和迭代,以适应市场的变化和客户的反馈。

6. 利用技术创新

技术的发展为创新价值主张提供了广泛的可能性,企业可以利用新技术(如人工智能、大数据、物联网等)来开发新产品或优化现有服务。

(三)创新渠道

创新渠道是指企业通过改变或优化其产品或服务的分销和交付方式来寻求新的商业机会和提升客户体验。这种创新可以帮助企业更有效地触达目标客户,提高市场覆盖率和运营效率。例如,京东通过建立自己的物流网络,实现了对配送过程的完全控制,提供了快速可靠的送货服务。除了线上平台,京东还尝试开设了无人超市和无人配送车,进一步创新其渠道策略。又如,小米最初主要通过在线渠道销售其产品,通过网络预售、限时抢购等方式吸引消费者。随后,小米也开始布局线下门店"小米之家",实现线上线下融合的零售模式。

典型的创新渠道类型有以下五种。

1. 多渠道分销策略

采用线上和线下相结合的多渠道分销策略,扩大覆盖范围和市场接触点。例如,通过实体店铺、电子商务网站和移动应用程序同时销售产品。

2. 直接面对消费者

企业可以通过直接对消费者销售产品或服务来去除传统的中间商,这样可以更好地控制价格、品牌信息和客户体验。

3. 社交媒体和数字营销

利用社交媒体和数字营销渠道来促进产品的销售和品牌宣传，这些渠道可以提供更精准的目标客户定位和个性化营销。

4. 订阅模式

引入订阅服务模式，为消费者提供持续的产品或服务供应。这种模式对保持客户长期忠诚度和稳定收入流非常有效。

5. 合作伙伴和分销网络

通过建立合作伙伴关系和分销网络来扩大市场覆盖，尤其是在新市场或未充分覆盖的区域。

（四）创新客户关系

创新客户关系是指改变企业与客户之间的互动方式，以提升客户满意度、忠诚度和参与度。它是商业模式创新的一个重要方面。例如，阿里巴巴通过其在线平台（淘宝和天猫），提供了高度个性化的购物体验。利用大数据分析，阿里巴巴能够向用户推荐其可能感兴趣的产品。此外，阿里巴巴还提供了"旺旺"在线聊天工具，使买家能够直接与卖家进行沟通。

以下是五种典型的创新客户关系互动方式。

1. 个性化服务

通过数据分析和客户洞察提供更加个性化的客户服务体验，如根据客户历史行为和偏好定制服务内容。

2. 增强的客户参与

通过社交媒体平台、线上社区、客户论坛等方式增强客户参与，鼓励客户提供反馈、分享体验和参与品牌活动。

3. 自助服务选项

提供自助服务工具，如在线客户门户、移动应用和自动化客户服务（如聊天机器人），让客户能够随时解决问题或获取所需信息。

4. 持续的客户教育

提供定期的教育和培训资源，帮助客户更好地了解和使用产品或服务，如在线教程、研讨会和培训视频。

5. 忠诚计划和激励机制

通过忠诚度计划或激励机制（如积分系统、会员特权）来鼓励长期客户关系和重复购买。

（五）创新收入流

创新收入流是指寻找新的或改进现有的方式来产生收入。这种创新可以帮助企业开辟新的盈利渠道、增加收入来源的多样性以及提高收入的稳定性。例如，Adobe 从传统的软件销售模式转变为基于订阅的 Adobe Creative Cloud 服务，客户通过定期付费来使用其软件套件。

以下是五种典型的创新收入流方式。

1. 订阅模式

从传统的一次性交易转变为基于订阅的收费模式。这种模式下,客户定期支付费用以换取产品或服务的持续使用权,如应用软件等。

2. 基于使用量的定价

收费基于客户的实际使用量或消费情况,这种模式在云计算服务和某些公共事业服务中很常见。

3. 增值服务

提供基础服务的同时,向客户销售额外的增值服务或产品。例如,软件公司可能提供额外的定制开发或专业咨询服务。

4. 共享经济模式

共享经济模式,即通过使闲置资源(如汽车、房屋)被租用或共享来产生收入。

5. 授权和特许经营

通过授权或特许经营协议,将企业的品牌、技术或商业模式授权给第三方,以换取授权费用。

(六)创新资源与活动

创新资源与活动是商业模式创新的关键方面之一,它涉及重新配置或优化企业的关键资源和业务活动。这种创新旨在提高运营效率、降低成本、增强竞争力或创建新的价值提案。

创新资源与活动的关键要素包括以下五个方面。

1. 利用新技术

采用新技术或工具来提升业务流程的效率和效果。例如,使用人工智能和机器学习优化数据分析、使用自动化和机器人技术提升生产效率。

2. 外包和众包

将非核心或专业化要求高的活动外包给外部专家或通过众包方式解决。这样不仅能减轻企业负担,还能利用外部资源和专业知识。

3. 业务流程再造

对现有的业务流程进行全面审查和再造,以消除低效环节,简化操作流程,从而提高整体效率。

4. 资源共享和协作

通过资源共享或与其他企业合作,共享市场、技术或其他关键资源。例如,两家企业可能共享市场渠道,或在某一项目上合作开发。

5. 可持续和环保实践

采用环保和可持续的操作模式,不仅符合社会责任,也能改善品牌形象并可能降低长期成本。

(七)创新合作伙伴关系

在商业模式创新中,创新合作伙伴关系是指开发新的或改善现有的合作关系,以获取资源、分享风险、扩大市场或增加产品和服务的价值。这种创新可以帮助企业更有效地利用外部资源和专业知识,同时提高业务的灵活性和市场适应性。例如,谷歌与诺华建立合作伙伴关系,结合谷歌的技术和诺华的医疗知识,在智能隐形眼镜项目上开展合作。

创新合作伙伴关系的类型主要有以下五种。

1. 战略联盟和合作

与其他企业建立战略联盟或合作伙伴关系,以共享资源、技术或市场渠道。这种合作可以是临时的项目合作,也可以是长期的战略联盟。

2. 供应链合作

与供应链中的其他参与者(如供应商、分销商)合作,优化供应链管理,降低成本,提高效率。

3. 开放创新和众包

采用开放创新的模式,与外部的创新者合作,或通过众包方式集合广泛意见和解决方案,以加速产品和服务的创新。

4. 跨行业合作

与不同行业的企业合作,创造跨界产品或服务,开拓新的市场机会。

5. 社会和环保合作

与非政府组织或社会企业合作,参与社会责任项目或环保项目,提升品牌形象并对社会做出积极贡献。

(八)创新成本结构

创新成本结构是指重新思考和优化企业的成本策略,以提高运营效率和盈利能力。这种创新可能包括降低固定成本、优化可变成本、重新配置资源或采用新的业务流程。例如,戴尔通过其直销模型,减少零售环节的成本,直接将计算机产品销售给消费者,从而降低存货成本和销售成本。

创新成本结构的类型主要有以下四种。

1. 降低操作成本

通过自动化、流程优化和技术创新来降低操作成本。例如,使用自动化软件减少手动工作量,或通过改进供应链管理降低物流成本。

2. 固定成本和可变成本的优化

重新评估和调整固定成本和可变成本的比例。例如,通过外包非核心业务活动来减少固定成本。

3. 重新分配资源

重新分配资源以专注于最具成本效益和最有利可图的业务领域。这可能涉及削减低效业务单元、投资高回报项目或重新分配资本和人力资源。

4. 节约可持续成本

实施环保和可持续发展措施,如能源效率提升、废物回收利用,这不仅有助于降低长期成本,还能提升企业的社会责任形象。

案例与解析

一、案例材料

滴滴出行,在其初创时期,是为了解决一个明显但被忽视的问题:一方面,尽管中国的城市中到处都是出租车,但在高峰时段,许多乘客却难以打到车;另一方面,很多私人车主的车辆在大部分时间内都处于空闲状态。这种供需矛盾在许多大城市中都非常明显。滴滴通过技术手段,成功地将这两个群体连接了起来。

作为一个技术平台,滴滴的核心并不是它所"拥有"的车辆,因为实际上它并不拥有任何车辆。它的价值在于其能够连接并满足两种不同的需求:一是乘客希望能够方便、快捷地找到一辆车,而不需要长时间等待;二是私人车主希望能够利用自己车辆的空闲时间获得额外的收入。这种"共享经济"的模式使得资源得到了更为高效的利用。

随着用户数量的增长,滴滴也积累了大量的数据,这使其得以深入了解用户的习惯和需求,从而进一步优化服务。这些数据不仅帮助滴滴预测交通需求,合理调配车辆资源,还帮助其更精确地制定定价策略,使乘客和车主都能获得更好的体验和回报。此外,数据驱动的决策还使得滴滴能够在新市场中更快地找到增长点。

滴滴在发展初期,主要关注的是私人车主和乘客之间的匹配服务,但随着其市场地位的不断稳固,它开始向更多的领域拓展,如专车、快车、出租车乃至拼车等,从而为不同的用户群体提供了多样化的选择。这种多元化的战略使得滴滴能够覆盖更广泛的市场,并与各种利益相关者建立合作关系,从而进一步稳固其在市场中的领导地位。

二、案例解析

滴滴出行,作为中国的移动出行巨头,其商业模式为其带来了巨大的成功,它通过连接乘客和车主,创造了巨大的价值,同时也为自己带来了可观的利润。其商业模式可以通过商业模式画布的九个基本构建块来详细解析。

滴滴最核心的价值主张在于为乘客提供了一种方便、快捷的出行方式,并为车主或司机提供了一个充分利用他们车辆或业余时间来获得额外收入的渠道。这种连接乘客和车主的模式,有效地缓解了乘客高峰时段的出行需求。

从客户群体来看,滴滴服务的不仅仅是日常的乘客,还有企业、出行机构和其他多种用户。这些用户可能需要快车、专车、出租车或拼车等不同的服务,因此,滴滴的目标市场非常广泛,涵盖了几乎所有需要地面交通的人群。

关于渠道,滴滴主要通过其移动应用程序来与用户互动。通过这个应用,用户可以轻松地预订车辆、支付费用、评价司机等。这种数字化的交互方式大大增强了用户体验,同时也为滴滴提供了大量的数据,帮助其进一步优化服务。

客户关系方面,滴滴通过24/7的客户服务、紧急响应机制、积分奖励等方式与用户建立了紧密的联系。这种高度的用户参与度使滴滴能够更好地了解和满足用户的需求。

关键资源包括滴滴的技术平台、数据及与司机和其他合作伙伴的关系。这些资源使滴滴能够高效地运营其业务,并保持在市场上的领先地位。

滴滴的核心活动主要包括技术开发、数据分析、市场推广和与司机及其他合作伙伴的合作等。

滴滴的关键伙伴主要包括车主、司机、支付平台、保险公司、汽车制造商等。这些合作伙伴为滴滴提供了必要的资源和支持,帮助其提供更好的服务。

滴滴的收入来源主要是乘客支付的车费,其中一部分作为佣金归滴滴所有,而另一部分则支付给司机。随着业务的扩展,滴滴还通过广告、数据分析服务、企业合作等方式获得了额外的收入。

滴滴的成本结构主要包括技术开发、市场推广、客户支持、与司机和合作伙伴的分成,以及各种运营成本。

延伸阅读2-1
为什么商业模式重要

Why Business Models Matter

by Joan Magretta

"Business model" was one of the great buzzwords of the Internet boom, routinely invoked, as the writer Michael Lewis put it, "to glorify all manner of half-baked plans." A company did not need a strategy, or a special competence, or even any customers all it needed was a Web-based business model that promised wild profits in some distant, ill-defined future. Many investors, entrepreneurs, and executives alike bought the fantasy and got burned. And as the inevitable counterreaction played out, the concept of the business model fell out of fashion nearly as quickly as the ". com" appendage itself. That is a shame. For while it is true that a lot of capital was raised to fund flawed business models, the fault lies not with the concept of the business model but with its distortion and misuse. A good business model remains essential to every successful organization, whether it is a new venture or an established player. But before managers can apply the concept, they need a simple working definition that clears up the fuzziness associated with the term.

Telling a Good Story

The word "model" conjures up images of white boards covered with arcane mathematical formulas. Business models, though, are anything but arcane. They are, at heart, stories-stories that explain how enterprises work. A good business model answers Peter Drucker's age-old questions: Who is the customer? And what does the customer value? It also answers the fundamental questions every manager must ask: How do we make money in this business? What is the underlying economic logic that explains how we can deliver value to customers at an appropriate cost?

Consider the story behind one of the most successful business models of all time: that of the traveler's check. During a European vacation in 1892, J. C. Fargo, the president of American Express, had a hard time translating his letters of credit into cash. "The moment I got off the beaten path", he said on his return, "they were no more use than so much wet wrapping paper. If the president of American Express has that sort of trouble, just think what ordinary travelers face. Something has got to be done about it." What American Express did was to create the traveler's check—and from that innovation evolved a robust business model with all the elements of a good story: precisely delineated characters, plausible motivations, and a plot that turns on an insight about value.

The story was straightforward for customers. In exchange for a small fee, travelers could buy both peace of mind (the checks were insured against loss and theft) and convenience (they were very widely accepted). Merchants also played a key role in the tale. They accepted the checks because they trusted the name of "American Express", which was like a universal letter of credit, and because, by accepting them, they attracted more customers. The more other merchants accepted the checks, the stronger any individual merchant's motivation became not to be left out.

As for American Express, it had discovered a riskless business model, because customers always paid cash for the checks. Therein lies the twist to the plot, the underlying economic logic that turned what would have been an unremarkable operation into a money machine. The twist was float. In most businesses, costs precede revenues: before anyone can buy your product, you've got to build it and pay for it. The traveler's check turned the normal cycle of debt and risk on its head. Because people paid for the checks before (often long before) they used them, American Express was getting something banks had long enjoyed—the equivalent of an interest-free loan from its customers. Moreover, some of the checks were never cashed, giving the company an extra windfall.

As this story shows, a successful business model represents a better way than the existing alternatives. It may offer more value to a discrete group of customers. Or it may completely replace the old way of doing things and become the standard for the next generation of entrepreneurs to beat. Nobody today would head off on vacation armed with a suitcase full of letters of credit. Fargo's business model changed the rules of the game, in this case, the economics of travel. By eliminating the fear of being robbed and the hours spent trying to get cash in a strange city, the checks removed a significant barrier to travel, helping many more people to take many more trips. Like all powerful business models, this one did not just shifts existing revenues among companies; it created a new incremental demand. Traveler's checks remained the preferred method for taking money abroad for decades, until a new technology—the automated teller machine—granted travelers even greater convenience.

Creating a business model is, then, a lot like writing a new story. At some level, all new stories are variations on old ones, reworkings of the universal themes underlying all human experience. Similarly, all new business models are variations on the generic value chain underlying all businesses. Broadly speaking, this chain has two parts. Part one includes all the activities associated with making something: designing it, purchasing raw materials, manufacturing, and so on. Part two includes all the activities associated with selling something: finding and reaching customers, transacting a sale, distributing the product or delivering the service. A new business model's plot may turn on designing a new product for an unmet need, as it did with the traveler's check. Or it may turn on a process innovation, a better way of making or selling or distributing an already proven product or service.

Think about the simple business that direct-marketing pioneer Michael Bronner created in 1980 when he was a junior at Boston University. Like his classmates, Bronner had occasionally bought books of discount coupons for local stores and restaurants. Students paid a small fee for the coupon books. But Bronner had a better idea. Yes, the books created value for students, but they had the potential to create much more value for merchants, who stood to gain by increasing their sales of pizza and haircuts. Bronner realized that the key to unlocking that potential was wider distribution—putting a coupon book in every student's backpack.

That posed two problems. First, as Bronner well knew, students were often strapped for cash. Giving the books away for free would solve that problem. Second, Bronner needed to get the books to students at a cost that wouldn't eat up his profits. So, he made a clever proposal to the dean of Boston University's housing department: Bronner would assemble the coupon books and deliver them in bulk to the housing department, and the department could distribute them free to every dorm on campus. This would make the department look good in the eyes of the students, a notoriously tough crowd to please. The dean agreed.

Now Bronner could make an even more interesting proposal to neighborhood business owners. If they agreed to pay a small fee to appear in the new book, their coupons would be seen by all 14,000 residents of Boston University's dorms. Bronner's idea took off. Before long, he had extended the concept to other campuses, then to downtown office buildings. Eastern Exclusives, his first company, was born. His innovation was not the coupon book but his business model; it worked because he had insight into the motivations of three sets of characters: students, merchants, school administrators.

Tying Narrative to Numbers

The term "business model" first came into widespread use with the advent of the personal computer and the spreadsheet. Before the spreadsheet, business planning usually meant producing a single, base-case forecast. At best, you did a little sensitivity analysis around the projection. The spreadsheet ushered in a much more analytic approach to planning because every major line item could be pulled apart, its components and subcomponents analyzed and tested. You could ask "what if" questions about the critical assumptions on which your business depended. For example, what if customers are more price-sensitive than we thought—and with a few keystrokes, you could see how any change would play out on every aspect of the whole. In other words, you could model the behavior of a business.

This was something new. Before the personal computer changed the nature of business planning, most successful business models, like Fargo's, were created more by accident than by design and forethought. The business model became clear only after the fact. By enabling companies to tie their marketplace insights much more tightly to the resulting economics-to link their assumptions about how people would behave to the numbers of a pro forma P&L—spreadsheets made it possible to model businesses before they were launched.

Of course, a spreadsheet is only as good as the assumptions that go into it. Once an enterprise starts operating, the underlying assumptions of its model—about both motivations and economics—are subjected to continuous testing in the marketplace. And success often hinges on management's ability to tweak, or even overhaul, the model on the fly. When Euro Disney opened its Paris theme park in 1992, it borrowed the business model that had worked so well in Disney's U.S. parks. Europeans, the company thought, would spend roughly the same amount of time and money per visit as Americans did on food, rides, and souvenirs.

Each of Disney's assumptions about the revenue side of the business turned out to be wrong. Europeans did not, for example, graze all day long at the park's various restaurants the way Americans did. Instead, they all expected to be seated at precisely the same lunch or dinner hour, which overloaded the facilities and created long lines of frustrated patrons. Because of those miscalculations, Euro Disney was something of a disaster in its early years. It became a success only after a dozen or so of the key elements in its business model were changed, one by one.

When managers operate consciously from a model of how the entire business system will work, every decision, initiative, and measurement provide valuable feedback. Profits are important not only for their own sake but also because they tell you whether your model is working. If you fail to achieve the results you expected, you re-examine your model, as Euro Disney did. Business modeling is, in this sense, the managerial equivalent of the scientific method—you start with a hypothesis, which you then test in action and revise when necessary.

课堂活动

活动要求：选择一个具体的公司或品牌，了解其商业模式，尽可能全面地描述其商业模式画布的各个要素，并给出解释和分析。

KEY PARTNERS	KEY ACTIVITIES	VALUE PROPOSITION	RELATIONSHIPS	CUSTOMER SEGMENTS
	KEY RESOURCES		CHANNELS	
COST STRUCTURE		REVENUE STREAMS		

 课后思考

1. 选择一个你熟悉的行业或企业，分析并讨论其商业模式的核心要素。指出该商业模式的优势和潜在的改进空间。

2. 从你的观察和了解中，选择一个成功的商业模式创新案例，并解释该案例如何通过创新商业模式获得竞争优势。你认为这个商业模式创新在当前市场环境下仍然有效吗？为什么？

3. 使用商业模式画布，设计一个全新的商业模式，以解决一个现实世界中的问题或满足一个未满足的需求。详细描述画布的各个要素，并解释为什么你认为这个商业模式能够成功。

4. 选择一家成功的企业，分析其商业模式画布的关键要素，并讨论该企业如何通过商业模式创新实现市场增长和盈利能力的提升。

5. 商业模式创新通常需要企业进行大胆的决策和改变。选择一家企业，讨论其在实施商业模式创新时可能面临的挑战和风险。提出建议，帮助企业克服这些挑战并实现商业模式创新的成功。

参 考 文 献

[1] 曹福全,丛喜权. 创新思维训练[M]. 北京:高等教育出版社,2019.
[2] 吴维,同婉婷,韩晓洁. 创新思维[M]. 北京:高等教育出版社,2020.
[3] 北京联合大学管理学院编. 创新思维:基础、方法与应用[M]. 北京:清华大学出版社,2020.
[4] 师建华,黄萧萧. 创新思维开发与训练[M]. 北京:清华大学出版社,2018.
[5] 宋莹. 思维导图从入门到精通[M]. 北京:北京大学出版社,2018.
[6] 赵国庆. 别说你懂思维导图[M]. 北京:人民邮电出版社,2015.
[7] 李梅芳,赵永翔. TRIZ 创新思维与方法:理论及应用[M]. 北京:机械工业出版社,2016.
[8] 周苏,张丽娜,陈敏玲. 创新思维与 TRIZ 创新方法[M]. 北京:清华大学出版社,2018.
[9] 蒋里,福尔克·乌伯尼克尔. 创新思维:斯坦福设计思维方法与工具[M]. 北京:人民邮电出版社,2022.
[10] 克里斯托夫·迈内尔,乌尔里希·温伯格. 设计思维改变世界[M]. 北京:机械工业出版社,2017.
[11] 奥利弗·加斯曼,卡洛琳·弗兰肯伯格,米凯拉·奇克. 商业模式创新设计大全:90% 的成功企业都在用的 55 种商业模式[M]. 北京:中国人民大学出版社,2017.
[12] 拉斐尔·阿密特等著. 商业模式创新指南:战略、设计与实践案例[M]. 北京:电子工业出版社,2022.
[13] 方志远. 商业模式创新战略[M]. 北京:清华大学出版社,2014.
[14] 安永景,陈刚,蔡沐阳,等. 广州市科技创新对经济增长的贡献率分析[J]. 科技管理研究,2021,15:88-99.
[15] 汤湘希,张玉娟,彭丹. 创新:对经济增长的贡献有多大[J]. 财会月刊,2019,08:126-137.
[16] 吴晓波,胡松翠,章威. 创新分类研究综述[J]. 重庆大学学报(社会科学版),2007,13(5):35-41.
[17] Pfotenhauer Sebastian, Wentland Alexander, Ruge Luise. Understanding regional innovation cultures: Narratives, directionality, and conservative innovation in Bavaria[J]. Research Policy, 2023, 52(3).